湖泊型流域水生态系统研究及管理

高俊峰　张志明　高永年　黄　琪等　著

科学出版社

北京

内 容 简 介

本书介绍了湖泊型流域的概念、尺度和空间格局，湖泊型流域的过程，以及湖泊型流域的生态服务功能；阐述了湖泊型流域水生态功能分区的方法，并以巢湖流域和太湖流域为例，说明了分区的具体过程；构建了湖泊型流域水生态健康评价体系，分析了水生生物状态的驱动机制，并以巢湖流域和太湖流域为例，具体说明在分区的基础上进行水生态健康评价的过程；以潼湖流域为例，说明了湖泊型流域水生态管理的方法。

本书可供流域水文学、生态学、环境学、地理学等专业的管理部门、科研院所、高等院校和相关机构的科研人员阅读和参考。

图书在版编目（CIP）数据

湖泊型流域水生态系统研究及管理 / 高俊峰等著. —北京：科学出版社，2022.1

ISBN 978-7-03-069059-3

Ⅰ. ①湖… Ⅱ. ①高… Ⅲ. ①湖泊－流域－水环境－生态系－水环境质量评价－研究 Ⅳ. ①X143

中国版本图书馆 CIP 数据核字（2021）第 105773 号

责任编辑：孟莹莹 程雷星 / 责任校对：王萌萌
责任印制：师艳茹 / 封面设计：无极书装

科学出版社 出版
北京东黄城根北街 16 号
邮政编码：100717
http://www.sciencep.com

北京九天鸿程印刷有限责任公司 印刷
科学出版社发行 各地新华书店经销

*

2022 年 1 月第 一 版 开本：787×1092 1/16
2022 年 1 月第一次印刷 印张：15 1/4
字数：400 000

定价：189.00 元
（如有印装质量问题，我社负责调换）

前　言

流域可分为河流型流域和湖泊（水库）型流域。湖泊型流域是由湖泊水系集水区所形成的流域。湖泊型流域受日益加剧的人类活动的强烈影响，存在水资源利用加剧、水环境恶化、水生态系统不断退化等问题。

基于水生态分区的流域水环境管理是环境管理发展的趋势，流域水生态功能分区是建立我国新型水环境管理、水质目标管理的基础，也是水生态保护、修复、管理的基础，水生态功能分区有助于丰富流域生态功能区划和目标管理的理论与方法，对同类水生态管理和环境控制具有示范作用。国家水体污染控制与治理科技重大专项提出建立新的水环境治理和管理的理念，同时面向应用需求，实现管理的对接和示范应用。流域水生态功能分区可为保护生态和环境，维持水生生物及其栖息环境健康，合理开发利用水资源，实现水污染控制、治理和预防，实现水生态管理目标与制定措施方案等提供科学依据。

水生态功能分区是协调水资源、水环境和水生态三方面的划分方法，同时考虑自然因素和人类活动对水生态系统的影响。为保障流域水质以及实现水生态系统的健康和安全的目标，"十一五"期间启动的国家水体污染控制与治理科技重大专项（水专项）中专门设置了"流域监控"主题，其中一项重要任务是要"系统地开展流域水生态功能区划理论与方法研究，建立水生态功能区划分指标体系，建立全国水生态功能分区技术框架，完成重点流域水生态功能一级、二级区划，完成示范流域三级区划和污染控制单元划定方案"。"十二五"在完善分区理论体系的基础上开展重点流域水生态功能三、四级分区研究。其中，重点流域水生态功能四级分区的研究及其相关研究成果将为实现面向水生态系统健康的流域污染控制单元的划分及水生态管理模式提供依据和强有力的技术支持，为维护流域水生态系统生物多样性、实现流域水生态系统健康这一终极目标奠定基础。这是本书写作的背景。

全书共 7 章。第 1 章介绍湖泊型流域的概念、尺度和空间格局。通过分析湖泊型流域的尺度效应，为其水生态健康评估以及水生态功能分区提供理论依据。湖泊型流域的圈层性空间结构特征主要体现在地形地貌、水文及气候、土壤及植被、水系、水环境、水生态系统以及社会经济等方面。第 2 章分析湖泊型流域的水文过程、营养物质迁移过程和水生态过程，开发了湖泊型流域模型，并进行校正与集成，为湖泊型流域水生态过程智能模拟提供了科学分析工具。第 3 章分析湖泊型流域的生态服务功能，揭示了影响生态服务功能的主要因子，为湖泊型流域水生态功能分区指标选取提供参考依据。第 4 章建立湖泊型流域水生态功能分区指标体系及技术流程，提出湖泊型流域水生态功能分区关键技术，为湖泊型流域水生态功能分区提供技术指导。第 5 章基于水生态健康评价指标和参考状态，建立了湖泊型流域水生态健康评价指标体系，揭示了湖泊型流域水生态健康状态，为流域水生态保护与修复提供依据。第 6 章分析水生生物与环境因子的关系、水环境特征对底栖动物完整性的驱动机制以及水生生物完整性对水环境特征响应过程,揭示了湖泊型流域水生态功能变化的驱动机制。第 7 章提供一个湖泊型流域水生态管理的案例,通过分析潼湖流域自然地理、社会经济、水环境和水生态状况,制定水环境治理目标和削减方案,提出湖泊型流域分区水生态和水环境治理的方法,为湖泊型流域水生态管理提供依据。

　　本书的总体框架由高俊峰构思和设计。第 1 章由高俊峰、张志明、土双双、赵海霞撰写,第 2 章由黄佳聪、闫人华、齐凌艳、赵广举撰写,第 3 章由张志明撰写,第 4 章由张志明、高永年、高俊峰撰写,第 5 章由黄琪、蔡永久撰写,第 6 章由黄琪、张又、张志明撰写,第 7 章由王雁撰写。全书由高俊峰、张志明统稿。

　　本书的出版得到水体污染控制与治理科技重大专项子课题"湖泊型流域水生态功能四级分区技术"(编号：2012ZX07501-001-03)的支持。

　　作者在撰写书稿过程中,得到多方面的关心与支持。在此谨向为本书相关工作提供帮助与指导的单位、专家、学者和研究生表示衷心感谢!

　　由于条件所限,书中不妥之处在所难免,请广大读者批评指正!

高俊峰

2021 年 10 月

目　　录

前言
第1章　湖泊型流域的概念、尺度和空间格局 ·· 1
　1.1　湖泊型流域的概念与尺度 ·· 1
　　1.1.1　湖泊型流域的概念 ·· 1
　　1.1.2　湖泊型流域的尺度 ·· 2
　1.2　湖泊型流域的空间格局 ·· 3
　　1.2.1　地形地貌格局 ··· 3
　　1.2.2　水文及气候格局 ·· 5
　　1.2.3　土壤及植被格局 ·· 8
　　1.2.4　水系格局 ·· 9
　　1.2.5　水环境格局 ··· 10
　　1.2.6　水生态系统格局 ··· 18
　　1.2.7　社会经济格局 ·· 21
　参考文献 ·· 32
第2章　湖泊型流域的过程 ··· 34
　2.1　湖泊型流域的水文过程 ··· 34
　　2.1.1　概念模型 ··· 34
　　2.1.2　数学方程 ··· 35
　　2.1.3　应用案例 ··· 37
　2.2　湖泊型流域的营养物质迁移过程 ·· 44
　　2.2.1　概念模型 ··· 44
　　2.2.2　数学方程 ··· 44
　　2.2.3　应用案例 ··· 49
　2.3　湖泊型流域的水生态过程 ·· 52
　　2.3.1　概念模型 ··· 52
　　2.3.2　数学方程 ··· 53
　　2.3.3　应用案例 ··· 56
　参考文献 ·· 67
第3章　湖泊型流域的生态服务功能 ·· 69
　3.1　湖泊型流域生态服务功能的类型 ·· 69
　3.2　湖泊型流域生态系统服务功能评估 ·· 71
　　3.2.1　研究区 ·· 72

3.2.2 资料收集 ·· 72

3.2.3 土地利用变化分析 ··· 73

3.2.4 生态系统服务价值估算 ··· 74

3.3 景观格局对服务功能的影响 ·· 80

3.3.1 资料收集 ·· 81

3.3.2 景观格局指数分析 ··· 82

3.3.3 生态系统服务价值估算 ··· 85

3.3.4 景观格局指数与生态系统服务价值的关系 ···················· 88

参考文献 ·· 91

第4章 湖泊型流域水生态功能分区 ··· 97

4.1 水生态功能分区研究的意义 ·· 97

4.2 湖泊型流域水生态功能分区内涵 ··· 98

4.3 湖泊型流域水生态功能分区等级 ··· 99

4.4 湖泊型流域水生态功能分区原则 ··· 99

4.5 湖泊型流域水生态功能分区指标体系 ·································· 101

4.6 湖泊型流域水生态功能分区技术流程 ·································· 101

4.6.1 一至三级分区技术流程 ··· 102

4.6.2 四级分区技术流程 ··· 102

4.7 湖泊型流域水生态功能分区关键技术 ·································· 104

4.7.1 分区基本单元确定技术 ··· 104

4.7.2 分区指标筛选技术 ··· 104

4.7.3 分区指标空间离散技术 ··· 105

4.7.4 分区指标空间聚类技术 ··· 105

4.7.5 分区结果验证技术 ··· 105

4.8 分区实例 ··· 106

4.8.1 巢湖流域水生态功能分区 ·· 106

4.8.2 太湖流域水生态功能分区 ·· 108

参考文献 ··· 112

第5章 湖泊型流域水生态健康评价 ·· 113

5.1 水生态健康内涵 ·· 113

5.1.1 河流水生态系统健康 ·· 114

5.1.2 湖泊水生态系统健康 ·· 115

5.2 评价指标筛选 ··· 116

5.2.1 完整性指标备选参数 ·· 116

5.2.2 参数筛选方法 ··· 119

5.3 水生态健康参考状态确定 ·· 120

5.3.1 河流及溪流水生态健康参考状态确定 ····························· 120

5.3.2 湖泊水生态健康参考状态确定 ······································· 121

5.4　水生态健康评价方法及等级 ……………………………… 121
　　5.4.1　水生态健康评价指标体系 ………………………… 121
　　5.4.2　水生态健康评价方法 ……………………………… 122
　　5.4.3　指标筛选与验证 …………………………………… 128
　　5.4.4　水生态健康状态等级 ……………………………… 128
5.5　湖泊型流域水生态健康评价案例 ……………………… 129
　　5.5.1　巢湖流域水生态功能区水生态健康 ……………… 129
　　5.5.2　太湖流域水生态功能区水生态健康 ……………… 151
参考文献 ………………………………………………………… 173

第6章　湖泊型流域水生生物状态的驱动机制 ………………… 176
6.1　底栖动物与环境因子的关系 …………………………… 176
　　6.1.1　巢湖流域 …………………………………………… 176
　　6.1.2　太湖流域 …………………………………………… 182
6.2　B-IBI 对理化环境因子的响应 ………………………… 187
　　6.2.1　巢湖流域 …………………………………………… 187
　　6.2.2　太湖流域 …………………………………………… 189
6.3　B-IBI 与水质理化因子分类回归树分析 ……………… 193
　　6.3.1　巢湖流域 …………………………………………… 193
　　6.3.2　太湖流域 …………………………………………… 198
参考文献 ………………………………………………………… 204

第7章　湖泊型流域水生态管理 ………………………………… 205
7.1　流域概况 ………………………………………………… 205
　　7.1.1　自然地理 …………………………………………… 205
　　7.1.2　社会经济 …………………………………………… 207
　　7.1.3　水环境和水生态 …………………………………… 209
7.2　污染负荷 ………………………………………………… 210
　　7.2.1　工业污染 …………………………………………… 210
　　7.2.2　城镇生活污染 ……………………………………… 210
　　7.2.3　农业面源污染 ……………………………………… 210
　　7.2.4　农村生活污染 ……………………………………… 211
　　7.2.5　养殖业污染 ………………………………………… 211
　　7.2.6　污染物入河量及入湖量 …………………………… 213
7.3　水环境治理目标和削减方案 …………………………… 213
　　7.3.1　规划目标 …………………………………………… 213
　　7.3.2　河流水环境容量 …………………………………… 214
　　7.3.3　湖泊水环境容量 …………………………………… 215
　　7.3.4　污染物削减量预测 ………………………………… 216
　　7.3.5　水生态功能区划 …………………………………… 217

7.4　水生态管理 ………………………………………………………………… 219

　　7.4.1　点源污染治理 ………………………………………………………… 219

　　7.4.2　农业污染治理 ………………………………………………………… 221

　　7.4.3　河流污染治理与生态修复 …………………………………………… 223

　　7.4.4　湿地生态保护与修复 ………………………………………………… 225

参考文献 …………………………………………………………………………… 233

第1章　湖泊型流域的概念、尺度和空间格局

1.1　湖泊型流域的概念与尺度

1.1.1　湖泊型流域的概念

流域是由地表水与地下水分水岭所包围的河流或湖泊的地面集水区和地下集水区的总和，包括以分水岭为界的一个河流或湖泊的所有水系所覆盖的区域，以及由水系构成的集水区。如果地面集水区和地下集水区相重合，则称为闭合流域；如果不重合，则称为非闭合流域。习惯上将地表水的集水区称为流域。流域内水文现象与流域特性有密切关系。

依据河流流入终点的不同，可将流域划分为河流型流域和湖泊型流域。河流型流域是以河流为核心的流域，湖泊型流域是以湖泊为核心的流域。我国湖泊众多，湖泊型流域是我国流域的重要类型之一。

湖泊型流域示意图见图1-1。湖泊型流域的空间结构特征主要表现为圈层结构，这是与河流型流域在空间结构上的主要差异。具体到流域对象上，如水系、水量、水质、水生物、地形地貌、降水、气温等要素一般都表现出圈层性的湖泊型流域特征。在空间结构上，湖泊型流域主要表现为"山丘—丘陵区—山前区—平原河网湖荡区—入湖河口区（湖滨带）—湖体"的圈层结构特征（高俊峰等，2019）。

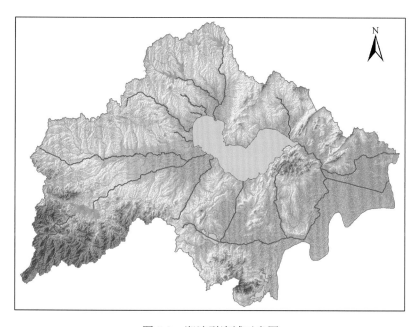

图1-1　湖泊型流域示意图

1.1.2 湖泊型流域的尺度

尺度是地学研究的关键和核心，决定着生态系统的结构、功能和过程。在不同尺度上，生态功能所面临的问题和解决方法有很大的区别（Bailey，2014，2009；吕一河和傅伯杰，2001）；影响水生态功能的主要因子不一样；在一个尺度得到的结果和解释，在另一个尺度里可能不合适甚至错误（Golden and Hoghooghi，2018；Quinn，2002；Fisher，1994），尺度分为时间和空间两种形式。水生态功能分区必须考虑尺度问题，通过尺度来反映分区的等级（高俊峰等，2017；高俊峰和高永年，2012a）。

流域气候、地质的特点决定水体的特点，其是水体理化自然特征的主要影响因子，决定流域内生物/生态特性（高俊峰等，2017，2012）。气温、光照、降水等气候因子和土壤、土地利用等地表因子在较大的空间和时间尺度上表现出显著的差异性，时间变化尺度为百年，空间差异性可以在10000km^{2}以上，这些差异性是鱼类、大型水生高等植物的生物量或种类组成最重要的决定因子（高俊峰等，2016；Kalff，2002）；降水和水文状况、水体的浊度和营养物等因子的时间变化尺度在年际之间，空间上的差异性体现在 500～10000km^2 范围的尺度，此尺度对生物的生物量或种类组成影响明显；流速、底质、河流比降、水深、波浪等在月度时间尺度、10～500km^2 的空间尺度上表现出差异性，通过水深、水化学等因素影响生物生长类型、生长率和生物量；温度、光照等在小时和天的时间尺度、0.1～10km^2 的空间尺度上，影响浮游植物的沉降、紊流和底栖动物的摄食（Kallf，2002；Fisher，1994）。

流域生态系统可以划分出一系列的时间尺度和空间尺度（高俊峰等，2019），在一定程度上，这些尺度可分别考虑，它们形成阶梯状结构（图 1-2）。在同一时间尺度和空间尺度上，不同的生物过程和非生物过程的相互作用是动态变化的。一般来说，流域水生态系统的尺度划分为微小尺度、小尺度、中尺度和大尺度 4 种（Golden and Hoghooghi，2018；李煜和夏自强，2007；Quinn，2002；Allan，1995）。流域的时间和空间尺度量级如表 1-1 所示，其中，空间尺度给出的是纵向距离的量级；时间尺度给出的是生物或物理过程的周期或时间的量级；同时，针对每个量级给出了典型的研究对象。

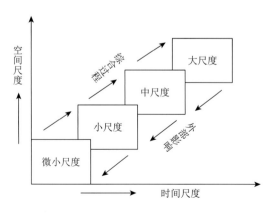

图 1-2　流域的空间尺度

表 1-1 流域的时间和空间尺度量级

尺度类别	空间尺度/m	时间尺度/年	对象
大尺度	$10^5 \sim 10^7$	$> 10^5$	流域
中尺度	$10^3 \sim 10^5$	$10 \sim 10^5$	河流、子流域
小尺度	$10 \sim 10^3$	$1 \sim 10$	静水/流水生境、河段
微小尺度	< 10	< 1	微生境、碎石、苔藓、落叶、沙、石头小坝等

1.2 湖泊型流域的空间格局

1.2.1 地形地貌格局

流域地貌类型是影响水生态系统的重要因素，地形地貌可反映流域的地表形态特征，地形要素包括土壤、坡度、海拔、地貌类型和植被类型等，不同的地貌类型造就了物种在空间上的不同分布，直接影响流域水热分布格局、水文情势及侵蚀和沉积物传输，并间接影响区域气候和植被类型。流域地形地貌也控制着地表径流的路径和累积水量的空间分布（孔凡哲和芮孝芳，2003），流域的地形地貌特征对流域内降水和径流的分布、流向起着十分重要的作用，流域不同下垫面特征也会有所差异。每个流域都有其独特的地貌特征，下面以巢湖流域和太湖流域为例，分析两个流域不同的地形地貌特征。

巢湖流域位于安徽省中部，属长江中下游北岸水系，流域西北以江淮分水岭为界，南临长江，西接大别山，东北邻滁河流域（Zhang et al.，2017；水利部长江水利委员会，1999）。巢湖流域地形总体由西向东渐低，流域西南部杭埠河上游为山区，海拔最高达到 1500m 左右，东北为丘陵及浅山区，沿江、沿湖为平原水网区，地面高程一般在 7.5～13.0m（高俊峰和蒋志刚，2012b）。巢湖面积为 779km²，流域内大于 20km² 的湖泊和水库有 4 个（图 1-3）。巢湖流域地处江淮丘陵之间，四周分布有银屏山、冶父山、大别山、防虎山、浮槎山等低山丘陵，并形成东西长南北窄的不规则地形、西高东低中间较低洼的平坦地形。按流域地貌成因，可划分为构造侵蚀地貌、侵蚀剥蚀地貌和侵蚀堆积地貌。

太湖流域位于我国东部长江三角洲南翼，北抵长江，东临东海，南滨钱塘江，西以天目山、茅山为界，地域分布范围介于 119°11′E～121°53′E，30°28′N～32°15′N。太湖流域行政区划分属江苏、浙江、上海、安徽三省一市（图 1-4），总面积 36895km²，其中，江苏 19399km²，占 52.6%；浙江 12093km²，占 32.8%；上海 5178km²，占 14.0%；安徽 225km²，占 0.6%。太湖地处太湖流域中心，是太湖流域最大的湖泊。太湖是我国第三大淡水湖，水位在 3.14m（黄海高程，多年平均）时湖泊面积为 2427km²，扣除岛屿、陆地实际水面面积 2338km²。太湖最大水深为 3.3m，平均水深为 2.12m，蓄水量为 $51.4 \times 10^8 m^3$。多年平均出入湖水量为 $52.5 \times 10^8 m^3$，湖泊总蓄水量为 $44.3 \times 10^8 m^3$，水量交换系数为 1.18。湖泊水量补给系数为 7.0，进出水量占总收支水量的 60% 左右（Zhang et al.，2017；高俊峰和许妍，2014；高俊峰和高永年，2012a；金相灿等，1999；孙顺才和黄漪平，1993）。

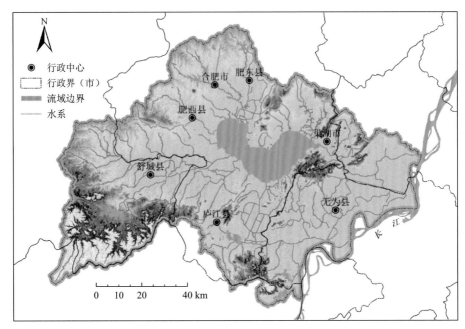

图 1-3　巢湖流域地貌格局（高俊峰等，2016）

无为县 2019 年撤县设市

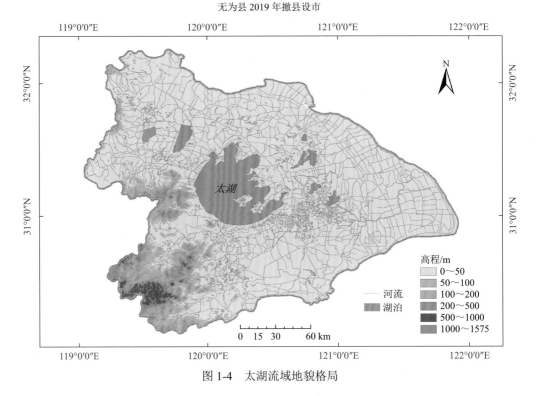

图 1-4　太湖流域地貌格局

太湖流域地形呈周边高、中间低的碟状地形。其西部为山区，属天目山山区及茅山山区的一部分，中间为平原河网和以太湖为中心的洼地及湖泊，北、东、南周边受长江和杭州湾泥沙堆积影响，地势高亢，形成碟边。太湖流域包括山地丘陵及平原，西部丘陵区面积为 7338km^2，约占总面积的 20%；中东部广大平原区面积为 29556km^2，约占总面积的 80%。平原区分为中部平原区、沿江滨海高亢平原区和太湖湖区。东太湖、西部为丘陵山地，东部为平原，河流水系基本自西向东倾斜，水系特点为上游是树枝状排列河流，下游是网状结构（高俊峰和许妍，2014；高俊峰和蒋志刚，2012b）。

1.2.2　水文及气候格局

湖泊型流域的水文气候特征主要包括降水、气温、蒸发、径流等，流域内气温和降水的变化直接影响着蒸发和径流量的变化。气候因素主要包括降水、气温、湿度和辐射等，降水和气温可反映流域内的水热分布格局，对水生态系统影响很大，控制着河流的水循环、水文过程等，是陆地生态系统的重要物质与能量基础。由于地理位置、生态状况和社会条件的不同，不同区域的流域水文气候要素特征也各不相同。下面以巢湖流域为例，分析流域内的降水、气温、蒸发、径流等水文气候要素特征。

巢湖流域属于亚热带湿润性季风气候，多年平均气温为 16℃，相对湿度为 76%，气候温和湿润，四季分明，雨量适中，热量丰富，无霜期较长，一般在 200d 以上（Zhang and Gao，2016；中国科学院《中国自然地理》编辑委员会，1985）。巢湖流域多年平均年降水量为 1215mm，其中，汛期 5～8 月降水量占年降水量的 51%。流域最大年降水量为 1986mm（1991 年），最小年降水量为 672mm（1978 年）。多年平均年径流量为 59.2 亿 m^3，51%的径流量集中在汛期 5～8 月（中国河湖大典编委会，2010）。巢湖流域水资源丰富，多年平均水资源量为 65 亿 m^3，其中，5～9 月占 64%（Zhang et al.，2019；高俊峰等，2016；中国科学院《中国自然地理》编辑委员会，1985）。

巢湖流域属于亚热带湿润性季风气候，降水量分布特点为南高北低，南部及西南部山丘区降水量较高，北部及东部平原区降水量较低，多年平均降水量约为 1215mm（中国河湖大典编委会，2010）。将巢湖流域多年平均降水量的最高 1/3 作为降水量高值区，将巢湖流域多年平均降水量的最低 1/3 作为降水量低值区，中间的 1/3 作为降水量中值区。巢湖流域多年平均降水量高值区（1237.91～1282.43mm）面积约为 4569.21km^2，占流域总面积的 32.50%；多年平均降水量中值区（1210.83～1237.91mm）面积约为 4991.64km^2，占流域总面积的 35.51%；多年平均降水量低值区（1173.14～1210.83mm）面积约为 4497.53km^2，占流域总面积的 31.99%（图 1-5）。降水量在年内：夏季最多，春季次之，秋季较少，冬季最少。每年 5～9 月为汛期，汛期降水量占全年降水量超过 60%。每年 4～10 月为灌溉期，其间降水量占全年降水量近 80%。巢湖流域降水时空分布不均的原因，主要是该区域受过渡性季风环流的影响，冷暖气团交锋频繁。夏季不但降水天数多、雨量大，而且常出现暴雨，造成洪涝灾害。

巢湖流域属于亚热带湿润性季风气候，由于西南部山丘区的影响，气温分布特点为南低北高，南部及西南部山丘区气温较低，北部及东部平原区气温较高，多年平均气温约为 12.3℃（中国河湖大典编委会，2010）。将巢湖流域多年平均气温大于 15.5℃的区域作为温度高值区，将多年平均气温小于 14.0℃的区域作为温度低值区，温度在 14.0～15.5℃的区域作为温度中值区。巢湖流域多年平均气温高值区（15.5～16.1℃）面积约为 7043.08km^2，

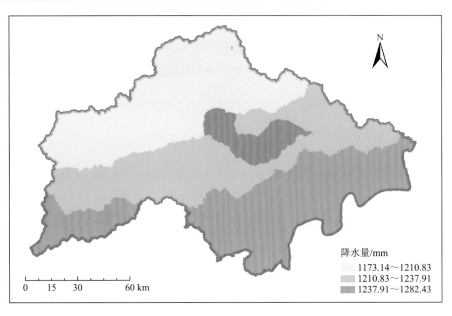

图 1-5　巢湖流域降水量格局

占流域总面积的 50.10%；多年平均气温中值区（14.0～15.5℃）面积约为 6461.55km²，占流域总面积的 45.96%；多年平均气温低值区（10.8～14.0℃）面积约为 553.76km²，占流域总面积的 3.94%（图 1-6）。

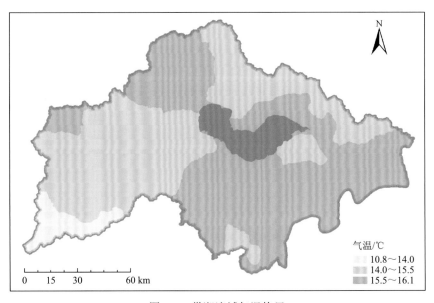

图 1-6　巢湖流域气温格局

　　巢湖流域各地因受地形、气候、土壤及植被等因素的影响，区域间蒸发量存在差异。该地区多年平均年蒸发量为 1039.1mm，变幅为 915.9～1293.9mm。从地貌类型上看，蒸发量平原大于山区；从空间分布上看，蒸发量西南部最小，东南部次之，中部和北部较大

（图 1-7）；由于温度、风速、空气湿度和地面形状等因素的影响，巢湖流域蒸发量呈明显的季节性特征，全年以夏季（6～8 月）蒸发量最高，为 437.4mm，占全年蒸发量的 42.1%；春季（3～5 月）蒸发量为 290.8mm，占全年蒸发量的 28.0%；秋季（9～11 月）蒸发量为 235.7mm，占全年蒸发量的 22.7%；冬季（12 月至次年 2 月）蒸发量最少，为 75.2mm，占全年蒸发量的 7.2%，夏季蒸发量达冬季的 5～6 倍。

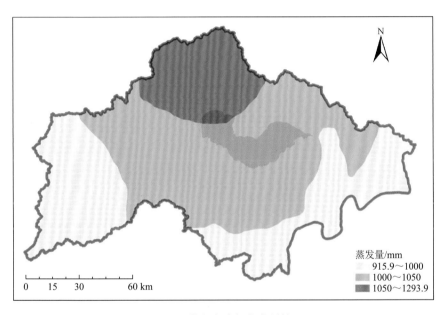

图 1-7　巢湖流域年蒸发量格局

巢湖流域水资源丰富，多年平均径流量为 59.2 亿 m³，51%径流量集中在汛期 5～8 月（中国河湖大典编委会，2010）。巢湖周围分布 9 条主要入湖河流，分别为杭埠河、南淝河、派河、兆河、十五里河、塘西河、白石天河、双桥河、柘皋河，还有一条出湖河流为裕溪河。为防御江洪倒灌侵袭和发展蓄水灌溉，20 世纪 60 年代先后兴建了裕溪闸防洪工程和巢湖闸蓄水工程。历史上巢湖与长江自然沟通，江湖之间水量交换频繁，巢湖流域水旱灾害也十分严重。在建闸控湖前，巢湖与长江水量交换频繁，一方面巢湖流域易发生大面积水旱灾害；另一方面由于汛期江水经常入湖，有利于维持巢湖自然开放性水域生态系统的平衡。建闸后，巢湖闸在发挥巨大的防洪减灾和灌溉供水效益的同时，江水入湖水量和巢湖蓄水位也发生了很大变化，成为人工控制下的半封闭水域。1959 年和 1969 年先后建巢湖闸以调节巢湖之水，建裕溪闸以拒江水倒灌，两闸内形成渠化河流。巢湖周围河流呈向心状分布，其中杭埠河、派河、南淝河、白石天河 4 条河流占流域径流量的 90%以上。由观测资料分析，巢湖闸建成前，长江入巢湖水量多年平均为 13.6 亿 m³，人工控湖后，巢湖变为半封闭湖泊，一般年份江水不再入巢湖，江水年均入湖水量由控湖前的 13.6 亿 m³ 缩减为 1.7 亿 m³。巢湖闸上年均入湖水量为 34.9 亿 m³，最大为 1991 年的 89.4 亿 m³，最小为 1978 年的 7.9 亿 m³。年均出湖水量为 30 亿 m³，最大为 1991 年的 85 亿 m³，最小为 1978 年的 1 亿 m³。

1.2.3 土壤及植被格局

土壤和植被作为湖泊型流域生态环境的重要组成部分，对流域生态系统的结构稳定和功能发挥具有重要作用。土壤作为农业和自然生态系统的基础要素，其环境质量的保护对人类的生存及繁衍具有重要意义。植被是土地覆被最主要的部分，植被变化对全球物质和能量的循环具有重要的影响，它是气候和人文因素对环境产生影响的敏感指标。因此，以流域为单元进行土壤植被的保护、利用和管理具有较大的科学意义，探索流域内土壤和植被对人类活动的时空响应机制可为有效监测、管理及保护土壤和植被资源提供参考。下面以巢湖流域为例，介绍流域内土壤植被的分布特征。

巢湖流域的植被面积为 2348.19km²，类型主要包括林地和草地（图 1-8），其中，林地面积为 1791.95km²，占整个流域面积的 12.75%，占流域植被面积的 76.31%，主要分布在流域西南和南部山区，巢湖市周围有零星分布。草地面积为 556.24km²，占整个流域面积的 3.96%，占流域植被面积的 23.69%，主要分布在巢湖市山丘区以及流域的西南和南部山区。

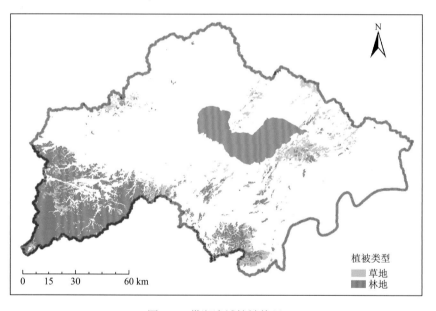

图 1-8　巢湖流域植被格局

巢湖流域的土壤类型有人为土、半水成土、淋溶土和初育土四个土纲（图 1-9），其中，人为土面积为 8340.47km²，占整个流域面积的 59.33%，其主要分布在环巢湖周围以及流域东部的平原区。半水成土面积为 416.24km²，占整个流域面积的 2.96%，其主要分布在流域沿长江和杭埠河河岸带附近。淋溶土面积为 2967.98km²，占整个流域面积的 21.11%，其主要分布在流域的西南部、南部和巢湖市周围山地，以及流域西部的丘陵。初育土面积为 1394.42km²，占整个流域面积的 9.92%，其主要分布流域的西南部、北部和巢湖市周围山地，流域的南部山地和西部丘陵有零星分布。

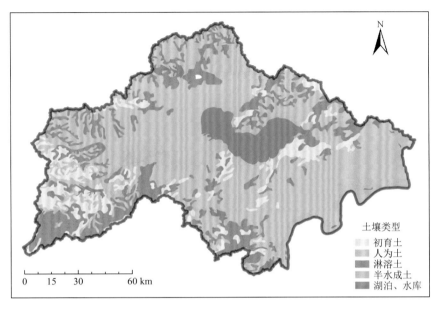

图 1-9　巢湖流域土壤格局

1.2.4　水系格局

湖泊型流域主要包括河流和湖库，且流域内一般河网纵横，水系密布，各流域具有其独特的河流水系分布特征。下面以巢湖流域为例，分析巢湖流域的河流水系特征。

巢湖流域水系处于安徽省中部，长江下游左岸；流域西北以江淮分水岭为界，东邻长江；主要支流发源于大别山区，自西向东注入并流经巢湖，由裕溪河进入长江（图 1-10）。巢湖流域水系以巢湖为中心，南淝河、杭埠河、派河、兆河、十五里河、塘西河、白石天河、柘皋河、双桥河等支流呈辐射状注入巢湖，裕溪河、西河、清溪河、牛屯河分洪道等支流将巢湖与长江沟通（Zhang and Gao，2016；张志明等，2015；安徽省水利厅水利志编辑室，2010；中国河湖大典编委会，2010）。其中，杭埠河流域面积最大，为 4150.0km^2，河道长度为 145.5km，河道平均坡降为 9.69‰；南淝河次之，流域面积为 1464.0km^2，河道长度为 70.05km，河道平均坡降为 0.05‰。

巢湖流域主要湖泊有巢湖和黄陂湖，同时也将枫沙湖和竹丝湖考虑在内（图 1-10）。其中，巢湖是安徽省第一大湖，全国五大淡水湖之一，中国重要湿地。巢湖湖水主要靠地面径流补给，水位在 8.37m 时，湖长为 61.7km。最大湖宽为 20.8km，面积为 769.55km^2，最大水深为 3.77m，平均水深为 2.69m（高俊峰和蒋志刚，2012；张志明等，2015；姜加虎等，2009）。巢湖流域有主要水库七座，包括大（二）型水库三座，中型水库四座，总库容为 14.79 亿 m^3。其中，大（二）型水库主要有龙河口水库、董铺水库和大房郢水库，总库容分别为 9.03 亿 m^3、2.49 亿 m^3 和 1.84 亿 m^3。中型水库主要有众兴水库、大官塘水库、蔡塘水库和张桥水库，总库容分别为 0.99 亿 m^3、0.10 亿 m^3、0.21 亿 m^3 和 0.13 亿 m^3（高俊峰等，2017，2016）。

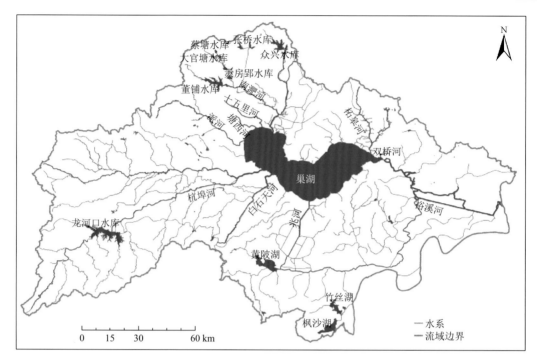

图 1-10 巢湖流域水系格局

1.2.5 水环境格局

水环境中的圈层结构或带状结构与水环境中污染物的形态、基本化学性质以及人类活动密切相关。以湖泊为中心的湖泊型流域中的污染物，如氮、磷、重金属等物质通过岩（土壤）溶解析、工农业或人类生产活动影响进入湖泊河流，再经过复杂的物理、化学以及物化反应最终进入水体蓄积于底泥中。以湖泊为中心的湖泊型流域水体中的污染物均以类似的方式或途径进入水体与中心湖，进而在大尺度空间上表现为特有的圈层结构或带状结构。

水体中的氮形态较多，主要包括氨态氮、硝态氮、亚硝态氮以及有机氮，这些氮的形态合称为总氮，氮的形态在特定条件下可以发生转化。例如，氨态氮的硝化作用（nitrification）和反硝化作用（denitrification）是氮形态转化的主要途径（钟继承等，2009；戴树桂，1997）。反硝化作用也称脱氮作用，是指反硝化细菌在缺氧条件下，还原硝酸盐，释放出分子态氮（N_2）或一氧化二氮（N_2O）的过程。硝化作用是指氨在微生物作用下氧化为硝酸的过程，该过程是在好氧条件下进行的（徐徽等，2009）。污染物质以氨态氮或者硝态氮的形式进入河流后，经过不同小生境条件下发生的上面所述变化过程，最终以氨态氮或者硝态氮的形式进入湖体。在湖泊流域空间尺度上，氮的圈层结果不仅与人为污染有关，还与区域环境的小生境密切相关。

水体中的磷主要有无机的磷酸根和有机磷，两者合称为总磷。有机磷经过矿化作用可转变为无机的磷酸根。一般天然水体中磷酸盐的含量不同。水体中的磷酸根主要来自自然土壤或者岩石溶解、农业化肥施用、生活洗涤剂，此外一些工业废水中也含有大量的磷

（朱广伟等，2004；戴树桂，1997）。与氮不同，水体中的磷参与不完全的地球化学循环，进入水体中的磷酸根最终与铁、钙、铝等物质结合形成稳定的沉淀物，蓄积于底泥中（范成新等，2002）。磷在空间大尺度上的圈层结构分布与人类活动密切相关，其在空间上的带状结构或圈层结构分布明显。

水体中的重金属污染物主要包括汞、砷、镉、铬、铅、铜、镍和锌等物质。其中，美国环境保护署已将毒性较大的汞、砷和镉列为优先控制污染物（戴树桂，1997）。工业革命以来，大量未经过处理的污水排入湖泊、河道等生态系统，造成了水环境污染。上述提到的污染物质，除经工业排放、大气沉降以及雨水冲刷等途径进入水体外，其还可以通过岩石风化等途径进入水体。因此，这些重金属污染基本上在世界上任何区域都能检测到。水体中的重金属可以与水体中的悬浮态颗粒物质结合，经过吸附解析、氧化还原等过程最终蓄积于底泥中（尹洪斌等，2008；李宝等，2008）。流域上散落分布着居民地、工厂等污染源，由此造成了水体或底泥中重金属污染呈现出点状或带状的污染现象。下面以巢湖流域为例，分析流域水体营养盐污染分布特征、水体富营养化指数分布特征以及水体重金属污染特征。

1. 巢湖流域水体营养盐污染分布特征

巢湖流域水体总氮、总磷、氨氮以及高锰酸盐指数四个指标在不同时期呈现出不同的空间变化规律。从图 1-11 可以看出，整个巢湖流域总氮污染等级在流域空间上具有较大的异质性，并且不同季节变化规律也不相同。具体地说，巢湖流域春季水体中总氮指标置于劣 V 类水百分比达 41.4%，而在夏季和秋季这一指标分别降至 22.5% 和 38.2%。春季和秋季整个巢湖流域处于枯水期，水体中的污染物浓度得到浓缩，导致其污染程度增大。而在夏季丰水期时，由于频繁的雨水补充，水体中的主要污染物得到稀释，故污染等级有所降低。从整个巢湖流域的空间变化上来看，巢湖流域水体总氮的低浓度主要出现在杭埠河上游、兆河以及西河下游区域，这些区域主要采用以农业为主的土地利用模式，水体污染主要受到土壤径流的污染。而柘皋河、南淝河以及派河流域受到了较为严重的工业污染，致使水体污染物浓度大幅度增高，污染等级增大（王宗志等，2006）。巢湖湖体受到南淝河污染物大量输入的影响，总氮浓度多数处于 V 类水甚至劣 V 类水级别。巢湖流域的总氮污染表现出了较为明显的区域性带状结构，未表现出圈层结构。

图 1-12 为巢湖流域在春季、夏季以及秋季水体中总磷的污染等级分布趋势。从图中可以看出，巢湖流域水体总磷不同季节的空间异质性较大，其中，巢湖流域水体总磷在秋季污染最为严重，大部分采样点置于 IV 类水及以上等级，劣 V 类水达到 68.2%。从春季和夏季水体总磷的污染等级来看，巢湖流域水体总磷的高浓度区域主要位于巢湖湖体、南淝河流域、派河流域、柘皋河流域以及裕溪河流域的上游。这一分布状况与总氮的分布基本类似，主要是这些区域受到严重的工业污染以及生活污染的影响。在杭埠河流域、兆河流域以及裕溪河流域的下游水体中，总磷的浓度相对较低，主要因为农业污染输入的磷浓度较低（殷福才和张之源，2003）。从巢湖流域整体污染的空间分布来看，巢湖流域水体总磷污染主要呈带状分布，主要是南淝河污染带、派河污染带以及巢湖湖体污染带。

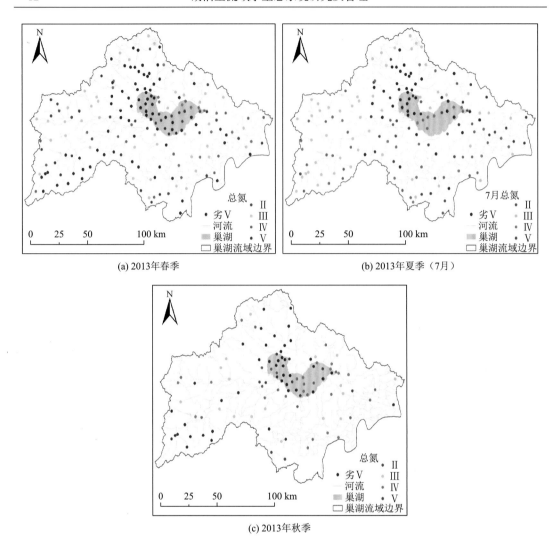

(a) 2013年春季　　　　　　　　　　(b) 2013年夏季（7月）

(c) 2013年秋季

图 1-11　巢湖流域水体总氮污染等级分布趋势

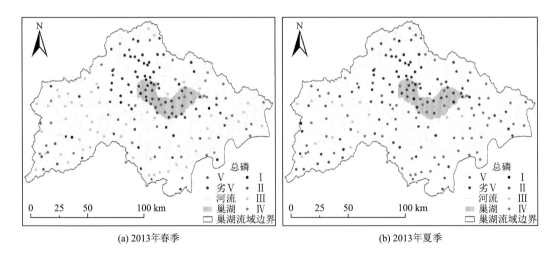

(a) 2013年春季　　　　　　　　　　(b) 2013年夏季

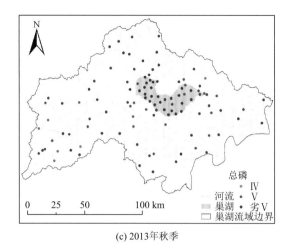

(c) 2013 年秋季

图 1-12　巢湖流域水体总磷污染等级分布趋势

　　图 1-13 和图 1-14 分别为巢湖流域水体中氨氮和高锰酸盐指数的污染等级分布趋势。从空间污染分布以及污染等级的分布来看,巢湖流域氨氮和高锰酸盐指数的污染要显著低于流域水体中总磷与总氮的污染。如图 1-13 所示,巢湖流域水体氨氮的高浓度区域主要集中在南淝河流域,这一分布趋势与水体中总磷和总氮的分布基本类似,主要是这些区域长期受到合肥城区的污染,大量未经过处理的废水直接排入南淝河河道,造成严重的污染。从季节变化趋势来看,这一分布规律并未得到明显改善。氨氮的浓度极值始终处于南淝河流域,在秋季时期污染程度稍微得到缓解。从表 1-2 可以看出,巢湖流域水体氨氮的污染等级在春季、夏季以及秋季主要分布在Ⅲ级水及其以下,均达到 70%及以上,其中在秋季达到 90%之多。从整个巢湖流域的空间污染状况来看,巢湖流域水体氨氮的污染变化出现了不规则的圈层结构,这个结构主要以南淝河流域为中心,逐渐向外扩散,其中在春夏两季表现最为明显。

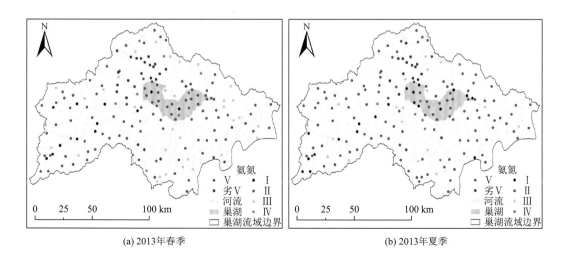

(a) 2013 年春季　　　　　　　　　　　　　　　　(b) 2013 年夏季

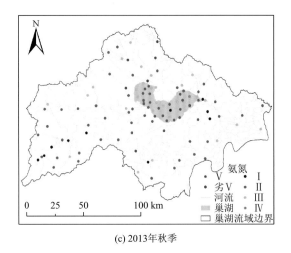

(c) 2013年秋季

图 1-13 巢湖流域水体氨氮污染等级分布趋势

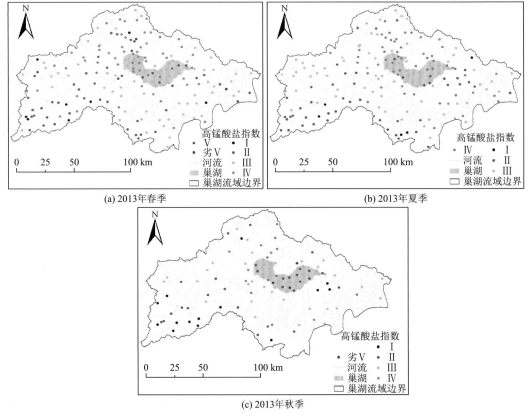

图 1-14 巢湖流域水体高锰酸盐指数污染等级分布趋势

与氨氮相比,巢湖流域高锰酸盐指数的污染程度有所增加,但是在污染区域上并未出现明显的变化。巢湖流域水体高锰酸盐指数的高浓度区域主要集中在南淝河流域、派河流域以及巢湖湖体的西半湖,这主要是由于来自合肥和肥西的生活废水、工业废水的污染。即便如此,巢湖流域水体高锰酸盐指数的污染主要分布于Ⅲ类水及其以下,其在春季、夏季和秋季的比例分别为 66.50%、70.70% 和 83.64%。整个巢湖流域在空间污染上初步表现出了圈层污染结构，即以南淝河、派河流域以及巢湖湖体为高值区，向周围污染程度逐渐降低。

表 1-2　巢湖流域水体主要污染指标等级划分比例　　　（单位：%）

采样时间	等级	总氮	总磷	氨氮	COD$_{Mn}$
2013 年春季	A	23.00	35.10	79.60	66.50
	B	17.80	24.10	4.70	30.90
	C	17.80	22.50	2.60	1.56
	D	41.40	18.30	13.10	1.04
2013 年夏季	A	34.00	12.60	84.30	70.70
	B	28.80	42.90	4.19	29.30
	C	14.70	27.70	2.09	0.00
	D	22.50	16.80	9.42	0.00
2013 年秋季	A	18.20	0.00	92.72	83.64
	B	32.70	5.40	0.91	13.63
	C	10.90	26.40	1.82	0.00
	D	38.20	68.20	4.55	2.73

注：A 代表 I 类、II 类和III类水，B 代表IV类水，C 代表 V 类水，D 代表劣 V 类水；COD$_{Mn}$ 表示高锰酸盐指数。

2. 巢湖流域水体富营养化指数分布特征

巢湖流域水体富营养化指数分布趋势如图 1-15 所示。从不同时期的巢湖流域空间污染分布状况来看，巢湖流域水体富营养化指数的分布状况与污染物的分布趋势基本类似。南淝河流域仍然是富营养化指数最大的区域，各个采样点均处于极富营养化的状态。巢湖湖体均处于富营养化状态或者是重度富营养化状态，而巢湖流域富营养化指数较低的区域位于杭埠河上游。这种分布趋势与人类活动和土地的利用模式极其相关，在杭埠河上游的农业、林业景观区域，水土植物保护较为完备，相应的氮磷污染物输出量较少（王振祥等，2009）；在南淝河、派河等工业废水、生活污水影响较为严重的区域，氮磷污染物输出量大，水体富营养化指数较高。在春季、夏季以及秋季 3 次采样中，巢湖流域水体的大多数点位处于富营养化状态，分别占到整个流域采样点的 62.3%、69.6% 以及 80.0%（表 1-3）。从整个空间分布规律来看，巢湖流域水体富营养化指数表现出较为明显的带状结构，分别是南淝河流域的重度富营养化带、巢湖湖体的富营养化带以及杭埠河流域上游的中度富营养化带。

表 1-3　巢湖流域水体富营养化指数百分比　　　（单位：%）

时间	中度富营养化	富营养化	重度富营养化	极富营养化
2013 年春季	26.7	62.3	5.8	5.2
2013 年夏季	19.9	69.6	8.9	1.6
2013 年秋季	5.5	80.0	12.7	1.8

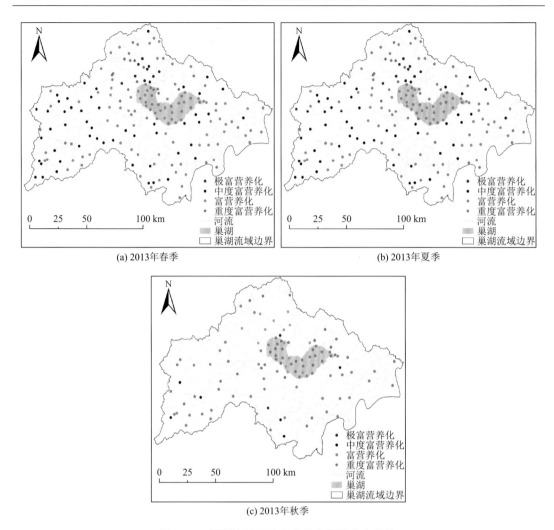

(a) 2013年春季　　　　　　　　　　　(b) 2013年夏季

(c) 2013年秋季

图 1-15　巢湖流域水体富营养化指数分布趋势

3. 巢湖流域水体重金属污染特征

对巢湖流域水体中镉、汞、铅、砷、铜、锌六种主要重金属进行调查分析,其污染等级分布如图 1-16 所示。巢湖流域水体中的重金属污染等级与太湖流域极其类似,即整个流域的镉、汞、铅和砷均处于较为清洁的污染状态,几乎所有采样点位均处于Ⅰ级水等级。巢湖流域的工业化程度与太湖流域相比明显较低,属于较为典型的农业影响流域。大部分区域主要受到农业、散落的村镇分布的污染影响,故水体中的重金属浓度普遍较低(孔明等,2015)。相比之下,巢湖流域的铜、锌污染较为严重,其中,锌污染的程度更为严重。整个巢湖流域只有两个点位的铜污染处于Ⅲ级水污染等级,其余点位仍处于Ⅰ级水清洁等级。由于南淝河的严重污染,其出现较为严重的锌污染,南淝河大部分点位处于Ⅲ级水和Ⅳ级水污染等级。前期的研究也表明,南淝河的底泥锌污染较为严重,在适宜的环境条件下,底泥锌会持续向上覆水体释放,造成锌污染。另外,工业废水和生活污水中也含有较高浓度的锌(孔明等,2015)。从整个巢湖流域重金属的污染状况来看,巢湖流域水体重金属污染未表现出圈层污染的分布结构,只有巢湖流域水体的锌污染表现出了南淝河污染带结构,其他大部分区域仍处于较清洁水平。

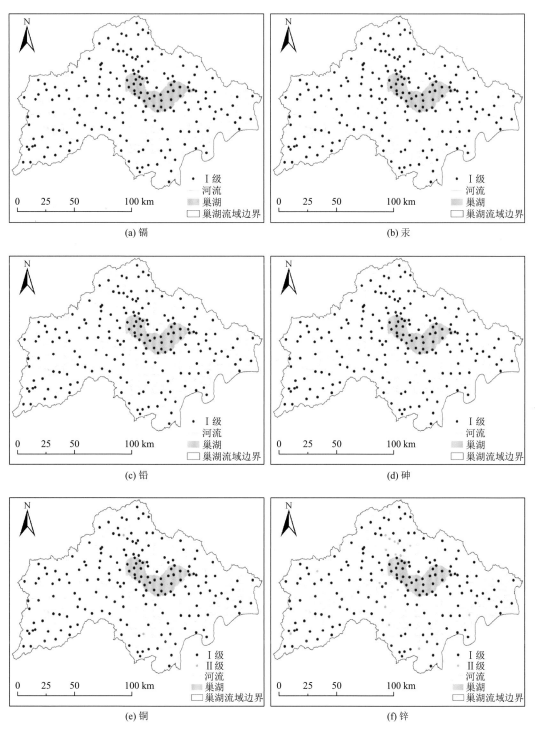

图 1-16　巢湖流域主要重金属污染等级分布

1.2.6　水生态系统格局

水生态系统是指水生生物群落与水环境构成的生态系统。水生态功能区是指具有相对一致水生态系统组成、结构、格局、过程、功能的水体和具有"水陆一致性"的陆水集合体（黄艺等，2009）。水生态系统是水生生物与水环境相互促进、相互制约、相互竞争，共同构成既矛盾又统一的动态平衡系统。水生态系统在人类的生活环境中起着十分重要的作用。下面以巢湖流域为例，分别从浮游植物、着生藻类、底栖动物和鱼类四个方面介绍巢湖流域的水生态系统概况。

1. 浮游植物

2013 年 4 月调查共检测出 6 门、126 属、261 种（含变种），各门藻类种属数依次为蓝藻门 19 属 39 种，硅藻门 37 属 70 种，金藻门 8 属 13 种，隐藻门 2 属 4 种，裸藻门 7 属 28 种，绿藻门 53 属 107 种，按种类统计绿藻门明显占优，其次为硅藻门和蓝藻门。

按主要河流统计，可以看出裕溪河、南淝河市区（流经合肥市）及派河（上支）流域浮游藻类密度相差不大（图 1-17），约在 3.5×10^6 cells/L，藻类密度均较高，这三条河流流经城市，所受干扰较大。天河、柘皋河、派河（下支）、丰乐河、杭埠河及兆河＋新河浮游藻类密度均较小，在 1×10^6 cells/L 左右。

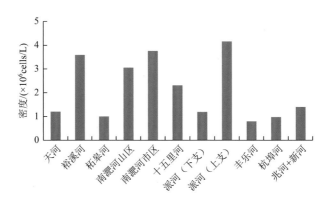

图 1-17　巢湖流域主要河流浮游藻类密度分布

流域中不同区域与水体，由于所受干扰因素及其生态环境特点不一样，藻类的空间分布、数量变化、种类组成也不一样，图 1-18 为巢湖流域主要河流浮游藻类各门密度组成，各流域中裕溪河及派河（上支）蓝藻细胞数分布较密，数量较多，呈现出浮游藻类种类较为单一的特性，所受干扰影响较大；柘皋河、南淝河市区绿藻门藻类植物细胞数所占密度较大；丰乐河、南淝河山区藻类分布较为均匀，各门藻类密度分布比例相差不大，说明这几条河流浮游藻类生态结构较为稳定。

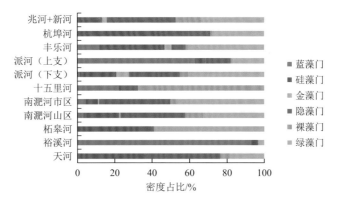

图 1-18 巢湖流域主要河流浮游藻类各门密度组成

2. 着生藻类

2013 年 4 月巢湖流域调查中共检出着生硅藻 2 纲 36 属 166 种（含变种），分属中心纲圆筛藻目，羽纹纲盒形藻目、无壳缝目、拟壳缝目、双壳缝目、单壳缝目以及管壳缝目。其中，中心纲圆筛藻目共检出 7 种（变种）；羽纹纲盒形藻目、无壳缝目、拟壳缝目、双壳缝目、单壳缝目及管壳缝目分别检出 1 种、26 种、10 种、83 种、11 种及 28 种（变种），种类数以双壳缝目占优。

按巢湖流域的 145 个河流调查样点统计，流域各样点着生硅藻平均密度为 $8.87 \times 10^4 \text{cells/cm}^2$。按主要河流统计，南淝河市区（流经合肥市）、十五里河密度较大，分别为 $20.25 \times 10^4 \text{cells/cm}^2$、$14.93 \times 10^4 \text{cells/cm}^2$；杭埠河、南淝河山区、丰乐河以及柘皋河密度较小，分别为 $1.02 \times 10^4 \text{cells/cm}^2$、$2.59 \times 10^4 \text{cells/cm}^2$、$3.3 \times 10^4 \text{cells/cm}^2$ 以及 $3.65 \times 10^4 \text{cells/cm}^2$（图 1-19）。

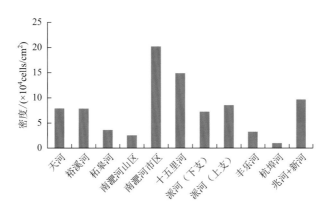

图 1-19 巢湖流域主要河流着生硅藻密度分布

3. 底栖动物

2013 年 4 月共布设样点 191 个，由于部分样点未能获得样品，实际采集样点 181 个。在 181 个样点中，共采集到底栖动物 221 种，节肢动物门种类最多，共 171 种，分别属于

9个目，其中双翅目种类最多（75种，主要为摇蚊科幼虫61种），蜻蜓目和毛翅目分别为37种和22种，蜉蝣目16种，其他昆虫种类较少。软体动物共采集到32种，双壳纲和腹足纲分别为13种和19种。环节动物门种类较少，共12种。从全流域调查结果来看，出现率超过10%的种类共有27种，其中环节动物门4种，节肢动物门12种（昆虫纲10种），腹足纲和双壳纲分别为8种和3种。其中，铜锈环棱螺的出现率最高，达到65.38%，霍甫水丝蚓、苏氏尾鳃蚓和椭圆萝卜螺的出现率也较高，分别为47.25%、45.05%和43.41%。分析发现，出现率较高的种类均为耐污能力较强的种类。

从图1-20可以看出，各采样点底栖动物类群的密度组成呈现出显著的空间差异。整体而言，腹足纲密度在平原区河流大部分样点占据优势，大部分点位所占比例高于75%，寡毛纲主要在城市河道（南淝河、派河、天河庐江县城监测点）以及巢湖湖体（主要是西半湖和北部湖区）占据优势，其在南淝河监测点所占比例接近100%，在南淝河入湖口区域所占比例也超过80%。双翅目（主要是摇蚊幼虫）占优势的点位主要位于巢湖湖体和平原区河流。清洁种类蜉蝣目（Ephemeroptera）、襀翅目（Plecoptera）及毛翅目（Trichoptera）（简称EPT）主要在西部及南部等山区丘陵区溪流占据优势，其中，蜉蝣目比例较高，毛翅目次之，襀翅目在各样点比例较低。

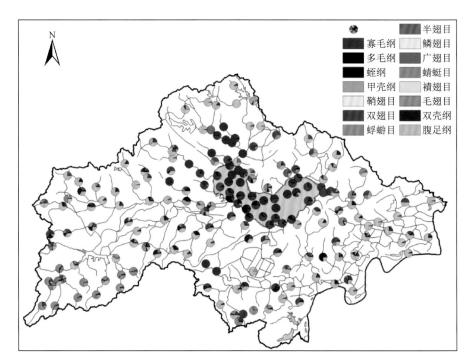

图1-20　巢湖流域底栖动物类群密度组成空间格局

4. 鱼类

野外采集和市场调查共发现鱼类61种，隶属于8目17科，其中，鲤科鱼类35种（德国锦鲤属外来入侵种品系，纳入一个独立物种品系与巢湖流域的土著鲤鱼相区别），占所有鱼类物种数的 57.38%。鲤形目鱼类物种数最多（占全部物种数的 65.57%），鲈形目、鲇形目和鳉形目（分别占全部物种数的 16.39%、8.20% 和 3.28%）次之，鲱形目、鲑形目、颌针鱼目和合鳃鱼目均分别只有 1 种，且均分别占全部物种数的 1.64%（图 1-21）。优势种有鳘（*Hemiculter leucisculus*）、斑条鱊（*Acheilognathus taenianalis*）和鲫（*Carassius auratus* subsp. *auratus*）。偶见种有宽鳍鱲（*Zacco platypus*）、红鳍原鲌（*Cultrichthys erythropterus*）、彩石鳑鲏（*Rhodeus lighti*）、麦穗鱼（*Pseudorasbora parva*）、黑鳍鳈（*Sarcocheilichthys nigripinnis*）、亮银鮈（*Squalidus nitens*）、棒花鱼（*Abbottina rivularis*）、鲤（*Cyprinus carpio*）、中华花鳅（*Cobitis sinensis*）、泥鳅（*Misgurnus anguillicaudatus*）、切尾拟鲿（*Pseudobagrus truncatus*）、中华沙塘鳢（*Odontobutis sinensis*）、小黄黝鱼（*Micropercops swinhonis*）、吻虾虎鱼（*Ctenogobius* sp.）和乌鳢（*Channa argus*）。

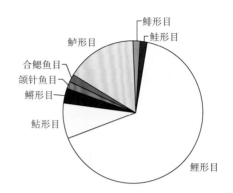

图 1-21　巢湖各目鱼类占全部
物种数的百分比示意图

运用单因素方差分析检验不同溪流级别下的鱼类多样性，结果表明，1～4 级河流间鱼类的物种数、个体数和香农-维纳指数均无显著差异（$P > 0.05$）（图 1-22）。

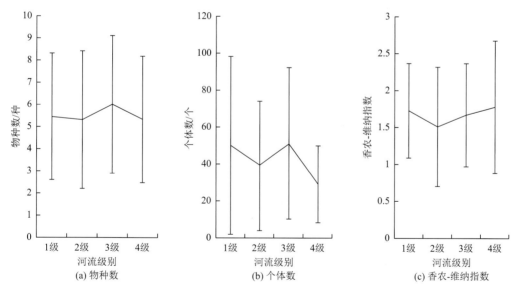

图 1-22　河流级别间鱼类物种多样性的比较

1.2.7　社会经济格局

流域是一个相对完整统一、不可分割的人文地理和经济地理空间单元，是社会经济发展的载体。在我国各大湖泊型流域中，随着流域土地等自然资源的开发利用、人口的增长和产业的因地制宜，流域内政治、经济、文化等方面交往越加频繁、活跃，成为我国社会经济的发展高地，下面以巢湖流域为例，分别从经济总量与产业结构、人口与城镇化、污染源与环境治理三方面分析流域的社会经济状况。

1. 经济总量与产业结构

经济总量与产业结构是衡量区域经济发展的必备指标，分别反映经济发展的总量效应和结构效应。

巢湖流域是安徽省省会经济圈的主体，具有引领全省、加快安徽崛起的重要作用，也是长江中下游地区著名的"鱼米之乡"和国家重要的商品粮油生产基地，虽然其经济产值低于太湖流域，但增长率较快（图1-23）。2000年，巢湖流域国内生产总值（gross domestic product，GDP）为539.60亿元，占安徽省同年GDP的17.76%；2013年，GDP为5357.04亿元，占安徽省同年GDP的28.14%，比2000年增长8.9倍，年均增长率为19.31%。流域范围内，合肥地区（指巢湖流域原合肥部分，下同）GDP最高，2013年为4257.39亿元，占巢湖流域地区生产总值的79.47%，年均增长率为21.89%；巢湖地区（指巢湖流域原巢湖部分，下同）GDP为959.11亿元，占比为17.91%，年均增长率为13.03%；其他地区的GDP贡献较低，2013年产值为140.54亿元，占比仅为2.62%，但增长率略高于巢湖地区，为14.33%（图1-24和图1-25）。

巢湖流域产业结构不断优化，三产比例由2000年的18.59∶44.75∶36.66调整为2013年

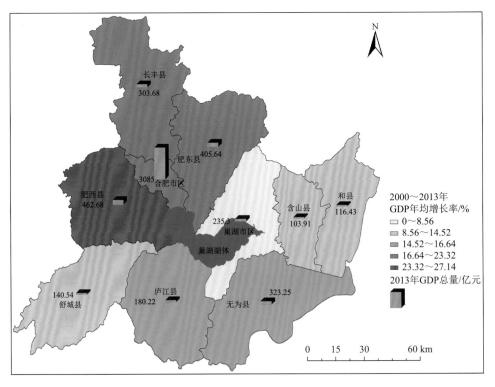

图1-23　2013年巢湖流域各地区GDP总量及年均增长率

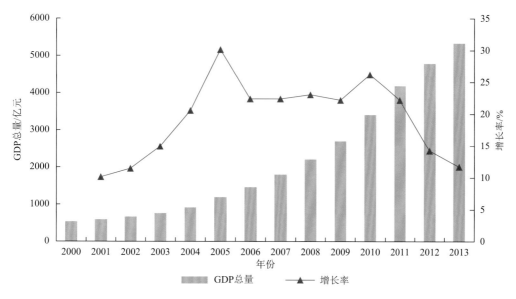

图 1-24　2000~2013 年巢湖流域 GDP 变化

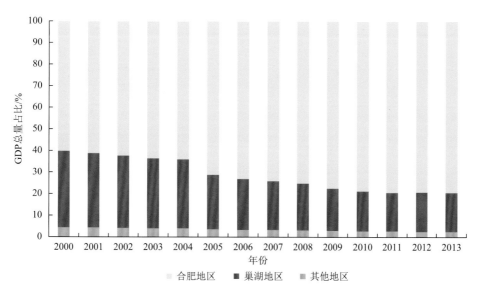

图 1-25　巢湖流域各地区经济总量比例

的 6.88∶55.19∶37.93，已形成第二、第三产业共同推动经济稳步增长的格局（图 1-26）。从产业类型看，以农业为主的第一产业发展基础好，保持稳定增长态势。增加值由 2000 年的 99.86 亿元增加到 2013 年的 368.78 亿元，年均增长 10.57%，但产值占比显著下降；第二产业发展迅速，增加值由 2000 年的 240.4 亿元增至 2013 年的 2956.18 亿元，年均增长率高达 21.29%，占比上升至 2013 年的 55.18%；第三产业在经济发展中的份额较高，增加值由 2000 年的 199.34 亿元增至 2013 年的 2032.07 亿元，年均增长率高达 19.55%。流域范围内，合肥地区是流域内经济发达地区，第二、第三产业发达，第二产业产值为 2362.62 亿元（2013 年），占流域内第二产业总值的 79.92%，第三产业产值为 1744.11 亿元

（2013 年），占流域内第三产业总值的 84.35%；巢湖地区第二、第三产业产值均占流域内第二、第三产业总产值的 15% 左右，巢湖地区第一产业较发达，2013 年产值分别为 158.89 亿元，占流域内第一产业总值的 43.09%；其他地区第二、第三产业总值占流域内第二、第三产业总产值的 2% 左右（图 1-27～图 1-30）。

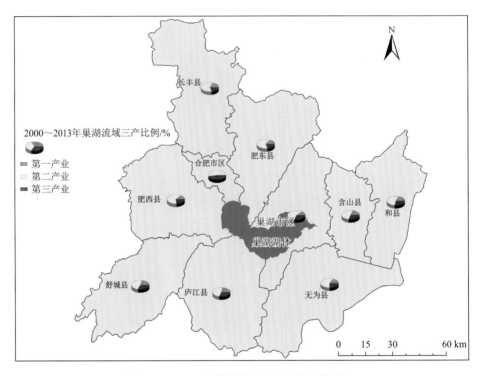

图 1-26　2013 年巢湖流域三产比例空间分布

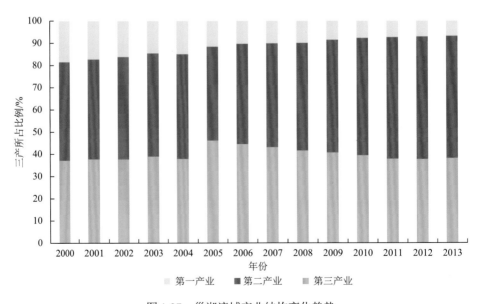

图 1-27　巢湖流域产业结构变化趋势

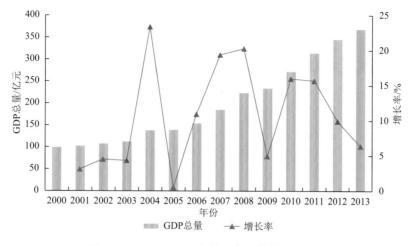

图 1-28　2000～2013 年第一产业产值及增长率

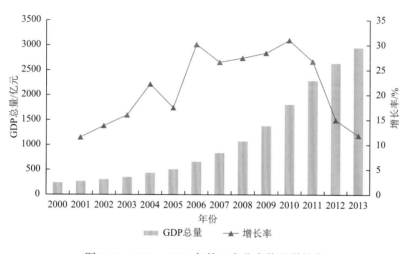

图 1-29　2000～2013 年第二产业产值及增长率

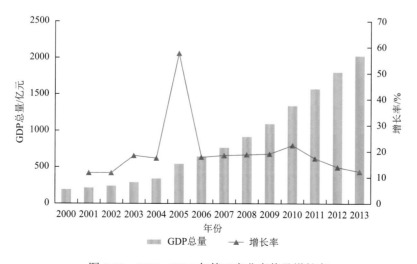

图 1-30　2000～2014 年第三产业产值及增长率

2. 人口与城镇化

　　人口增长与城镇化进程是社会经济发展的必然产物，同时对流域社会经济格局产生重要影响。巢湖流域在流域面积和经济发展水平上较太湖流域有一定差距，人口规模与增长速度弱于太湖流域。2000 年以来，巢湖流域人口呈低速增长状态，常住人口由 2000 年的985.30 万增至 2013 年的 1041.06 万，年均增长率仅 0.4%（图 1-31）。流域范围内，合肥市区人口规模最大且增长最快，2013 年常住人口为 438.20 万，是 2000 年的 1.15 倍，年均增长率为 1.08%；虽然其他地区人口规模较小，仅占全流域的 9.97%，但人口增长速度仅次于合肥地区，年均增长 0.14%；巢湖地区人口出现负增长，常住人口由 2000 年的448.90 万减少至 2013 年的 436.91 万，年均增长率为 –0.21%（图 1-32）。

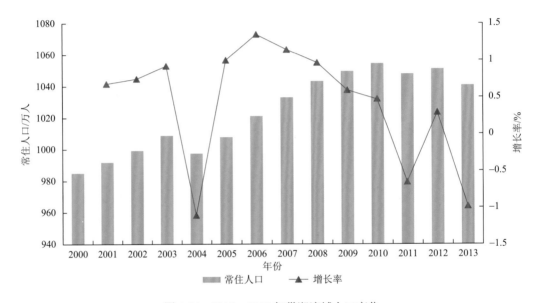

图 1-31　2000～2013 年巢湖流域人口变化

　　巢湖流域城镇化水平较低，但增长速度较快。城镇人口由 2000 年的 231.90 万增长至2013 年的 313.70 万，人口城镇化率由 23.54% 上升至 30.13%（图 1-33），与经济发达的太湖流域相比差距较大。流域内人口加速向中心城市合肥集聚，合肥市区城镇人口最多，增长速度最快，由 2000 年的 107.50 万人增加至 2013 年的 190.55 万人，年均增长率为 4.5%，人口城镇化率达 81.49%（图 1-34）。

3. 污染源与环境治理

　　流域社会经济的发展在创造流域物质繁荣的同时，也成为流域环境污染的源头，工业、农业、城镇生活是流域水环境的三大污染源。随着污染排放的急剧增加，巢湖水质逐步恶化，特别是近年来蓝藻频繁暴发，严重影响了流域内人民群众的生产生活，制约着流域经济的发展，因而其成为国家重点治理的"三河三湖"之一。

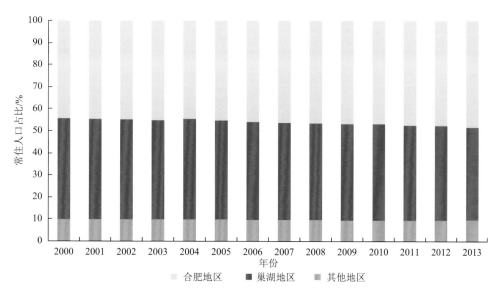

图 1-32　2000～2013 巢湖流域各地区常住人口比例

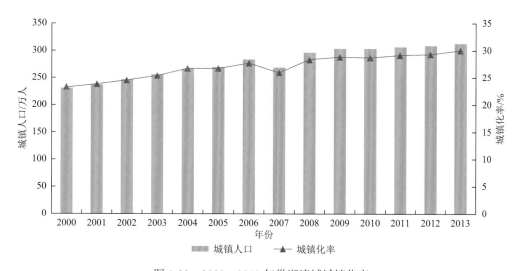

图 1-33　2000～2013 年巢湖流域城镇化率

巢湖流域是安徽省省会经济圈的主体，污染负荷较重。2012 年，全流域废水排放总量为 4.44 亿 t，其中，城镇生活污水排放量最高，为 3.97 亿 t，占废水排放总量的 89.41%。化学需氧量（chemical oxygen demand，COD）排入量和氨氮排放量分别为 12.27 万 t 和 1.29 万 t，其中，生活污染源排放量最高，分别为 5.69 万 t 和 0.84 万 t，占总量的 46.37% 和 65.12%，且城镇生活污水排放总体呈上升趋势，由 2000 年的 17598.36 万 t 上升至 2010 年的 26599.59 万 t，年均增长率达 4.22%（图 1-35 和图 1-36）；其次是农业面源污染，COD 排放量和氨氮排放量分别占总量的 41.93% 和 31.02%；工业污染源排放量最小，仅占总量的 7.16% 和 3.58%（图 1-37）。流域内，2012 年重点污染企业共 1309 家，废水排放总量为

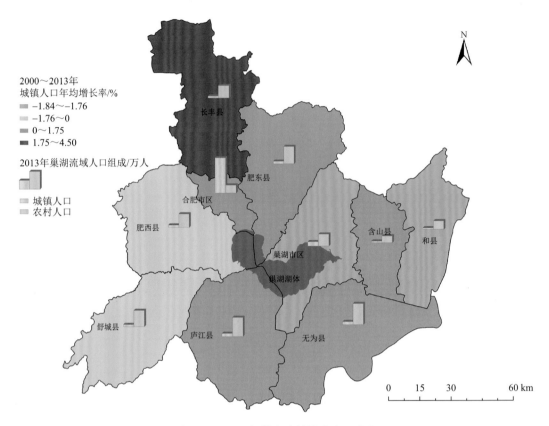

图 1-34　2010 年巢湖流域城乡人口分布

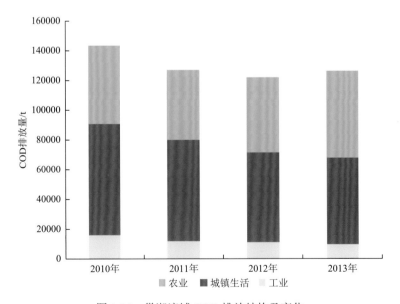

图 1-35　巢湖流域 COD 排放结构及变化

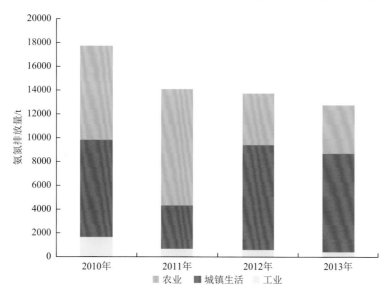

图 1-36　巢湖流域氨氮排放结构及变化

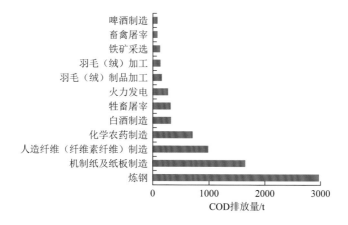

图 1-37　2012 年巢湖流域各行业 COD 排放量

6592.77 万 t/a，COD 排放量为 11089.67t/a，其中废水直接排入水体的企业有 503 家。不同行业污染排放负荷不同，炼钢、机制纸及纸板制造、人造纤维（纤维素纤维）制造和化学农药制造是工业 COD 排放的主要来源，2012 年，排放量分别为 2972.45t、1646.07t、981.79t 和 709.5t，占全流域工业直排企业 COD 排放总量的 73.60%（图 1-38）。其中，巢湖环湖带是流域水环境最敏感的地区，污染物的排放对生态环境影响较大。污染企业集聚分布在合肥、巢湖市区，且工业废水和 COD 排放量的空间分布与企业集聚状况相耦合，污染排放格局呈现由中心城镇—乡镇—农村递减的圈层结构，并且位于流域上游的滨湖新区、三河、同大等乡镇的污染排放明显高于散兵、银屏等下游乡镇，污染排放呈现自西向东、由上游向下游递减的趋势（图 1-39 和图 1-40）。

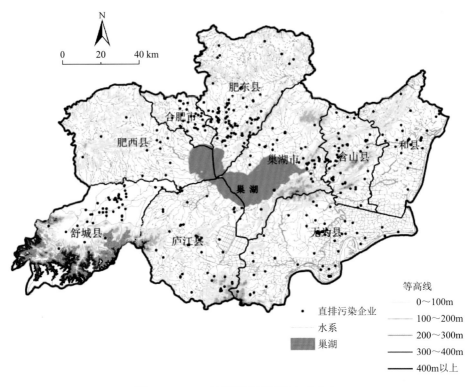

图 1-38　2012 年巢湖流域污染企业分布

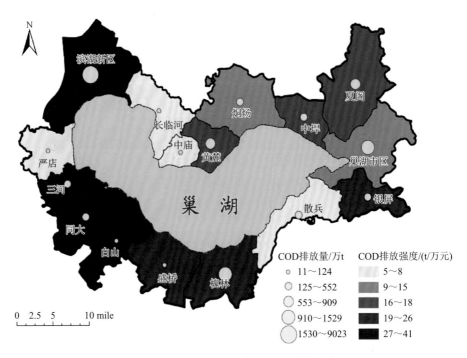

图 1-39　环湖带 COD 排放量与排放强度

mile（英里），1mile≈1.609km

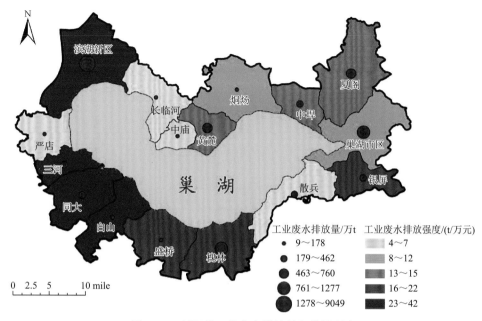

图 1-40　环湖带工业废水排放量与排放强度

污水处理设施建设已成为国内外用以防治污染、保护城市水环境的重要措施之一,其对于改善河湖水体水质、控制水环境污染起到了积极的作用。

巢湖流域环境治理政策与时俱进,污水处理厂建设不断加大。2012 年,流域共有污水处理设施 19 座,设计处理能力 119.54 万 t/d,实际处理量 109.14 万 t/d,平均负荷率达 91.30%(图 1-41)。目前庐江县益民污水处理有限公司、合肥朱砖井污水处理有限公司、

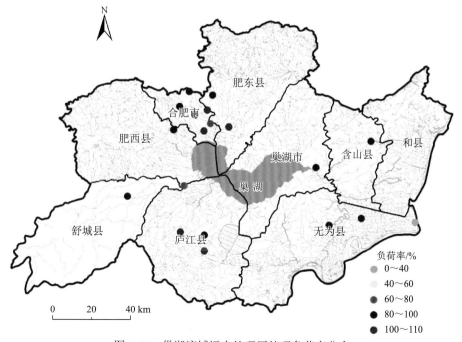

图 1-41　巢湖流域污水处理厂处理负荷率分布

肥东县污水处理厂处理能力已处于超负荷状态，污水处理能力远不能满足城市人口生产生活的发展需求，急需加快新改扩建城镇污水处理厂及相关管网配套设施的建设。此外，沿湖乡镇污水处理设施缺乏配套，污水直接排放，大量氮、磷等营养物质汇入巢湖及其入湖河流水体，加剧了巢湖的富营养化。

参 考 文 献

安徽省水利厅水利志编辑室. 2010. 安徽河湖概览[M]. 武汉：长江出版社.

戴树桂. 1997. 环境化学[M]. 北京：高等教育出版社.

范成新，张路，杨龙元，等. 2002. 湖泊沉积物氮磷内源负荷模拟[J]. 海洋与湖沼，33（4）：370-378.

高俊峰，高永年. 2012a. 太湖流域水生态功能分区研究[M]. 北京：中国环境科学出版社.

高俊峰，蒋志刚. 2012b. 中国五大淡水湖保护与发展[M]. 北京：科学出版社.

高俊峰，许妍. 2014. 太湖流域生态风险评估研究[M]. 北京：科学出版社.

高俊峰，蔡永久，夏霆，等. 2016. 巢湖流域水生态健康研究[M]. 北京：科学出版社.

高俊峰，张志明，黄琪，等. 2017. 巢湖流域水生态功能分区研究[M]. 北京：科学出版社.

高俊峰，高永年，张志明. 2019. 湖泊型流域水生态功能分区的理论与应用[J]. 地理科学进展，38（8）：1159-1170.

黄艺，蔡佳亮，吕明姬，等. 2009. 流域水生态功能区划及其关键问题[J]. 生态环境学报，18（5）：1995-2000.

姜加虎，窦鸿身，苏守德. 2009. 江淮中下游淡水湖群[M]. 武汉：长江出版社.

金相灿，叶春，颜昌宙，等. 1999. 太湖重点污染控制区综合治理方案研究[J]. 环境科学研究，12（5）：1-5.

孔凡哲，芮孝芳. 2003. 基于地形特征的流域水文相似性[J]. 地理研究，6：709-715.

孔明，彭福全，张毅敏，等. 2015. 环巢湖流域表层沉积物重金属赋存特征及潜在生态风险评价[J]. 中国环境科学，35（6）：1863-1871.

李宝，丁士明，范成新，等. 2008. 滇池福保湾沉积物-水界面微量重金属扩散通量估算[J]. 环境化学，27（6）：800-804.

李煜，夏自强. 2007. 水域生态系统的时间尺度与空间尺度[J]. 河海大学学报（自然科学版），35（2）：168-171.

吕一河，傅伯杰. 2001. 生态学中的尺度及尺度转换方法[J]. 生态学报，21（12）：2096-2105.

水利部长江水利委员会. 1999. 长江流域地图集[M]. 北京：中国地图出版社.

孙顺才，黄漪平. 1993. 太湖[M]. 北京：海洋出版社.

王振祥，朱晓东，孟平. 2009. 巢湖富营养化年度尺度变化分析及对策[J]. 环境保护，（6）：33-36.

王宗志，金菊良，洪天求. 2006. 巢湖流域非点源污染物来源的模糊聚类对应分析方法[J]. 土壤学报，43（2）：328-331.

徐徽，张路，商景阁，等. 2009. 太湖水土界面氮磷释放通量的流动培养研究[J]. 生态与农村环境学报，25（4）：66-71.

殷福才，张之源. 2003. 巢湖富营养化研究进展[J]. 湖泊科学，15（4）：377-384.

尹洪斌，范成新，丁士明，等. 2008. 太湖梅梁湾与五里湖沉积物活性硫和重金属分布特征及相关性研究[J]. 环境科学，29（7）：1791-1796.

张志明，高俊峰，闫人华. 2015. 基于水生态功能区的巢湖环湖带生态服务功能评价[J]. 长江流域资源与环境，24（7）：1110-1118.

中国河湖大典编委会. 2010. 中国河湖大典·长江卷[M]. 北京：中国水利水电出版社.

中国科学院《中国自然地理》编辑委员会. 1985. 中国自然地理·地表水[M]. 北京：科学出版社.

钟继承，刘国锋，范成新，等. 2009. 湖泊底泥疏浚环境效应：Ⅲ. 对沉积物反硝化作用的影响[J]. 湖泊科学，21（4）：465-473.

朱广伟，秦伯强，高光，等. 2004. 长江中下游浅水湖泊沉积物中磷的形态及其与水相磷的关系[J]. 环境科学学报，24（3）：381-388.

Allan J D. 1995. Stream Ecology Structure and Function of Running Water[M]. Dordrecht：Springer.

Bailey R G. 2009. Ecosystem Geography：From Ecoregions to Sites[M]. 2nd ed. New York：Springer-Verlag.

Bailey R G. 2014. Ecoregions：The Ecosystem Geography of the Ocean and Continents[M]. 2nd ed. New York：Springer-Verlag.

Fisher S G. 1994. Pattern，process and scale in freshwater systems：Some unifying thoughts//Giller P S，Hildrew A G，Raffaelli D G.

Aquatic Ecology：Scale，Pattern and Process[M]. 34th Symposium of the British Ecological Society with the American Society of Limnology and Oceanography. Oxford，UK：Blackwell Scientific Publications.

Golden H E，Hoghooghi N. 2018. Green infrastructure and its catchment-scale effects：an emerging science[J]. WIREs Water，5（1）：e1254.

Kalff J. 2002. Limnology：Inland Water Ecosystems [M]. New Jersey：Prentice Hall.

Quinn P. 2002. Models and monitoring：scaling-up cause-and-effect relationships in nutrient pollution to the catchment scale[C]. Agricultural Effects on Ground and Surface Waters：Research at the edge of Science and Society International Symposium.

Zhang Z M，Gao J F. 2016. Linking landscape structures and ecosystem service value using multivariate regression analysis：A case study of the Chaohu Lake Basin，China[J]. Environmental Earth Science，76（1）：1-16.

Zhang Z M，Gao J F，Cai Y J. 2019. The effects of environmental factors and geographic distance on species turnover in an agriculturally dominated river network[J]. Environmental Monitoring and Assessment，191（4）：1-17.

Zhang Z M，Gao J F，Fan X Y，et al. 2017. Response of ecosystem services to socioeconomic development in the Yangtze River Basin，China[J]. Ecological Indicators，72：481-493.

第 2 章　湖泊型流域的过程

湖泊型流域过程包括水文水动力、物质迁移、生态、生物地球化学循环等。本章针对湖泊型流域过程的几个关键部分，包括湖泊型流域的水文过程、营养物质迁移过程、水生态过程（蓝藻水华）等，从概念模型、数学方程、应用案例等方面，对湖泊型流域不同对象和要素过程的模拟和应用进行阐述，以期为湖泊型流域过程模拟框架和方法的建立做有益的探索。

2.1　湖泊型流域的水文过程

2.1.1　概念模型

流域水文模型是在对水文过程基本规律的认识基础上，从实际应用的目的出发，结合流域产汇流理论对复杂的流域水文系统与过程进行概化表达。

流域水文模型广泛用于实际生产生活中的洪水预报、水资源管理、水环境管理、水生态修复、水利设施建设，并且是研究气候变化和人类活动对水文过程影响的有力工具。

流域水文模型众多。不同模型针对的地域、问题、对象、目的不同。其中，新安江模型具有模型结构简单明确、参数较少、各参数具有明确的物理概念、便于率定等优点，是我国湿润区和半湿润区最为广泛应用的模型之一。

本节基于新安江模型理论（Zhao，1992），利用 PCRaster 平台构建了分布式水文模型——栅格型新安江模型（图 2-1）。该模型包括蒸散发、产流、水源划分与汇流四个模块。在蒸散发模块中，利用常规气象数据，将彭曼公式计算的蒸散发作为潜在蒸散发（potential evapotranspiration，PE）的输入数据。然后采用一层蒸散发模型（Zhao，1992）计算地区的实际蒸散发（actual evapotranspiration，AE）。在产流和水源划分模块中，对于透水区采用蓄满产流理论进行产流的计算，然后引入自由蓄水库结构将总径流划分为地表径流（surface runoff，RS）、壤中流（interflow runoff，RI）和地下径流（groundwater runoff，RG）三种类型；而对于不透水区，则认为降水经蒸发后直接形成地表径流，并不发生下渗。汇流包括坡面汇流和河道汇流。在坡面汇流中，地表径流采用含有曼宁公式的一维运动波方程（one-dimensional kinematic wave function）；壤中流和地下径流则采用单位线法，即分别引入消退系数 KKI（壤中流消退系数）、KKG（地下径流消退系数）来计算汇流；河道汇流则利用一维运动波方程进行计算。

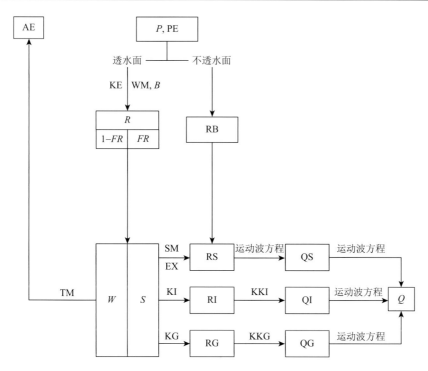

图 2-1　新安江模型结构图［根据文献（Zhao，1992）修改］

P 为降水；PE 为潜在蒸发量；RB 为不透水面地面径流；TM 为土壤蓄水量；KE 为流域蒸散发折算系数；WM 为流域平均张力水蓄水容量；W 为张力水；S 为自由水；潜在蒸发量 QS、QI、QG、Q 分别为流域出口处地面径流、壤中流、地下径流、总径流；其余英文字母含义见 2.1.2 节和 2.1.3 节

2.1.2　数学方程

1. 产流计算

新安江模型的核心是蓄满产流理论，采用流域蓄水容量面积分布曲线以考虑土壤缺水量分布不一致的问题。流域蓄水容量面积分布曲线，是指部分产流面积随流域蓄水容量而变化的累计频率曲线。其包含参数有流域蓄水容量 WM、流域蓄水容量曲线的次方 B。实践表明，对于闭合流域，流域蓄水容量面积分配曲线采用抛物线型为宜，其线型为

$$\frac{f}{F} = 1 - \left(1 - \frac{\mathrm{WM}'}{\mathrm{WMM}}\right)^{B} \tag{2-1}$$

式中，WM′为流域任意点的蓄水容量值；WMM 为流域最大的点 WM′；F 为全流域面积；f 为流域蓄水容量≤WM′值的面积；B 为蓄水容量分布曲线指数。

流域蓄水容量 WM 可由式（2-2）计算：

$$\mathrm{WM} = \frac{\mathrm{WMM}}{B+1} \tag{2-2}$$

流域平均蓄水量 W_0 计算如下：

$$W_0 = \frac{WMM}{B+1}\left[1-\left(1-\frac{A}{WMM}\right)^{B+1}\right] \tag{2-3}$$

$$A = WMM\left[1-\left(1-\frac{W_0}{WM}\right)^{\frac{1}{B+1}}\right] \tag{2-4}$$

因此，产流 R 计算如下：

当 $P-AE \leqslant 0$ 时，不产流。

产流时：

$P-AE+A < WMM$，则 $R = P-AE-WM+W_0+WM\left(1-\frac{PE+A}{WMM}\right)^{1+B}$；

$P-AE+A \geqslant WMM$，则 $R = P-AE-(WM-W_0)$。

式中，AE 为实际蒸散量。

2. 水源划分

与蓄水容量曲线相似，把自由水蓄水能力在产流面积上的分布也用一条抛物线来表示：

$$\frac{FS}{FR} = 1-\left(1-\frac{SMF'}{SMMF}\right)^{EX} \tag{2-5}$$

式中，SMF′ 为产流面积 FR 上某一点的自由水容量；SMMF 为产流面积 FR 上最大一点的自由水蓄水容量；FS 为自由水蓄水能力 $\leqslant$ SMF′ 值的流域面积；FR 为产流面积；EX 为流域自由水蓄水容量曲线的指数。

产流面积上的平均蓄水容量深 SMF 为

$$SMF = \frac{SMMF}{1+EX} \tag{2-6}$$

在自由水蓄水容量曲线上 S 相应的纵坐标 U 为

$$AU = SMMF\left[1-\left(1-\frac{S}{SMF}\right)^{\frac{1}{1+EX}}\right] \tag{2-7}$$

式中，S 为流域自由水蓄水容量曲线上的自由水在产流面积上的平均蓄水深；AU 为 S 对应的纵坐标。这里假定 SMMF 与产流面积 FR 及全流域上最大一点的自由水蓄水容量 SMMF 的关系仍为抛物线分布。

所以三水源的计算分别如下：

（1）$P-AE+AU < 0$，

　　RS $= 0$，RI $= 0$，RG $= 0$；

（2）$P-AE+AU \geqslant SMMF$，

　　RS $= (P-AE+S-SMF) \times FR$；

　　RI $= SMF \times KSS \times FR$；

　　RG $= SMF \times KG \times FR$。

2.1.3 应用案例

随着全球变化日益成为人们普遍关注的焦点，流域水文模型越来越多地应用于研究气候变化对水文水生态系统的影响。本节利用联合国政府间气候变化专门委员会（Intergovernmental Panel on Climate Change，IPCC）第五次评估报告基于的气候变化模式数据集 CMIP5，采用新安江模型模拟并分析了 2016～2050 年、2051～2099 年气候变化对中国鄱阳湖流域的子流域——信江流域径流变化的影响。

1. 研究区概况

信江流域（27°33′N～28°59′N，116°23′E～118°22′E）位于江西省东南部，是鄱阳湖流域的五大子流域之一。其梅港水文站以上的控制性流域面积为 $1.53×10^4 km^2$，径流量约占鄱阳湖来水的 14.6%。

该区属于典型的亚热带季风气候区，年平均气温为 18℃，年均降水量为 1878mm，蒸发潜力为 849mm。其中多半降水集中在 4～6 月（图 2-2）。

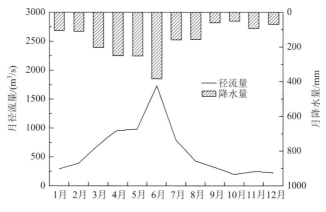

图 2-2 信江流域降水与径流年内分配（梅港站）

2. 数据与处理

本节所需的数据集包括数字高程模型（digital elevation model，DEM）、土地利用等空间数据，气象和径流等水文气候数据，未来气候变化情景数据集。

空间数据：30m×30m 分辨率的 DEM（ASTER）数据来源于中国科学院计算机网络信息中心。2001 年 1km×1km 的土地利用数据来自中国西部环境与生态科学数据中心。根据南方土地利用的实际情况，将流域内的土地分为水田、旱地、水面、农村建设用地四大类，分别占流域面积的 28.4%、68.9%、1.5%、1.2%。所有这些空间数据集都统一重采样为 250m×250m 的分辨率。

水文气候数据：新安江模型所需要的气象数据包括降水和蒸散。考虑实测蒸发皿数据的缺失，根据 1989～2007 年玉山（28.68°N，118.25°E）和贵溪（28.30°N，117.22°E）的日照时间（h）、水汽压（hPa）、风速（m/s）、平均气温（℃）、最高气温与最低气温（℃）和相对湿度（%）等气候因子，采用彭曼公式来计算该时段潜在的蒸散发，并利用空间反距离插值法将其插值到250m×250m的栅格上。来自梅港水文站的1989～2007年日径流数据将用于模型的率定与验证。

未来气候变化情景数据集：来源于21个气候模式（BCC-CSM-1，BNU-ESM，CanESM2，CCSM4，CNRM-CM5，CSIRO-Mk3-6-0，FGOALS-g2，FIO-ESM，GFDL-CM3，GFDL-ESM2G，GFDL-ESM2M，GISS-E2-H，GISS-E2-R，HadGEM2-AO，IPSL-CM5A-LR，MIROC5，MIROC-ESM，MIROC-ESM-CHEM，MPI-ESM-LR，MRI-CGCM3，NorESM1-M）的温室气体排放情景：Representative Concentration Pathways（RCP）的数据，作为未来气候变化的情景数据，更多的模型信息可参考国家气象科学数据中心。国家气象科学数据中心已将不同分辨率的气候模式数据统一降尺度插值到1°×1°栅格上，并得到这21个模式的算术平均值数据集（Xu C H and Xu Y，2012）。所以，在此基础上选取2016～2050年、2051～2100年这两个时间段的RCP2.6（低浓度）、RCP4.5（中浓度）、RCP8.5（高浓度）三种温室气体和气溶胶排放情景下的数据。该数据集包括月平均降水、平均气温、最高气温和最低气温。然后采用WXGEN天气发生器（Sharpley and Williams，1990）生成日值数据。

本节共涉及三个时间段，即1990～2007年作为基年，2016～2050年和2051～2100年作为两个未来时段。

3. 模拟设置

用来分析气候变化对径流影响的三个时段分别进行如下设置：①1989～2007年用来进行模型的率定和验证，其基础数据为相应年份的实测气象数据和2001年的土地利用数据。其中，1989年为模型预热期，1990～2000年为率定期，2001～2007年为验证期。②2016～2050年、2051～2100年的基础数据为相应年份的未来气候预估数据集和2001年的土地利用数据。

4. 结果与分析

1）率定与验证

模型率定和验证后参数的最佳取值见表2-1。图2-3和图2-4分别显示了模型率定期和验证期的实测径流值和模拟值之间的对比。在率定期，模拟值的大小和波动基本与实测日径流值相吻合，其纳什指数（E_{NS}）为0.83，并且径流与降水强度的时间变化一致。模拟值和实测值的散点图（图2-4）表明两者主要分布于1∶1拟合线附近，其趋势线斜率为0.9103，接近于1，且$R^2 = 0.8373$（$P < 0.001$）。这些指标都表明模拟值与实测值的相关性较好。

表 2-1　新安江模型主要参数的意义及取值

参数	物理含义	范围 [a]	取值 [b]
KE	蒸散发折算系数	率定	1
B	蓄水容量分布曲线指数	面积 $t < 10km^2$ 时为0.1； ≤300km² 时为0.2～0.3； 几千平方千米时为0.3～0.4	0.4

续表

参数	物理含义	范围 [a]	取值 [b]
WM	流域蓄水容量	80~170mm	水田：110mm； 旱地：120mm
SM	自由水容量	5~60mm	60
EX	流域自由水容量分布曲线指数	1~1.5	1.4
KI	壤中流出流系数	KI + KG = 0.7~0.8	0.25
KG	地下水出流系数		0.45
KKI	壤中流消退系数	0.5~0.9	0.8
KKG	地下水消退系数	0.99~0.998	0.99
Beta	运动波的动力方程参数	率定	0.3
N	曼宁糙度系数	0.011~0.8	0.8

注：a 为参考文献 Zhao（1992）；b 为率定后的取值。

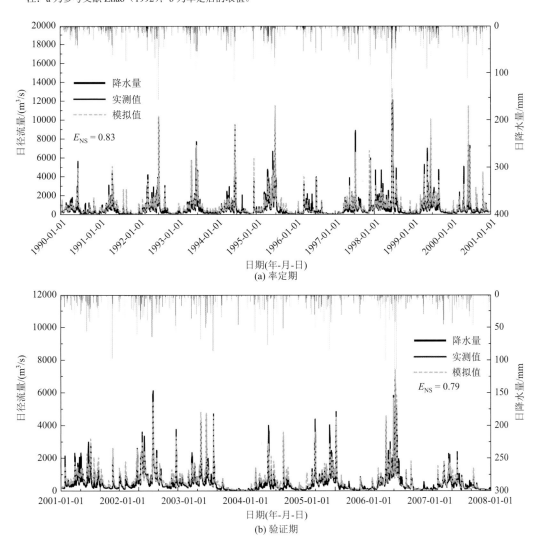

图 2-3　日径流模拟值和实测值的比较

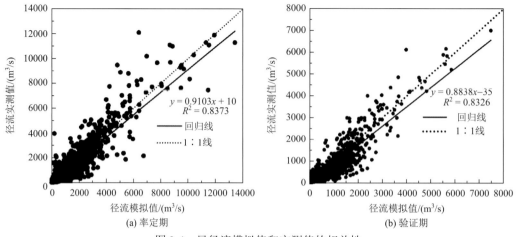

图 2-4　日径流模拟值和实测值的相关性

在模型验证期，E_{NS}、R^2 分别为 0.79 和 0.8326（$P<0.001$），表明虽比率定期略差些，但模拟值与实测值也基本吻合。此外，两者的散点图也表现出与率定期相似的现象，即沿 1∶1 拟合线分布，斜率接近于 1。因此，率定好的模型参数可以很好地反映信江流域的水文过程，可以用来分析径流对未来气候变化的响应。

2）气候变化对径流的影响

为分析气候变化对径流的影响，土地利用保持不变，即与基期一样，将两个时期（2016~2050 年，2051~2100 年）在 RCP2.6、RCP4.5、RCP8.5 三种情景下的径流模拟与基期（1990~2007 年）的径流值进行比较。

图 2-5 表明气候变化对未来时期的月径流值有明显的影响。在秋季和冬季早期（9~12 月），三种情景下的径流都有一定程度的增长。例如，在 2016~2050 年的 12 月相对于基期增长超过 20%。与此相反，其他季节的径流则出现明显减少的现象，特别是在春季和夏季早期（3~6 月），减少量超过 40%。这与 Sun 等（2013）结果一致，他们采用 SWAT 模型和 CMIP3 数据集对信江流域进行了径流模拟，也发现春季和夏季的模拟径流出现较大幅度的增长。这种季节性变化可能是夏季降水增加和冬季早期蒸散减少导致的。该解释可以通过对降水、气温和潜在蒸散量与基期值的比较得到验证：秋季（9~10 月），降水明显高于基期，而较低的气温导致蒸散量明显减少，最终导致净雨量的增加和径流量的增多。在秋季末期和冬季早期（11~12 月），虽然降水量减少，但湿润秋季储存的多余水量和减少的蒸散量导致径流增加。然而在冬季末期，春季和夏季（1~8 月）降水量明显减少，促使径流大幅度减小。

三种气候情景下的年径流值较基期减少超过了 20%，这也是年降水量减少、气温降低和蒸散减少综合作用的结果。因此，气候变化不仅影响径流的季节变化，还改变了年径流值的大小。这与美国马萨诸塞州（Massachusetts）东部地区（42°21′N，71°10′W）的研究结果有所不同，当地未来的气候变化仅影响径流的季节分配，而未对年径流值产生明显的作用。因为与处于大陆性气候区的 Massachusetts 相比，信江流域的亚热带季风环流对气候变化更为敏感，使得径流发生更为显著的变化，改变了年径流的大小。此外，在气候因子中，降水对径流的作用大于气温和蒸散的作用。因为无论是月径流变化，还是年径流

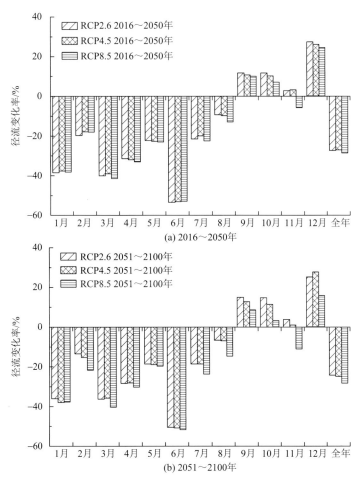

图 2-5　径流比较

变化，其都与降水量的变化趋势最为吻合。这也可以从气候因子与径流变化的相关性中得到证明：径流与降水变化的相关性最为显著（如 2051～2100 年 RCP4.5：$R^2 = 0.72$，$P = 0.000$），而与气温（2051～2100 年 RCP4.5：$R^2 = 0.31$，$P = 0.060$）和蒸散（2051～2100 年 RCP4.5：$R^2 = 0.32$，$P = 0.055$）的相关性相对较弱（图 2-6）。

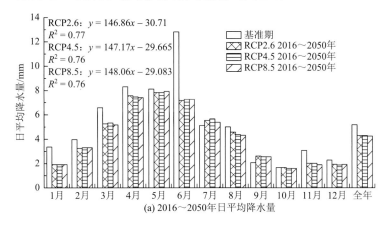

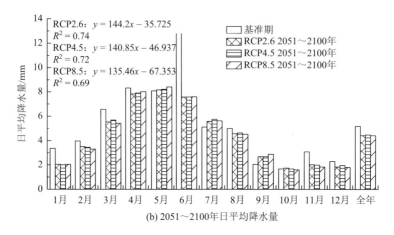

(b) 2051～2100年日平均降水量

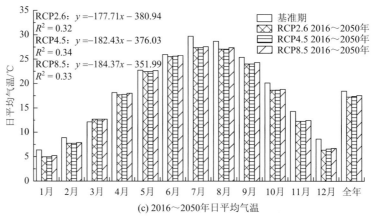

(c) 2016～2050年日平均气温

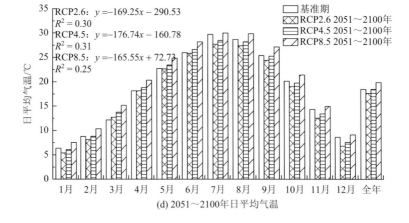

(d) 2051～2100年日平均气温

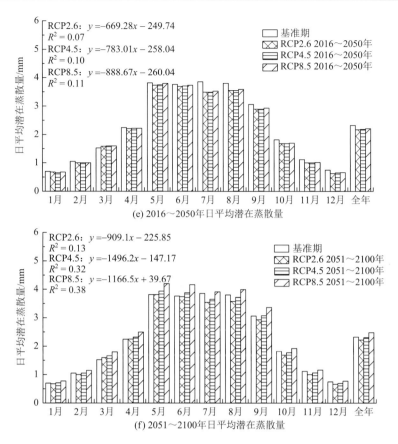

图 2-6　未来日平均降水量、气温和潜在蒸散量与基期值的比较及其变化值与径流变化值的相关性

　　三种不同的气候情景相比，虽然未来径流量在个别月份有一定的差别，但大体上它们的变化趋势相似，而且 2016～2050 年与 2051～2100 年两个时期的径流变化趋势也较为一致。这种现象主要是由于三种情景之间的降水量、气温和蒸散变化并没有实质性的差别，两个不同时期也是如此。不过与其他情景上升的趋势不同，在 11 月，RCP8.5 情景下的降水大幅减少，气温略有上升。

5. 结论与讨论

　　本节利用开发的分布式水文模型——栅格型新安江模型，结合未来气候模式数据集 CMIP5，分析了 2016～2050 年、2051～2100 年两个时间段在气候变化下的径流响应规律，具体包含 RCP2.6、RCP4.5 和 RCP8.5 三种情景。

　　未来时期的径流量在秋季和冬初出现一定程度的增长，而在春季和夏季大幅度减小，最终引起年径流量的减少。所以说气候变化不仅影响径流量的季节变化，还引起年径流量大小的变化。这些变化是降水、气温和蒸散等气候因子综合作用的结果，其中降水起主导作用。两个时期之间、三种不同气候情景之间，径流变化的趋势大体一致。

　　然而，结果仍然存在一定的不确定性。首先，气候模式数据的不确定性。Piao 等（2010）根据中国的 355 个雨量观测站，发现目前华南地区由于夏季和冬季降水量的增加，年平均降水量呈现增加趋势，华北和东北地区却由于夏季和秋季降水的减小，年平均降水量呈现减小趋势。但 CMIP3 或者 CMIP5 的模式数据显示中国全域将呈现降水增加的趋势，而且华北增加幅度大于华南。这种与实测不一致的现象说明未来预估数据仍存在一定的不确定性。其次，一些率定后的模型参数如 KKI、KKG 等被设定为固定值，贯穿于整个模拟期间，忽视了其时空变化的特性。但实际上，这些参数在不同的时间和不同的地点都会有所不同。虽存在诸多不确定性因素，但模拟结果仍能较好地反映未来径流变化的趋势，对流域水资源分配、社会经济可持续发展有重要的指导参考价值。如何减少这些不确定因素对模拟结果准确性的影响将是下一步的研究方向。

2.2 湖泊型流域的营养物质迁移过程

2.2.1 概念模型

流域营养物质迁移过程是流域主要的和复杂的过程之一。流域单元和对象不同，导致物种迁移过程有很大区别。湖泊型流域往往环湖区域是低洼平原，非常适合人类居住，也是人类活动影响巨大的区域。圩区是湖泊型流域平原区人类活动形成的人工单元，其典型特点是水文和营养盐的迁移过程受人工控制和干预。

圩区是广泛分布于江南地区湖泊型流域的沿河滨湖单元，如太湖流域，圩区占平原区面积的 50%以上。其建设初衷主要是抵御洪涝灾害（高俊峰和韩昌来，1999），随着社会经济的发展和环境问题的日益突出，圩区作为流域广大农村主要的单元，其非点源污染问题成为流域污染控制的重要方面（杨林章等，2013；崔广柏等，2009），其中，磷素作为湖泊富营养化的重要限制性因子（Stone，2011），受到众多研究者的关注。国内外学者在平原区开展了系列磷素流失监测（俞映倞等，2011；徐爱兰和王鹏，2008；曹志洪等，2005）、磷素流失模拟（赖格英等，2012；夏军等，2012；Daniel et al.，2011；程文辉等，2006；郝芳华等，2006）等方面的研究，为平原圩区磷素流失模拟提供了宝贵的数据、参数与方法。

平原圩区通过节制闸或泵站实现圩区与外围河网的水量交换，与非圩区单元相比，平原圩区的磷素流失过程受到显著的人工干扰，影响因素众多，机理过程复杂。本节根据实际调研圩区的农田灌溉与洪涝排水规律，结合大量湖泊型流域平原区的研究案例，构建了日尺度的平原圩区磷素流失过程模型（phosphorus loss model for polder，PLMP）。

PLMP 模型以水量平衡为基础，考虑了圩区内部水分与磷素迁移的相关过程（图 2-7）。模型包含水域模块、居民区模块、水田模块、旱地模块和水抽排管理 5 个模块，水域蓄水量（H_{Pond}^{T}）、水田蓄水量（H_{Paddy}^{T}）、旱地蓄水量（H_{Dry}^{T}）、坑塘总磷浓度（TP_{Pond}^{T}）4 个状态变量，模拟时间步长（ΔT）为 1d。

2.2.2 数学方程

按照不同模块，分别阐述计算方法。

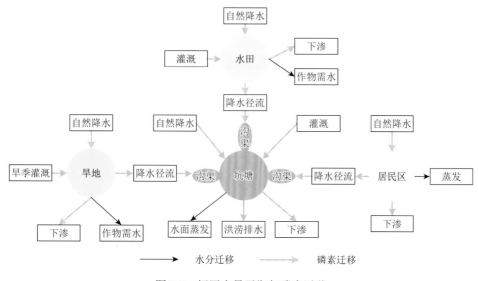

图 2-7 圩区水量平衡与磷素迁移

1. 水域水量平衡

尖圩的水域包括坑塘与沟渠。强降水过程中,居民区与农田的径流通过沟渠汇入坑塘;缺水季节,圩区通过泵站从外围河道抽水到沟渠,并输送到农田与坑塘。水域水量的影响要素包括降水、水田汇流、居民区汇流、旱地汇流、灌溉抽水、水面蒸发、水域渗漏、洪涝排水,计算公式如下:

$$H_{\text{Pond}}^{T} = H_{\text{Pond}}^{T-\Delta T} + \Delta H_{\text{Pond}}^{T} + H_{\text{PondIrr}}^{T} - H_{\text{PondPump}}^{T} \tag{2-8}$$

$$\Delta H_{\text{Pond}}^{T} = \text{Pr}^{T} + H_{\text{TownQ}}^{T} \times \frac{S_{\text{Town}}}{S_{\text{Pond}}} + H_{\text{PaddyQ}}^{T} \times \frac{S_{\text{Paddy}}}{S_{\text{Pond}}} + H_{\text{DryQ}}^{T} \times \frac{S_{\text{Dry}}}{S_{\text{Pond}}} - E_{\text{Pond}}^{T} - H_{\text{PondInf}} \tag{2-9}$$

式中,H_{Pond}^{T} 为 T 时刻水域的蓄水量(mm),初始值为 1000mm;ΔT 为模拟时间步长;$\Delta H_{\text{Pond}}^{T}$ 为自然条件下水域蓄水量的变化速率(mm/d);H_{PondIrr}、H_{PondPump} 分别为单位时间灌溉、排涝引起的水域蓄水量变幅(mm/d);Pr^{T} 为日降水量(mm);H_{TownQ}^{T}、H_{PaddyQ}^{T}、H_{DryQ}^{T} 分别为单位时间居民、水田、旱地的径流深度(mm/d);S_{Pond}、S_{Dry}、S_{Paddy}、S_{Town} 分别为水域、旱地、水田、居民区的面积(m²);E_{Pond}^{T} 为水域蒸发速率(mm/d);H_{PondInf} 为水域水体的渗漏强度(mm/d)。

2. 居民区水量平衡

居民区水量平衡的影响要素包括降水径流、地表填洼、地面渗漏;单位时间内,居民区的输出水量采用径流深度(H_{TownQ}^{T})表示,其计算公式如下:

$$H_{\text{TownQ}}^{T} = \begin{cases} C_{\text{Town}} \times \text{Pr}^{T} - H_{\text{TownInf}}^{T} & \text{Pr}_{\text{Cum}} \geqslant H_{\text{TownFill}} \\ -H_{\text{TownInf}}^{T} & \text{Pr}_{\text{Cum}} < H_{\text{TownFill}} \end{cases} \tag{2-10}$$

式中,C_{Town} 为居民区的径流系数,模型基于该系数,将日降水量(Pr^{T})折算成径流深度;

地表填洼主要发生在降水初期，当累计降水量（$\mathrm{Pr}_{\mathrm{Cum}}^{T}$）达到最大地表填洼量（$H_{\mathrm{TownFill}}$）后，才能产生径流；$H_{\mathrm{TownInf}}^{T}$ 为居民区的地面渗漏强度（mm/d）；地面渗漏发生在降水期间，在无降水期间，折算为居民区对水域水体的少量消耗。

3. 水田与旱地水量平衡

水田水量平衡的影响要素包括自然降水、人工灌溉、作物需水、渗漏、降水径流，计算公式如下：

$$H_{\mathrm{Paddy}}^{T} = H_{\mathrm{Paddy}}^{T-\Delta T} + \Delta H_{\mathrm{Paddy}}^{T} + H_{\mathrm{PaddyIrr}}^{T} - H_{\mathrm{PaddyQ}}^{T} \tag{2-11}$$

式中，H_{Paddy}^{T} 为 T 时刻水田的蓄水量（mm），其初始值为 120mm；$\Delta H_{\mathrm{Paddy}}^{T}$ 为自然条件下水田的蓄水量变化速率（mm/d），计算见式（2-12）；$H_{\mathrm{PaddyIrr}}^{T}$ 为单位时间人工灌溉引起的水田蓄水量变幅（mm/d）；H_{PaddyQ}^{T} 为单位时间水田的径流深度（mm/d）。

$$\Delta H_{\mathrm{Paddy}}^{T} = \mathrm{Pr}^{T} - E_{\mathrm{Paddy}}^{T} - H_{\mathrm{PaddyInf}}^{T} \tag{2-12}$$

式中，E_{Paddy}^{T} 为水田的作物需水量（mm/d），采用彭曼公式计算，见式（2-13）（Cai et al.，2007；Allen et al.，1998）：

$$E_{\mathrm{Paddy}}^{T} = \mathrm{Kc}_{\mathrm{Paddy}}^{T} \times f_{\mathrm{Penman}} \tag{2-13}$$

式中，$\mathrm{Kc}_{\mathrm{Paddy}}^{T}$ 为水田作物的需水系数；f_{Penman} 为采用彭曼公式计算获得的系数；水田渗漏发生在土壤含水饱和时段，在土壤含水未饱和的条件下，水田的渗漏强度（$H_{\mathrm{PaddyInf}}^{T}$）为 0，见式（2-14）：

$$H_{\mathrm{PaddyInf}}^{T} = \begin{cases} 2 & H_{\mathrm{Paddy}}^{T-\Delta T} + \mathrm{Pr}^{T} - E_{\mathrm{Paddy}}^{T} \geqslant H_{\mathrm{PaddySat}} \\ 0 & H_{\mathrm{Paddy}}^{T} + \mathrm{Pr}^{T} - E_{\mathrm{Paddy}}^{T} < H_{\mathrm{PaddySat}} \end{cases} \tag{2-14}$$

式中，H_{PaddySat} 为水田土壤的饱和含水量（mm）。

$$H_{\mathrm{PaddyIrr}}^{T} = \begin{cases} H_{\mathrm{PaddyMax}}^{T} - (H_{\mathrm{Paddy}}^{T-\Delta T} + \Delta H_{\mathrm{Paddy}}^{T}) & H_{\mathrm{Paddy}}^{T} + \Delta H_{\mathrm{Paddy}}^{T} < H_{\mathrm{PaddyMin}}^{T} \\ 0 & H_{\mathrm{Paddy}}^{T-\Delta T} + \Delta H_{\mathrm{Paddy}}^{T} \geqslant H_{\mathrm{PaddyMin}}^{T} \end{cases} \tag{2-15}$$

式中，人工灌溉发生在稻季，当水田蓄水量小于水田适宜蓄水量下限（$H_{\mathrm{PaddyMin}}^{T}$）时，稻田通过坑塘取水灌溉（程文辉等，2006）：

$$H_{\mathrm{PaddyQ}}^{T} = \begin{cases} (H_{\mathrm{Paddy}}^{T-\Delta T} + \Delta H_{\mathrm{Paddy}}^{T}) - H_{\mathrm{Paddy}}^{\mathrm{Flood}} & H_{\mathrm{Paddy}}^{T-\Delta T} + \Delta H_{\mathrm{Paddy}}^{T} \geqslant H_{\mathrm{Paddy}}^{\mathrm{Flood}} \\ 0 & H_{\mathrm{Paddy}}^{T-\Delta T} + \Delta H_{\mathrm{Paddy}}^{T} < H_{\mathrm{Paddy}}^{\mathrm{Flood}} \end{cases} \tag{2-16}$$

当水田蓄水量大于水田的最大蓄水量（$H_{\mathrm{Paddy}}^{\mathrm{Flood}}$）时，产生径流 [式（2-16）]。

旱地的水量平衡模式与水田相似，主要区别在于没有发生灌溉过程，计算公式如下：

$$H_{\mathrm{Dry}}^{T} = H_{\mathrm{Dry}}^{T-\Delta T} + \Delta H_{\mathrm{Dry}}^{T} - H_{\mathrm{DryQ}}^{T} \tag{2-17}$$

$$\Delta H_{\mathrm{Dry}}^{T} = \mathrm{Pr}^{T} - H_{\mathrm{DryInf}}^{T} - E_{\mathrm{Dry}}^{T} \tag{2-18}$$

$$E_{\mathrm{Dry}}^{T} = \mathrm{Kc}_{\mathrm{Dry}}^{T} \times f_{\mathrm{Penman}} \tag{2-19}$$

$$H_{\mathrm{DryInf}}^{T} = \begin{cases} 2 & H_{\mathrm{Dry}}^{T-\Delta T} + \mathrm{Pr}^{T} - E_{\mathrm{Dry}}^{T} \geqslant H_{\mathrm{DrySat}} \\ 0 & H_{\mathrm{Dry}}^{T-\Delta T} + \mathrm{Pr}^{T} - E_{\mathrm{Dry}}^{T} < H_{\mathrm{DrySat}} \end{cases} \tag{2-20}$$

$$H_{\mathrm{DryQ}}^{T} = \begin{cases} (H_{\mathrm{Dry}}^{T-\Delta T} + \Delta H_{\mathrm{Dry}}^{T}) - H_{\mathrm{Dry}}^{\mathrm{Flood}} & H_{\mathrm{Dry}}^{T-\Delta T} + \Delta H_{\mathrm{Dry}}^{T} \geqslant H_{\mathrm{Dry}}^{\mathrm{Flood}} \\ 0 & H_{\mathrm{Dry}}^{T-\Delta T} + \Delta H_{\mathrm{Dry}}^{T} < H_{\mathrm{Dry}}^{\mathrm{Flood}} \end{cases} \tag{2-21}$$

式中，H_{Dry}^{T} 为 T 时刻旱地的蓄水量（mm），其初始值为 100mm；$\Delta H_{\text{Dry}}^{T}$ 为自然条件下旱地的蓄水量变化速率（mm/d）；H_{DryQ}^{T} 为单位时间旱地的径流深度（mm/d）；H_{DryInf}^{T} 为旱地的水体渗漏强度（mm/d）；E_{Dry}^{T} 为旱地的作物需水量（mm/d）；$\text{Kc}_{\text{Dry}}^{T}$ 为旱地的作物需水系数；H_{DrySat} 为水田土壤的饱和含水量（mm）；$H_{\text{Dry}}^{\text{Flood}}$ 为旱地的最大蓄水量（mm）。

4. 灌溉抽水与洪涝排水

圩区灌溉抽水与洪涝排水通过四个水位控制（图 2-8），即启动与关闭灌溉泵站的水域蓄水量（$H_{\text{Pond}}^{\text{StartIrr}}$、$H_{\text{Pond}}^{\text{StopIrr}}$）、启动与关闭排涝泵站的水域蓄水量（$H_{\text{Pond}}^{\text{StartExport}}$、$H_{\text{Pond}}^{\text{StopExport}}$）。水田缺水时段，水田从坑塘取水灌溉，造成坑塘水面持续下降，当水域蓄水量小于 $H_{\text{Pond}}^{\text{StartIrr}}$ 时，启动灌溉泵站［式（2-22）］，水域蓄水量到达 $H_{\text{Pond}}^{\text{StopIrr}}$ 时，关闭灌溉泵站，圩区的灌溉水量（$V_{\text{PolderIrr}}^{T}$）采用式（2-23）计算；强降水期间，农田与居民区的大量径流汇入坑塘，造成坑塘水面迅速上升，当水域蓄水量到达 $H_{\text{Pond}}^{\text{StartExport}}$ 时，启动排涝泵站，水域蓄水量下降到 $H_{\text{Pond}}^{\text{StopExport}}$ 时，关闭排涝泵站［式（2-24）］。

$$H_{\text{PondIrr}}^{T} = \begin{cases} H_{\text{Pond}}^{\text{StopIrr}} - (H_{\text{Pond}}^{T-\Delta T} + \Delta H_{\text{Pond}}^{T}) & H_{\text{Pond}}^{T-\Delta T} + \Delta H_{\text{Pond}}^{T} < H_{\text{Pond}}^{\text{StartIrr}} \\ 0 & H_{\text{Pond}}^{T-\Delta T} + \Delta H_{\text{Pond}}^{T} \geqslant H_{\text{Pond}}^{\text{StartIrr}} \end{cases} \tag{2-22}$$

$$V_{\text{PolderIrr}}^{T} = (H_{\text{PondIrr}}^{T} \times S_{\text{Pond}} + H_{\text{PaddyIrr}}^{T} \times S_{\text{Paddy}} + H_{\text{DryIrr}}^{T} \times S_{\text{Dry}})/10^{3} \tag{2-23}$$

$$H_{\text{PondPump}}^{T} = \begin{cases} (H_{\text{Pond}}^{T-\Delta T} + \Delta H_{\text{Pond}}^{T}) - H_{\text{Pond}}^{\text{StopExport}} & H_{\text{Pond}}^{T-\Delta T} + \Delta H_{\text{Pond}}^{T} > H_{\text{Pond}}^{\text{StartExport}} \\ 0 & H_{\text{Pond}}^{T-\Delta T} + \Delta H_{\text{Pond}}^{T} \leqslant H_{\text{Pond}}^{\text{StartExport}} \end{cases} \tag{2-24}$$

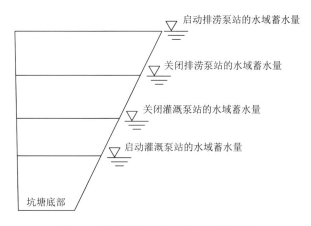

图 2-8　圩区灌溉与排涝的水域蓄水量

5. 磷素平衡

圩区系统磷素的输入途径主要包括人工灌溉与自然降水，输出渠道主要包括排涝泵站排水与水体渗漏，圩区磷素流失总量（$\Delta \text{TP}_{\text{Polder}}^{T}$，kg）的计算见式（2-25）：

$$\Delta \text{TP}_{\text{Polder}}^{T} = V_{\text{PolderIrr}}^{T} \times \frac{\text{TP}_{\text{River}}^{T}}{10^{3}} + \frac{\text{Pr}^{T}}{10^{3}} \times S_{\text{Polder}} \times \frac{\text{TP}_{\text{Pr}}^{T}}{10^{3}} - \frac{H_{\text{PondPump}}^{T}}{10^{3}} \times S_{\text{Pond}} \times \frac{\text{TP}_{\text{Pond}}^{T}}{10^{3}} - \Delta \text{TP}_{\text{inf}}^{T} \tag{2-25}$$

式中，TP_{River}^T、TP_{Pr}^T 分别为圩外河道、雨水的总磷浓度（mg/L）；S_{Polder} 为圩区面积；ΔTP_{inf}^T 为地面渗漏导致的磷素流失量（kg），包括圩区不同土地（水域、居民区、水田、旱地）利用地面渗漏而导致的磷素流失量［式（2-27）］；排涝泵站位于坑塘与外围河道的相连区域，因此 T 时刻圩区排出水体的总磷浓度为水域的总磷浓度（TP_{Pond}^T），其初始值为 0.2mg/L。

水域总磷浓度的主要影响因素包括自然降水、人工灌溉、居民区与农田径流：

$$TP_{Pond}^T = \frac{TP_{Pond}^{T-\Delta T} \times H_{Pond}^{T-\Delta T} + TP_{River}^T H_{PondIrr}^T + TP_{Pr}^T Pr^T}{H_{Pond}^T}$$

$$+ \frac{TP_{DryQ}^T \times H_{Dry}^T \times S_{Dry} + TP_{PaddyQ}^T \times H_{Paddy}^T \times S_{Paddy} + TP_{TownQ}^T \times H_{TownQ}^T \times S_{Town}}{H_{Pond}^T \times S_{Pond}} \quad (2\text{-}26)$$

式中，TP_{TownQ}^T、TP_{PaddyQ}^T、TP_{DryQ}^T 分别为居民区、水田、旱地径流汇入坑塘时的总磷浓度（mg/L）。沟渠对居民区与农田径流的磷素有一定的拦截效应，采用拦截系数方法计算［式（2-28）～式（2-30）］（王岩等，2009）：

$$\Delta TP_{Inf}^T = \frac{H_{PondInf}^T}{10^3} \times S_{Pond} \times \frac{TP_{Pond}^T}{10^3} + \frac{H_{TownInf}^T}{10^3} \times S_{Town} \times \frac{TP_{Town}^T}{10^3}$$

$$+ \frac{H_{PaddyInf}^T}{10^3} \times S_{Paddy} \times \frac{TP_{Paddy}^T}{10^3} + \frac{H_{DryInf}^T}{10^3} \times S_{Dry} \times \frac{TP_{Dry}^T}{10^3} \quad (2\text{-}27)$$

$$TP_{TownQ}^T = TP_{Town}^T \times \alpha_{Ditch}^{Town} \quad (2\text{-}28)$$

$$TP_{PaddyQ}^T = TP_{Paddy}^T \times \alpha_{Ditch}^{Paddy} \quad (2\text{-}29)$$

$$TP_{DryQ}^T = TP_{Dry}^T \times \alpha_{Ditch}^{Dry} \quad (2\text{-}30)$$

式中，TP_{Town}^T、TP_{Paddy}^T、TP_{Dry}^T 分别为居民区、水田、旱地径流的总磷浓度（mg/L）；α_{Ditch}^{Town}、α_{Ditch}^{Paddy}、α_{Ditch}^{Dry} 分别为沟渠对居民区、水田、旱地径流的磷素拦截系数。

本模型包括 27 个参数（表 2-2），其中 6 个参数（水域蒸发速率、水田作物需水系数、旱地作物需水系数、圩外河道总磷浓度、水田适宜蓄水量下限与水田适宜蓄水量上限）考虑了年内差异。

表 2-2 圩区磷素流失模型关键参数

参数符号	参数含义	参数取值	单位	参数来源
$H_{PondInf}$	水域水体的渗漏强度	2	mm/d	彭世彰等，2013
E_{Pond}^T	水域蒸发速率	1.09～5.30	mm/d	毛锐，1978
C_{Town}	居民区径流系数	0.8		程文辉等，2006
$H_{TownInf}^T$	居民区的地面渗漏强度	0.5～2	mm/d	程文辉等，2006
$H_{TownFill}$	居民区最大地表填洼量	3	mm	程文辉等，2006
$H_{PaddyInf}^T$	水田的水体渗漏强度	0～2	mm/d	程文辉等，2006；彭世彰等，2013
$H_{PaddySat}$	水田土壤饱和含水量	120	mm	程文辉等，2006
$H_{PaddyMax}^T$	水田适宜蓄水量上限	120～160	mm	程文辉等，2006

参数符号	参数含义	参数取值	单位	参数来源
$H_{PaddyMin}^{T}$	水田适宜蓄水量下限	110～140	mm	程文辉等，2006
H_{Paddy}^{Flood}	水田最大蓄水量	170	mm	野外调研
H_{DryInf}^{T}	旱地的水体渗漏强度	0～2	mm/d	程文辉等，2006；彭世彰等，2013
Kc_{Dry}^{T}	旱地作物需水系数	1.0～1.4	—	程文辉等，2006
Kc_{PaddyT}	水田作物需水系数	1.0～1.5	—	程文辉等，2006
H_{DrySat}	旱地土壤饱和含水量	100	mm	程文辉等，2006
H_{Dry}^{Flood}	旱地最大蓄水量	140	mm	野外调研
$H_{Pond}^{StartIrr}$	启动灌溉泵站的水域蓄水量	800	mm	野外调研
$H_{Pond}^{StopIrr}$	关闭灌溉泵站的水域蓄水量	1000	mm	野外调研
$H_{Pond}^{StartExport}$	启动排涝泵站的水域蓄水量	1300	mm	野外调研
$H_{Pond}^{StopExport}$	关闭排涝泵站的水域蓄水量	1100	mm	野外调研
α_{Ditch}^{Town}	沟渠对居民区径流的磷素拦截系数	0.401	—	王岩等，2010
α_{Ditch}^{Paddy}	沟渠对水田径流的磷素拦截系数	0.419	—	王岩等，2010
α_{Ditch}^{Dry}	沟渠对旱地径流的磷素拦截系数	0.419	—	王岩等，2010
TP_{Town}^{T}	居民区径流总磷浓度	0.608	mg/L	曾远等，2007；张继宗等，2009；徐爱兰，2007
TP_{Paddy}^{T}	水田径流总磷浓度	0.429	mg/L	曾远等，2007；张继宗等，2009；徐爱兰，2007
TP_{Dry}^{T}	旱地径流总磷浓度	0.442	mg/L	曾远等，2007；张继宗等，2009；徐爱兰，2007
TP_{River}^{T}	圩外河道总磷浓度	0.11～0.16	mg/L	监测数据
TP_{Pr}^{T}	雨水总磷浓度	0.101	mg/L	曾远等，2007；张继宗等，2009；徐爱兰，2007

2.2.3　应用案例

1. 研究区概况

尖圩位于溧阳市西北约 9km 处，地处 31°29′2″N～31°29′13″N，119°25′17″E～119°25′37″E，面积约为 106000m² ，年降水量为 1168mm（基于 2003～2012 年溧阳气象资料统计）；圩区海拔较低，地势平坦，田地成块，农田多为水田、旱地，分别占圩区总面积的 50.1%、21.7%；圩内沟渠、坑塘众多，占圩区总面积的 9.0%，排水沟呈网状分布，且水力梯度低；圩区四周均为河道，暴雨期间，圩外河道水位通常高于圩内水位，圩内水体通过圩区北部的排涝泵站排出；圩内有一自然村（尖圩村），人口约为 100 人，住宅用地面积占圩区总面积的 19.2%，无工业污染源，该圩区是太湖流域平原区的典型农村圩区（图 2-9）。

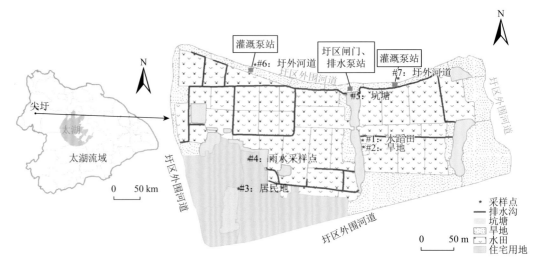

图 2-9　尖圩地理位置、土地利用类型及采样点分布

圩区磷素流失模型以尖圩为研究区，收集的数据包括土地利用、气象、水质数据，数据具体内容如表 2-3 所示。

表 2-3　圩区磷素流失模型构建的数据列表

数据类型	来源	地点	时间	指标
土地利用	Spot 卫星影像	尖圩	2010 年 12 月 31 日	土地利用分类
气象	国家气象科学数据中心	溧阳站	2009～2013 年	日平均气温、日最高气温、日最低气温、日平均相对湿度、日照时数、日平均风速、日降水量
水质	采样分析	尖圩	2013 年 8 月 24 日	水体总磷浓度
	参考文献	太湖流域平原区农田	2004～2006 年	水体总磷浓度

注：模型参数的估计方法与取值见表 2-2。

2. 尖圩水域水体总磷浓度变化过程

模拟结果表明，尖圩水域水体总磷浓度存在剧烈的变化（图 2-10），夏季，水域的总磷浓度受人工灌溉与强降水影响较大。人工灌溉对水域水体总磷浓度的影响主要通过大量抽水使水域水体混合，造成水域水体在短时间内的大幅度波动。在降水过程中，由于降水的总磷浓度较低，圩区水域水体总磷得到稀释，相反，居民区的总磷含量较高，径流汇入水域中，造成水体总磷浓度升高。此外，在严重干旱期间（如 2011 年 4 月 8 日～6 月 9 日），水域蓄水量大量蒸发，持续减少，造成水体总磷浓度大幅增加（图 2-10）。

水体总磷浓度也存在显著的年度差异，由于圩区水域的水深通常较浅，蓄水总量有限，总磷浓度容易受到外界干扰，年度气象、灌溉与排涝方案的差异极易造成水域水体总磷浓度的大幅波动。

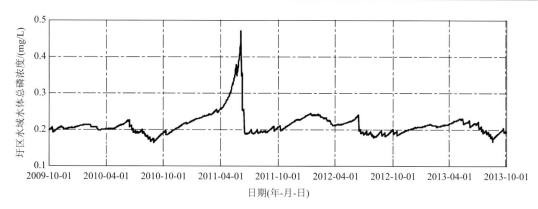

图 2-10　圩区水域水体总磷浓度变化（2009 年 10 月～2013 年 9 月）

3. 圩区磷素流失量

根据模型模拟结果，尖圩的年均磷素流失量为 –0.17～0.54kg/(hm²·a)，这一磷素负荷显著低于太湖流域平原区的磷素负荷 [4.5～10.5kg/(hm²·a)]（章明奎等，2011；赖格英和于革，2007），甚至存在磷素输入量大于输出量的年份，磷素流失量为负值，充分反映了圩区对磷素的拦截效应。其中，人工灌溉与自然降水是磷素输入的主要途径，人工灌溉的磷素输入量为 0.27～0.69kg/(hm²·a)，自然降水的磷素输入量为 1.05～1.19kg/(hm²·a)；水体下渗与洪涝排水是磷素输出的主要途径，水体下渗的磷素输出量为 1.04～1.06kg/(hm²·a)，洪涝排水的磷素输出量为 0.65～0.93kg/(hm²·a)。尖圩磷素流失量的年度差异较大（图 2-11），以 2010～2012 年为例，尖圩年磷素流失量分别为 0.73kg、5.79kg、–1.83kg，即 0.07kg/(hm²·a)、0.54kg/(hm²·a)、–0.17kg/(hm²·a)。本节构建的模型考虑了灌溉、降水过程而导致的磷素输入，体现了圩区对其周围河道水体营养盐的吸附能力，因此，磷素流失量的估算结果远低于孙金华等（2013）对常州雪堰镇圩区磷素流失的估算结果 [16.5kg/(hm²·a)]。

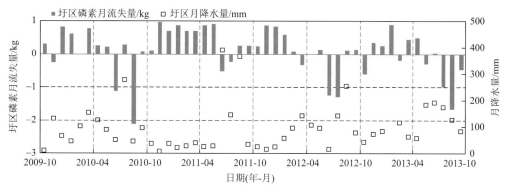

图 2-11　圩区磷素月流失量与月降水量（2009 年 10 月～2013 年 9 月）

正值与负值分别表示圩区排放与吸收磷素

尖圩吸收外界磷素主要集中在历年夏季，其中灌溉是夏季磷素输入的重要渠道，春、秋、冬三季主要为磷素输出（图 2-12）。同时，圩区磷素流失与降水量、降水分布均有密切关系，以 2010 年 6～8 月为例，2010 年 6 月与 8 月，降水量较少，而这一时间稻田需水量大，圩区通过人工灌溉吸收大量磷素；与此相反，2010 年 7 月降水充足（降水量为 277.3mm），圩区通过农田灌溉输入磷素较少，同时有两场暴雨级别的降水（降水量分别为 92.5mm 和 85.3mm），造成农田的大量磷素流失，而 2011 年 7 月、2012 年 7 月、2013 年 7 月，暴雨级别的降水事件较少，因此圩区磷素月流失量均为负值，即圩区的磷素输入量大于输出量。

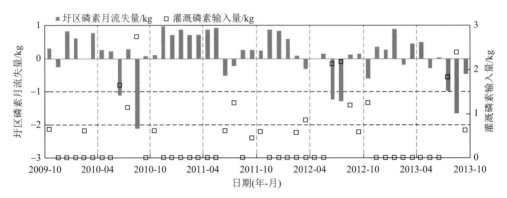

图 2-12   圩区磷素月流失量与灌溉磷素输入量（2009 年 10 月～2013 年 9 月）

其中正值与负值分别表示圩区排放与吸收磷素

综上所述，与非圩区集水单元相比（赵广举等，2012），圩区系统对磷素具有显著的拦截效应，主要有三种途径：①夏季期间，水田需水量大，需要从圩外河道大量取水，而太湖流域平原区磷素污染严重，圩外河道磷素浓度较高，因此圩区通过灌溉吸收了外界大量磷素，这一途径是圩区吸收外界磷素的最重要渠道；②与非圩区区域相比，圩区水面率普遍较高，在降水期间，水面区域能够接纳降水中的大量磷素；③圩区内部沟渠广泛分布，对农田与居民区径流的磷素有一定的去除作用。

本节开发了针对圩区系统的磷素流失模型，模型考虑了圩区人工灌溉与洪涝排水等过程，充分体现了圩区磷素流失过程的规律，可应用于预测不同降水、灌溉与排涝情景下的磷素流失过程，进而估算圩区系统的磷素流失通量。模拟结果表明与太湖流域平原非圩区相比，圩区的年度磷素流失通量较低[−0.17～0.54kg/(hm²·a)]，甚至存在磷素输入量大于输出量的年份，即磷素流失量为负值，表明圩区对磷素有一定的拦截效应；圩区磷素流失通量年度与年内均存在大幅度的波动，受降水因子影响十分显著；农田灌溉、自然降水是圩区磷素输入的主要渠道，其磷素输入量分别为 0.27～0.69kg/(hm²·a)、1.05～1.19kg/(hm²·a)，而洪涝排水、水体渗漏是圩区磷素输出的主要途径，其磷素输出量分别为 1.04～1.06kg/(hm²·a)、0.65～0.93kg/(hm²·a)。

2.3   湖泊型流域的水生态过程

2.3.1   概念模型

湖泊模型包括水动力模块、藻类运移模块与浮游植物生长过程模块（图 2-13），其中，二维水动力模块模拟在太阳辐射、风、蒸发、降水、出入湖河流等共同作用下的水动力条件；藻类运移模块在水动力模块的驱动下，模拟藻类在网格之间的运输移动过程；浮游植物生长过程模块模拟藻类的生长、呼吸、排泄、沉降、死亡与被浮游动物捕食等机理过程。三模块共同作用模拟出湖体中叶绿素 a 浓度的连续变化过程。通过数据同化与多模型比较分析等提高模型可靠性，在大型湖泊的藻类影响因子分析、调水工程对湖泊藻类影响等方面都有成熟的应用，能够较好模拟大型浅水湖泊的藻类过程。同时与国外湖泊模型（如EFDC、MIKE21）相比，模型考虑组分较少，输入数据容易获取，可以满足国内湖泊模拟的需求。

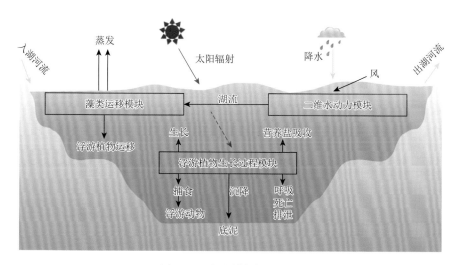

图 2-13 湖泊模拟概念模型

2.3.2 数学方程

湖泊水动力模型假设水体为均匀不可压缩的水体（水体的密度为常值），垂直方向上服从静压力分布，采用笛卡儿直角坐标系，x 轴和 y 轴位于平均水平面上，基于正方形的网格，描述二维湖泊水动力的基本方程组为

$$\frac{\partial h}{\partial t} + \frac{\partial uh}{\partial x} + \frac{\partial vh}{\partial y} = 0 \tag{2-31}$$

$$\frac{\partial u}{\partial t} + u\frac{\partial u}{\partial x} + v\frac{\partial u}{\partial y} + g\frac{\partial z}{\partial x} = \frac{\tau_x^z - \tau_x^b}{h} + fv \tag{2-32}$$

$$\frac{\partial v}{\partial t} + u\frac{\partial v}{\partial x} + v\frac{\partial v}{\partial y} + g\frac{\partial z}{\partial y} = \frac{\tau_y^z - \tau_y^b}{h} - fu \tag{2-33}$$

式中，u 和 v 为湖流流速在 x 和 y 方向的分速度；t 为时间；z 和 h 分别为水位和水深；τ_x^z 和 τ_y^z 为水表面风切应力在 x 和 y 方向的分量；τ_x^b 和 τ_y^b 为床面阻力在 x 和 y 方向的分量；f 为柯氏加速度（$f = 2\omega\sin\varphi$，ω 为地球自转速度，φ 为地理纬度）；g 为重力加速度。τ_x^z 与 τ_y^z 可用以下经验公式计算：

$$\tau_x^z = C_z \frac{\rho_a}{\rho_w} w_x (w_x + w_y)^{1/2} \tag{2-34}$$

$$\tau_y^z = C_z \frac{\rho_a}{\rho_w} w_y (w_x + w_y)^{1/2} \tag{2-35}$$

式中，C_z 为风拖曳系数；ρ_a、ρ_w 为空气密度、水的密度，为恒定常数；w_x、w_y 为风速在 x、y 方向的分速度。τ_x^b 与 τ_y^b 可用以下经验公式计算：

$$\tau_x^b = \frac{gu(u^2 + v^2)^{1/2}}{C^2} \tag{2-36}$$

$$\tau_y^b = \frac{gv(u^2 + v^2)^{1/2}}{C^2} \tag{2-37}$$

式中，g 为重力加速度；C 为谢才系数。C 可通过以下经验公式计算：

$$C = \frac{R^{\frac{1}{6}}}{n} \tag{2-38}$$

式中，R 为水力半径；n 为曼宁系数。

　　模型中藻类过程主控方程如式（2-39）所示，藻类运移模块主要参数有 $\mathrm{Chl_{in}}$、$\mathrm{Chl_{out}}$，浮游植物生长过程模块中参数为 U、RA、MA、SA、GA、EA。表 2-4 和表 2-5 主要列出了浮游植物模块的方程及参数。

$$\frac{\mathrm{dChl}}{\mathrm{d}t} = (U - RA - MA - SA - GA - EA)\mathrm{Chl} + \frac{\mathrm{dChl_{in}}}{\mathrm{d}t} - \frac{\mathrm{dChl_{out}}}{\mathrm{d}t} \tag{2-39}$$

表 2-4　浮游植物生长过程模块方程

序号	方程
1	$U = U_{max} \cdot f(t) f(I) f(N, P)$
2	$f(t) = \exp(-2.3((T - T_{opt})/16)^2)$
3	$f(I) = \dfrac{I_z}{I_{opt}} \exp\left(1 - \dfrac{I_z}{I_{opt}}\right)$
4	$I_z = I \exp(-rz)$
5	$r = \alpha + \beta \mathrm{Chl}$
6	$f(P) = \dfrac{\mathrm{DP}}{\mathrm{KP} + \mathrm{DP}}$
7	$f(N) = \dfrac{\mathrm{DN}}{\mathrm{KN} + \mathrm{DN}}$
8	$RA = k_r \vartheta^{T-20}$
9	$MA = k_m \vartheta^{T-20}$
10	$EA = k_e \vartheta^{T-20}$
11	$SA = K/Z$
12	$GA = GR_{max}((F - F_{min})/(F_s + F - F_{min}))$
13	$C = 50 \cdot \mathrm{Chl}$
14	$F = C/0.55$

表 2-5　方程参数列表

参数	描述	单位
U	浮游植物生长速率	d^{-1}
RA	浮游植物呼吸速率	d^{-1}
SA	浮游植物沉降速率	d^{-1}
MA	浮游植物死亡速率	d^{-1}
GA	浮游植物捕食速率	d^{-1}
EA	浮游植物排泄速率	d^{-1}
Chl_{in}	其他网格输入当前网格的叶绿素 a 浓度	$\mu g/L$
Chl_{out}	当前网格运移到其他网格的叶绿素 a 浓度	$\mu g/L$
U_{max}	浮游植物最大生长速率	d^{-1}
T	水温	℃
T_{opt}	最适水温	℃
r	光衰减	m^{-1}
α	水及非藻类吸收短波辐射的平均消光系数	m^{-1}
β	浮游植物吸收短波辐射的平均消光系数	$\mu g\ Chl/(L \cdot m)$
Chl	叶绿素 a 浓度	$\mu g/L$
h	水深	m
I	水体表面光强	$MJ/(m^2 \cdot d)$
I_{opt}	饱和光强	$MJ/(m^2 \cdot d)$
I_0	晴朗天空时光强	$MJ/(m^2 \cdot d)$
S	日照时数	h
S_0	昼长	h
Gsc	太阳常数	$MJ/(m^2 \cdot d)$
k	离心校正因子	
n	全年天数	
ϕ	纬度	(°)
δ	太阳赤纬	(°)
ω_s	日落时角	(°)
PS	水体溶解磷	$\mu g/L$
NS	水体溶解氮	$\mu g/L$
KP	磷吸收米氏常数	$\mu g/L$
KN	氮吸收米氏常数	$\mu g/L$
RA_{max}	浮游植物最大呼吸速率	d^{-1}
K	浮游植物沉降速率	m/d
GR_{max}	浮游动物捕食速率	d^{-1}
F	可供捕食浮游植物浓度	$\mu g/L$
F_{min}	可供捕食浮游植物最小浓度	$\mu g/L$
F_s	可供捕食浮游植物米氏常数	$\mu g/L$
k_m	浮游植物死亡引起叶绿素 a 减少速率系数	d^{-1}
k_r	浮游植物呼吸引起叶绿素 a 减少速率系数	d^{-1}
k_e	浮游植物排泄引起叶绿素 a 减少速率系数	d^{-1}
ϑ	温度乘数	

2.3.3　应用案例

1. 太湖蓝藻水华模拟

本节以 2008 年 5 月 26～29 日的蓝藻水华事件为模拟案例，以 2008 年 5 月 26 日实测的叶绿素 a 浓度为模型的初始条件，2008 年 5 月 26～29 日的气象数据为驱动数据，模拟 2008 年 5 月 26～29 日叶绿素 a 浓度与蓝藻水华等级的变化过程。模型的输入数据包括叶绿素 a 浓度、营养盐（溶解性氮磷）、水体温度、气象数据。模型的校正期为 2008 年 4 月 17 日到 9 月 22 日（共 159d），模型参数率定结果如表 2-6 所示。

表 2-6　藻类生物过程模型参数

参数	参数含义	单位	初始值	率定值
U_{max}	藻类最大生长率	d^{-1}	1.15	1.145
T_{opt}	最适合藻类生长的温度	℃	27.5	27.5
I_{opt}	饱和光照强度	$MJ/(m^2 \cdot d)$	12	12
α	非藻类物质引起的水体平均光照衰减率	m^{-1}	0.45	0.45
β	藻类物质引起的水体平均光照衰减率	$\mu g\ Chl/(L \cdot m)$	0.016	0.016
KP	藻类吸收磷的 Michaelis 常数	$\mu g/L$	6	10
KN	藻类吸收氮的 Michaelis 常数	$\mu g/L$	22	22
K	藻类沉降速度	m/d	0.0864	0.0864
GR_{max}	浮游动物的最大捕食率	d^{-1}	0.09	0.09
F_{min}	可供捕食的最低藻类浓度	$\mu g/L$	100	100
F_s	藻类被捕食的 Michaelis 常数	$\mu g/L$	500	500
k_m	藻类死亡率	d^{-1}	0.027	0.027
k_r	藻类呼吸率	d^{-1}	0.085	0.17
k_e	藻类排泄率	d^{-1}	0.01	0.01
ϑ	温度系数		1.08	1.08

模拟结果表明，2008 年 5 月 26～29 日，太湖藻类呈现逐渐减少的趋势，并且在 2008 年 5 月 26～27 日东南风的作用下，藻类不断向竺山湖与太湖西北部堆积，这一现象与 2008 年 5 月 29 日的实测结果 [图 2-14（e）] 较为吻合，说明这一湖泊藻类模型能够有效预测藻类的变化趋势。但在梅梁湾北部存在一定的误差，模拟的叶绿素 a 浓度为 I 级（0～30μg/L），而实测的叶绿素 a 浓度为 II 级（30～80μg/L），这一误差与叶绿素 a 浓度初始条件的不确定性关系较大（表 2-7）。

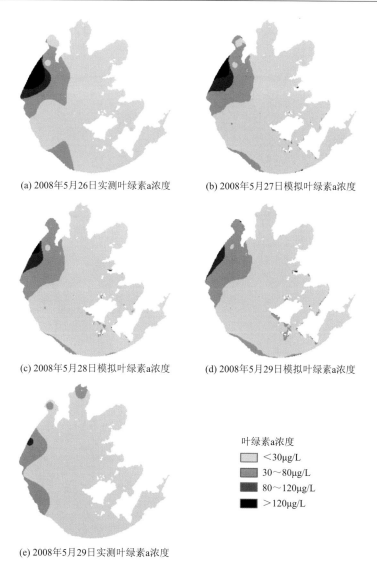

(a) 2008年5月26日实测叶绿素a浓度　　　　(b) 2008年5月27日模拟叶绿素a浓度

(c) 2008年5月28日模拟叶绿素a浓度　　　　(d) 2008年5月29日模拟叶绿素a浓度

叶绿素a浓度

- ☐ <30μg/L
- ☐ 30～80μg/L
- ☐ 80～120μg/L
- ■ >120μg/L

(e) 2008年5月29日实测叶绿素a浓度

图 2-14　叶绿素 a 浓度的模拟结果与实测结果

表 2-7　2008 年 5 月 26～29 日太湖地区的气象条件

日期	风速/(m/s)	风向/(°)	云量/%
2008 年 5 月 26 日	4.4	171	30
2008 年 5 月 27 日	1.3	165	70
2008 年 5 月 28 日	4.3	9	50
2008 年 5 月 29 日	1.3	11	30

注：0°为北风；90°为东风；180°为南风；270°为西风。

将太湖划分为八个湖区（图 2-15）：竺山湖、梅梁湾、贡湖、大太湖、胥湖、湖西沿

岸、箭湖东荄咀、东太湖，根据叶绿素 a 浓度的模拟结果，结合气象条件，计算蓝藻水华
等级，分为五级：小型蓝藻水华灾害、中型蓝藻水华灾害、大型蓝藻水华灾害、重大蓝藻
水华灾害、特大蓝藻水华灾害。

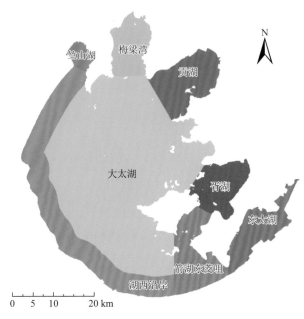

图 2-15　太湖分区图

　　蓝藻水华等级评价结果表明，2008 年 5 月 26～28 日，太湖蓝藻水华发生等级变化不
大。2008 年 5 月 29 日，由于云覆盖量变少（30%），光照强度大，蓝藻水华发生的等级
强度增大 [图 2-16（c）]。

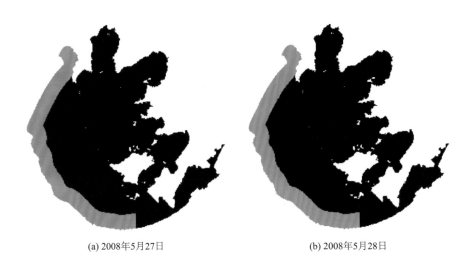

(a) 2008年5月27日　　　　　　　　　　　(b) 2008年5月28日

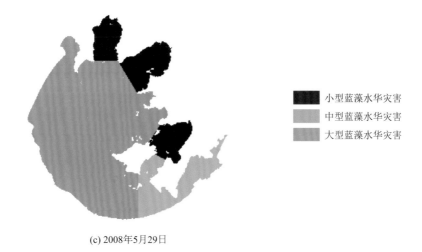

(c) 2008年5月29日

图 2-16   2008 年 5 月 27～29 日蓝藻水华等级预报结果

2. 引江济太的环境影响模拟

本节以 2011 年 5 月 10～12 日调水过程为模拟案例，以 2011 年 5 月 10 日实测的叶绿素 a 浓度为模型的初始条件，2011 年 5 月 10～12 日的气象数据为驱动数据，构建两种模拟情景（调水情景与无调水情景），对比分析调水过程对叶绿素 a 浓度与湖泊水动力的影响（Huang et al.，2015）。

模拟结果表明，引江济太对湖泊流场有一定影响，但显著影响区域主要集中在调水河道与湖泊连接处附近，影响范围大小与调水流量相关（图 2-17）；太湖流场主要受风场主导，调水过程对湖泊流场的影响比风场小。与出湖河道相比，入湖河道对太湖藻类分布的影响较为显著，影响范围主要受入湖河道的流量与水体藻类浓度的影响，由于水体营养盐浓度较高，入湖河道的水体营养盐浓度对水体藻类分布影响有限（图 2-18）。

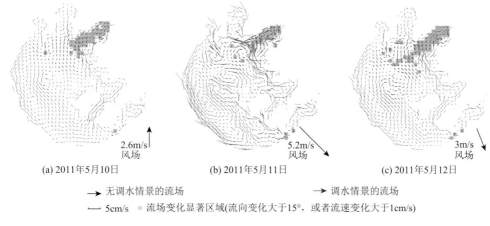

图 2-17   引江济太对太湖水动力条件影响

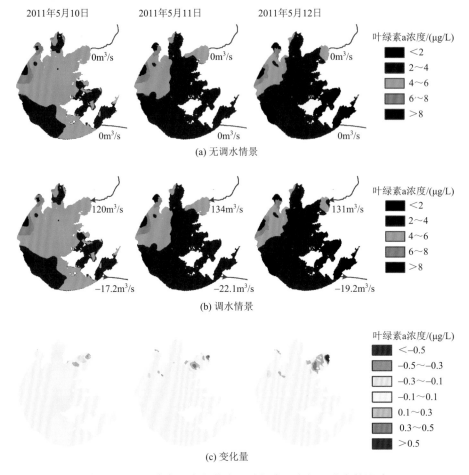

图 2-18　引江济太对太湖藻类（叶绿素 a 表征）分布的影响

3. 洪泽湖藻类空间动态模拟

藻类生物量是水体富营养化的衡量指标，也是反映湖泊生态健康水平的重要量度。模拟湖泊藻类时空动态变化过程有利于掌握湖泊藻类的生长规律，为藻类风险防范提供参考。案例以洪泽湖为研究区，将湖体分为北、东、西三区，基于二维湖泊藻类模块构建洪泽湖藻类空间动态模型。利用水文、气象、水质数据初始化模型和设定边界条件，并用 2012 年逐月叶绿素 a 实测浓度校正模型参数，模拟出洪泽湖 2012 年叶绿素 a 浓度连续变化的过程，并进一步探究其时空变化特征。

1）研究区概况

洪泽湖地处淮河中游末端（33°06′N～33°40′N，118°10′E～118°52′E），是发育在冲积平原上的浅水型湖泊，为中国第四大淡水湖。洪泽湖位于江苏省北部，湖面分属淮安市的洪泽、淮阴、盱眙与宿迁市的宿豫、泗洪、泗阳，共 2 市 6 区县。湖区西纳长淮，南注长江，东通黄海，北连沂沭，总面积为 1597km²，平均水深 1.90m。湖盆呈浅碟形，湖底平坦，整个湖盆由西北向东南倾斜，呈西北高、东南低地势。所处地区降水较为丰富，但存在普遍的年际差异。丰水年最大年降水量达 1240.9mm，枯水年最小年降水量只有 532.9mm。受季风气候影响，呈现雨热同季特点。丰富的夏季降水量可占全年降水量的 50% 以上。湖水来源除大气降水外，主要依靠地表径流。洪泽湖水力滞留时间为 35d，入湖河流主要有八条：淮河、新汴河、老汴河、新濉河、老濉河、徐洪河、怀洪新河和安东河，其中淮河流量最大。

洪泽湖湖域面积较大，各区域存在差异。根据地理位置以及水文、水力和湖岸、出入湖河道特性等因素，将洪泽湖分为三个区：北区、东区、西区。北区即成子湖区域，水体流动性差，并且受宿迁市城市尾水影响，总体水质略差；东区包括过水通道及蒋坝闸湾，湖区水体流动性好，同时三河闸闸湾容易形成死水区，为重点监测区；西区包括溧河洼区域，地势较高且水深较浅，水生植物分布面积相对较广，生长茂盛，水质较好（表 2-8）。全湖共布设 12 个水质监测站点以及上游（西侧）5 个入湖河流水文站点及下游（东侧）5 个出湖河流水文站点。

表 2-8　洪泽湖分区水质参数统计表

分区	叶绿素 a 浓度/(μg/L)		总氮浓度/(mg/L)		总磷浓度/(mg/L)	
	均值±标准差	范围	均值±标准差	范围	均值±标准差	范围
北区	11.89±25.29	0.2～146.6	1.8±1.79	0.39～9.1	0.06±0.05	0.01～0.24
东区	9.90±24.75	0.3～223.5	2.54±1.57	0.68～6.57	0.10±0.06	0.03～0.29
西区	5.76±2.97	0.2～10.9	1.27±0.78	0.69～3.65	0.06±0.05	0.02～0.2

2）数据准备

构建洪泽湖藻类空间动态模型所需数据包括水文、气象、水质数据，具体内容如表 2-9 所示。

表 2-9　二维湖泊藻类模型数据源

数据类型	来源	地点	时间	指标
水文	站点监测	水文站点（图 2-19）	2012 年每日	入湖河流、出湖河流的日流量
气象	国家气象科学数据中心	盱眙站（图 2-19）	2012 年每日	日平均气温、日最高气温、日最低气温、日最大风速风向、日照时数、日平均风速、日降水量
水质	采样分析	水质监测点（图 2-19）	2012 年每月	DO、TP、TN、Chl-a

水文数据包括金锁镇、泗洪、双沟、小柳巷、明光 5 个入湖河流水文站点测定的入湖河流日流量及叶绿素 a 浓度，二河闸、高良涧船闸、周桥洞、洪金洞、三河闸 5 个出湖河流水文站点测定的出湖河流日流量（m³/s）。

气象数据来自盱眙气象站（站点编号：58138，图 2-19），其气象数据能够代表洪泽湖的气象条件。数据包括 2012 年每日 7 个气象指标：日平均气温（℃）、日最高气温（℃）、日最低气温（℃）、日最大风速风向（°）、日照时数（h）、日平均风速（m/s）、日降水量（mm）。

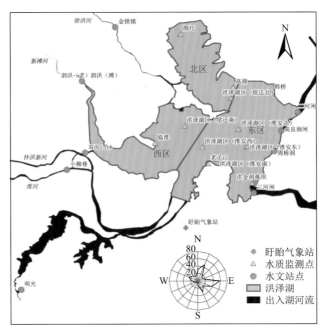

图 2-19　洪泽湖地理位置及水质监测点、水文站点分布

水质数据通过湖区水质监测站采样测定，共布设 12 个监测站，北区，颜圩站、高湖站、洪泽湖区（宿迁北）站；东区，韩桥站、洪泽湖区（淮安北）站、洪泽湖区（淮安东）站、洪泽湖区（淮安南）站、洪泽湖区（淮安西）站、蒋坝站、老子山站；西区，洪泽湖区（宿迁南）站、临淮站。测定水质指标包括溶解氧（DO，mg/L）、总磷（TP，mg/L）、总氮（TN，mg/L）、叶绿素 a（Chl-a，μg/L）浓度。

3）模型校正

研究中用于校正变量的为叶绿素 a。首先进行参数敏感性分析，分为三个步骤：①利用参数初始值模拟叶绿素 a 浓度（SimA）；②利用参数阈值最大值模拟叶绿素 a 浓度（SimTmax）；③模型参数阈值最小值参与模拟叶绿素 a 浓度（SimTmin）。除测试参数外，其余参数值保持不变。通过分别计算叶绿素 a 浓度（SimTmax）和叶绿素 a 浓度（SimTmin）与叶绿素 a 浓度（SimA）之间的相对误差，确定敏感系数最高的前 10 个参数（表 2-10），即相对误差均值越大，参数敏感性越高，取值改变对模拟结果影响越大。然后进行参数优化，在敏感参数的阈值范围内使用相同间隔修改参数值，多次运行模型并计算各水质监测点叶绿素 a 实测值中位数与模拟曲线值的误差指标，选择误差最小的参数值，确定敏感参数的优化结果（表 2-10），完成浮游植物生长过程模块校正过程。拟合量度 $R^2 = 0.281$，RMSE $= 2.52\mu g/L$（表 2-11）。

表 2-10　模型校正参数

参数	单位	范围	初始值	优化结果
U_{max}	d^{-1}	1.1～1.7	1.7	1.5
I_{opt}	MJ/(m²·d)	10.0～12.0	11	11

续表

参数	单位	范围	初始值	优化结果
α	m^{-1}	0.25~0.65	0.5	0.383
β	m^{-1}	0.015~0.035	0.05	0.05
K	m/d	0.01~0.2	0.06	0.073
KP	μg/L	0.001~0.025	0.005	0.005
k_m	d^{-1}	0.01~0.05	0.05	0.0367
k_r	d^{-1}	0.05~0.17	0.07	0.09
ϑ	—	1.06~1.2	1.06	1.06
PS	μg/L	0.04~0.06	0.05	0.05

表 2-11　误差指标

误差指标	描述	单位	公式	范围
MAE	平均绝对误差	μg/L	$MAE = \dfrac{\sum_{i=1}^{n}\|C_i - \hat{C}_i\|}{n}$	$[0, +\infty]$
RMSE	均方根误差	μg/L	$RMSE = \sqrt{\dfrac{\sum_{i=1}^{n}(C_i - \hat{C}_i)^2}{n}}$	$[0, +\infty]$
R^2	决定系数		$R^2 = \left(\dfrac{\sum_{i=1}^{n}(\hat{C}_i - \bar{\hat{C}})(C_i - \bar{C})}{\sqrt{\sum_{i=1}^{n}(\hat{C}_i - \bar{\hat{C}})^2}\sqrt{\sum_{i=1}^{n}(C_i - \bar{C})^2}}\right)^2$	$[0.0, 1.0]$
RE	相对误差绝对值		$RE = \left\|\dfrac{C_i - \hat{C}_i}{\hat{C}_i}\right\|$	$[0, +\infty]$

注：C_i 和 $\hat{C}_i$ 分别为洪泽湖在第 i 天叶绿素 a 的模拟值和观测值；$\bar{C}$ 和 $\bar{\hat{C}}$ 分别为洪泽湖在第 i 天叶绿素 a 的模拟平均值和观测平均值 $\left(\bar{C} = \sum_{i=1}^{n} C_i, \bar{\hat{C}} = \sum_{i=1}^{n} \hat{C}_i\right)$；$n$ 为模拟值和观测值均有效的天数。

在敏感性分析选择的 10 个参数中，U_{max}、k_m、K、k_r 是衡量浮游植物自身新陈代谢作用（生长、沉降、呼吸、死亡）引起叶绿素 a 增减的因子；ϑ 与水温以及浮游植物呼吸、排泄、死亡速率密切相关（表 2-10）。研究表明，温度变化会影响藻类的光呼吸等耗氧的生理过程，从而影响其光合作用。I_{opt}、α、β 反映了光照对浮游植物的影响，研究表明，光照水平与藻类最大比增长率和指数生长期长短密切相关。KP、PS 是与磷营养盐相关的因子，已有大量研究验证了湖泊中的磷通常是限制因素，其浓度增加会导致水体中蓝藻在浮游植物群落演替中占优势。

4）结果分析

（1）藻类时间变化。

叶绿素 a 浓度模拟曲线与实测值总体变化趋势一致（图 2-20），高湖、洪泽湖区（宿迁北）、临淮等大部分站点的叶绿素 a 浓度变化呈现"双峰型"特点，分别在 4 月和 8 月

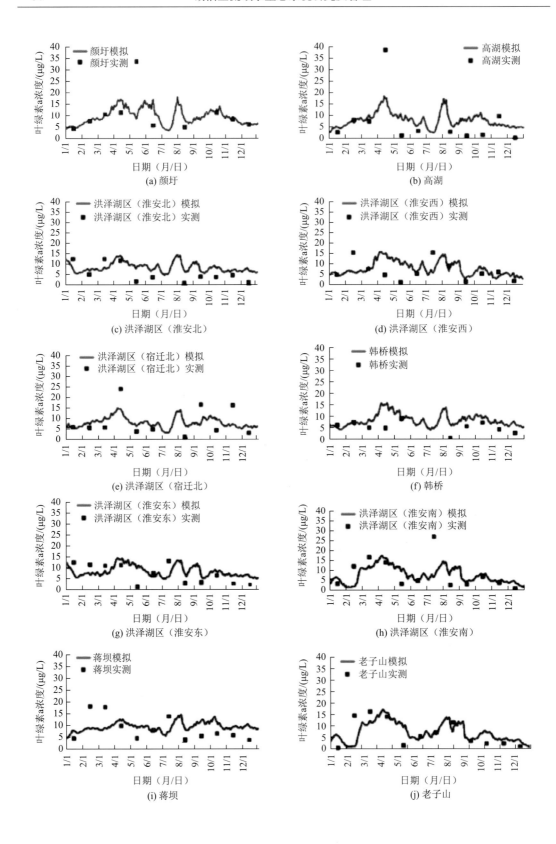

(a) 颜圩　　　　　　　　　　　　(b) 高湖

(c) 洪泽湖区（淮安北）　　　　　　(d) 洪泽湖区（淮安西）

(e) 洪泽湖区（宿迁北）　　　　　　(f) 韩桥

(g) 洪泽湖区（淮安东）　　　　　　(h) 洪泽湖区（淮安南）

(i) 蒋坝　　　　　　　　　　　　(j) 老子山

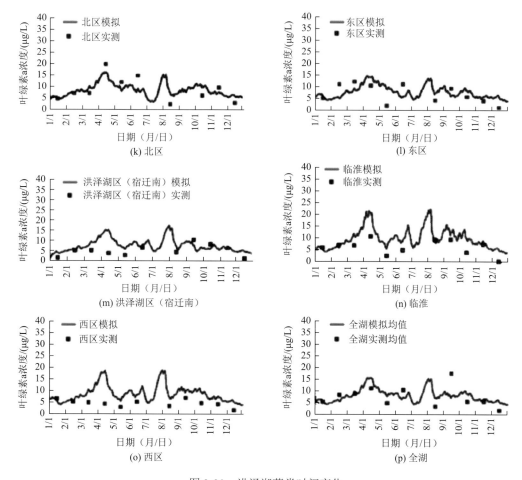

图 2-20　洪泽湖藻类时间变化

左右出现浓度峰值；洪泽湖（淮安北）、洪泽湖（淮安西）、蒋坝等部分位于过水通道以及出湖口的站点叶绿素 a 浓度曲线出现单峰值或无明显峰值，曲线呈波动状态。颜圩站点叶绿素 a 浓度曲线则分别在 4 月、6 月、8 月出现三个峰值。

"双峰型"叶绿素 a 浓度曲线满足蓝藻水华成因的四阶段理论假设，即在四季分明、扰动剧烈的长江中下游大型浅水湖泊中，蓝藻的生长与水华的形成可分为休眠、复苏、生物量增加、上浮及聚集 4 个阶段（孔繁翔和高光，2005）。叶绿素 a 浓度在 1～4 月呈上升趋势，且在 4 月左右出现峰值。Tan 等（2009）在太湖冬季泥样的模拟升温培养实验中指出，蓝藻的复苏温度为 12.5℃。洪泽湖 4 月平均气温已经达到 17.383℃，蓝藻从冬季底泥内快速复苏。同时光照充足，氮磷等无机盐丰富（总氮浓度为 2.024mg/L，总磷浓度为 0.087mg/L），种群竞争小，使得藻类生长速率加快，细胞数目成倍增加，达到峰值。蓝藻大规模生长繁殖为浮游动物及其他大型鱼类牧食提供了便利，同时营养盐也被快速消耗，遏制了藻类数目的进一步增加，造成曲线回落。随着 7～9 月气温上升，洪泽湖区平均温度达到 25.8℃，依据蓝藻在 19.5℃以后占据优势、26.5℃出现最大光合效率的特点（Tan et al.，2009），光合作用促进叶绿素 a 浓度再次达到峰值。此外，洪泽湖区夏季雨量充沛，大量雨水会带来城市尾水及农业非点源污染，也会造成曲线浓度高值。10月之后，随着温度降低，光照减弱，曲线呈下降趋势，大部分藻类由水柱下沉到底泥表面进行越冬，群体解体，生物量显著下降，进入休眠期。

洪泽湖区（淮安北）、洪泽湖区（淮安西）、洪泽湖区（淮安东）三个位于过水通道的站点以及位于三河闸出湖口的蒋坝站点叶绿素 a 浓度曲线呈现不同特征，曲线呈单峰型或无明显峰值，曲线整体呈一定波动趋势。研究表明，水动力过程是影响水体富营养化状态的重要因素，不论是单一藻种还是混合藻类，低流速、小扰动有利于藻类的生长和聚集，快流速环境的冲刷作用使藻类的生长、繁殖环境受到破坏，有效抑制了藻类的增长和聚集（吴述园等，2013；吴晓辉和李其军，2010；张毅敏等，2007）。过水通道区域与出入湖河口的水动力条件复杂，流场不稳定，可能导致藻类难以大规模聚集，不会出现明显的浓度峰值。

颜圩站点位于洪泽湖区北端，叶绿素 a 浓度曲线出现三个峰值。该地区由于引水条件较好以及水草丰富，水产养殖业发展迅猛，沿岸多为人工开挖鱼塘和围网养蟹池，造成该区水污染严重，同时雨水冲刷引发农业和养殖业面源污染，造成水质富营养化水平较高，藻类频繁暴发，因此叶绿素 a 浓度曲线出现多个峰值。

（2）藻类空间分布。

北、东、西三区全年叶绿素 a 平均浓度分别为（11.89±25.29）μg/L、（9.90±24.75）μg/L、（5.76±2.97）μg/L。总体上看，西区富营养化水平最低、水质最优，东区次之，北区最差。叶绿素 a 浓度在三区的空间分布存在一定差异（图 2-21）。

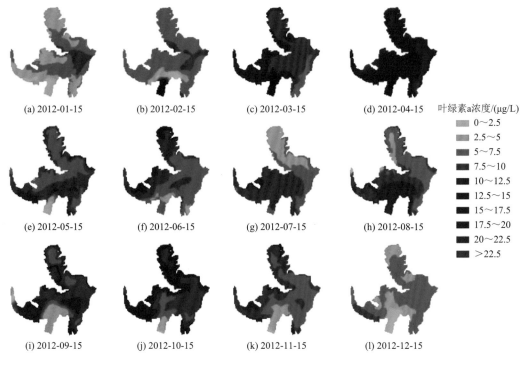

(a) 2012-01-15　　(b) 2012-02-15　　(c) 2012-03-15　　(d) 2012-04-15

(e) 2012-05-15　　(f) 2012-06-15　　(g) 2012-07-15　　(h) 2012-08-15

(i) 2012-09-15　　(j) 2012-10-15　　(k) 2012-11-15　　(l) 2012-12-15

叶绿素a浓度/(μg/L)

- 0~2.5
- 2.5~5
- 5~7.5
- 7.5~10
- 10~12.5
- 12.5~15
- 15~17.5
- 17.5~20
- 20~22.5
- >22.5

图 2-21　洪泽湖叶绿素 a 空间分布

　　北区因湖水整体流动性差，叶绿素 a 浓度分布较为均匀且浓度较高。研究表明，在营养盐相对充足、水流缓慢及适宜的气候条件下，湖泊发生水华现象远于河流。水动力条件较弱已证明是水体水华频发的主要原因。Paerl 和 Huisman（2008）通过对东非维多利亚湖、北美伊利湖、中国太湖和欧洲波罗的海的蓝藻水华分析认为，弱的水体紊动非常有利于蓝藻上浮至水面形成水华。同时，北区湖岸周围多水产养殖和农田（范亚民等，2010），人工投饵与春耕施肥会造成湖岸水域富营养化水平升高。北区湖面封闭，水流缓慢，营养盐充足促进了藻类生长聚集。同时由图 2-21 可知，北区靠近湖岸地区叶绿素 a 浓度高于湖心水域，因湖岸会对水流起一定的阻滞作用及受风力作用，藻类容易在此堆积。北区 9 月在徐洪河入湖口位置出现明显局部浓度高值。表明入湖口注入上游大量受污染的尾水，其富营养水平较高并可能包含大量藻类。后因湖水运动、搅拌，叶绿素 a 浓度逐渐下降，分布均匀。

　　东区出现明显叶绿素 a 浓度空间差异。该区包括过水通道及蒋坝闸湾，过水通道水体流动性好，从西侧的淮河入湖口经湖区至东侧二河闸、三河闸出湖。良好的湖水流动性带动藻类运移，造成浓度分布差异。空间差异特征随淮河入湖口水域的叶绿素 a 浓度变化而有所不同。淮河入湖口水域藻类生长旺盛或注入上游污染含藻水，叶绿素 a 浓度由西南向东北方向随湖水运动浓度递减（8 月）；淮河入湖口水域藻类生物量较低或注水起一定程度的稀释作用，叶绿素 a 浓度则由西南向东北方向递增（12 月），以上特征表明洪泽湖东区叶绿素 a 浓度受上游汇水及湖水运动影响较大。

　　西区总体叶绿素 a 浓度最低，水质最好。该区叶绿素 a 浓度分布特点与北区相似，空间差异并不明显。同时，因西区北岸多养殖场及村落聚居，汇水污染程度较高，造成叶绿素 a 浓度略高于西区南部。

参 考 文 献

曹志洪，林先贵，杨林章，等. 2005. 论"稻田圈"在保护城乡生态环境中的功能 I. 稻田土壤磷素径流迁移流失的特征[J]. 土壤学报，42（5）：799-804.

程文辉，王船海，朱琰. 2006. 太湖流域模型[M]. 南京：河海大学出版社.

崔广柏，刘凌，姚琪，等. 2009. 太湖流域富营养化控制机理研究[M]. 北京：中国水利水电出版社.

范亚民，何华春，崔云霞，等. 2010. 淮河中下游洪泽湖水域动态变化研究[J]. 长江流域资源与环境，19（12）：1397-1403.

高俊峰，韩昌来. 1999. 太湖地区的圩及其对洪涝的影响[J]. 湖泊科学，11（2）：105-109.

郝芳华，杨胜天，程红光，等. 2006. 大尺度区域非点源污染负荷计算方法[J]. 环境科学学报，26（3）：375-383.

孔繁翔，高光. 2005. 大型浅水富营养化湖泊中蓝藻水华形成机理的思考[J]. 生态学报，25（3）：589-595.

赖格英，吴敦银，钟业喜，等. 2012. SWAT 模型的开发与应用进展[J]. 河海大学学报（自然科学版），40（3）：243-251.

赖格英，于革. 2007. 太湖流域营养物质输移的模拟评估研究[J]. 河海大学学报（自然科学版），35（2）：140-144.

毛锐. 1978. 太湖、团汆湖水面蒸发的初步研究[J]. 海洋与湖沼，9（1）：26-35.

彭世彰，黄万勇，杨士红，等. 2013. 田间渗漏强度对稻田磷素淋溶损失的影响[J]. 节水灌溉，（9）：36-39.

孙金华，朱乾德，练湘津，等. 2013. 平原水网圩区非点源污染模拟分析及最佳管理措施研究[J]. 长江流域资源与环境，22（Z1）：75-82.

王岩，王建国，李伟，等. 2009. 三种类型农田排水沟渠氮磷拦截效果比较[J]. 土壤，41（6）：902-906.

王岩，王建国，李伟，等. 2010. 生态沟渠对农田排水中氮磷的去除机理初探[J]. 生态与农村环境学报，26（6）：586-590.

吴述园，葛继稳，苗文杰，等，2013. 三峡库区古夫河着生藻类叶绿素 a 的时空分布特征及其影响因素[J]. 生态学报，33（21）：

7023-7034.

吴晓辉, 李其军. 2010. 水动力条件对藻类影响的研究进展[J]. 生态环境学报, 19 (7): 1732-1738.

夏军, 翟晓燕, 张永勇. 2012. 水环境非点源污染模型研究进展[J]. 地理科学进展, 31 (7): 941-952.

徐爱兰. 2007. 太湖流域典型圩区农业非点源污染产污规律及模型研究[D]. 南京: 河海大学.

徐爱兰, 王鹏. 2008. 太湖流域典型圩区农田磷素随地表径流迁移特征[J]. 农业环境科学学报, 27 (3): 1106-1111.

杨林章, 冯彦房, 施卫明, 等. 2013. 我国农业面源污染治理技术研究进展[J]. 中国生态农业学报, 21 (1): 96-101.

俞映倞, 薛利红, 杨林章. 2011. 太湖地区稻麦轮作系统不同氮肥管理模式对麦季氮素利用与流失的影响研究[J]. 农业环境科学学报, 30 (12): 2475-2482.

曾远, 张永春, 范学平. 2007. 太湖流域典型平原河网区降雨径流氮磷流失特征分析[J]. 水资源保护, 23 (1): 25-27.

张继宗, 张维理, 雷秋良, 等. 2009. 太湖平原农田区域地表水特征及对氮磷流失的影响[J]. 生态环境学报, 18 (4): 1497-1503.

张毅敏, 张永春, 张龙江, 等. 2007. 湖泊水动力对蓝藻生长的影响[J]. 中国环境科学, 27 (5): 707-711.

章明奎, 王阳, 黄超. 2011. 水网平原地区不同种植类型农田氮磷流失特征[J]. 应用生态学报, 22 (12): 3211-3220.

赵广举, 田鹏, 穆兴民, 等. 2012. 基于PCRaster的流域非点源氮磷负荷估算[J]. 水科学进展, 23 (1): 80-86.

Allen R G, Pereira L S, Raes D, et al. 1998. Crop evapotranspiration-Guidelines for computing crop water requirements-FAO Irrigation and drainage paper 56[R]. Rome: FAO.

Cai J, Liu Y, Lei T, et al. 2007. Estimating reference evapotranspiration with the FAO Penman-Monteith equation using daily weather forecast messages[J]. Agricultural and Forest Meteorology, 145 (1-2): 22-35.

Daniel E B, Camp J V, LeBoeuf E J, et al. 2011. Watershed modeling and its applications: A state-of-the-art review[J]. Open Hydrology Journal, 5 (1): 26-50.

Huang J, Gao J, Zhang Y, et al. 2015. Modeling impacts of water transfers on alleviation of phytoplankton aggregation in Lake Taihu[J]. Journal of Hydroinformatics, 17 (1): 149-162.

Paerl H W, Huisman J. 2008. Blooms like it hot[J]. Science, 320 (5872): 57-58.

Piao S, Philippe C, Yao H, et al. 2010. The impacts of climate change on water resources and agriculture in China[J]. Nature, 467 (7311): 43-51.

Sharpley A N, Williams J R. 1990. EPIC-erosion/productivity impact calculator: 1. Model documentation[J]. Technical Bulletin-United States Department of Agriculture, 4 (4): 206-207.

Stone R. 2011. China aims to turn tide against toxic lake pollution[J]. Science, 333 (6047): 1210-1211.

Sun S, Chen H, Ju W, et al. 2013. Assessing the future hydrological cycle in the Xinjiang Basin, China, using a multi-model ensemble and SWAT model[J]. International Journal of Climatology, 34 (9): 2972-2987.

Tan X, Kong F X, Zhang M, et al. 2009. Recruitment of phytoplankton from winter sediment of Lake Taihu: A laboratory simulation[J]. Journal of Freshwater Ecology, 24 (2): 339-341.

Tu J. 2009. Combined impact of climate and land use changes on streamflow and water quality in eastern Massachusetts, USA[J]. Journal of Hydrology, 379 (3-4): 268-283.

Xu C H, Xu Y. 2012. The projection of temperature and precipitation over China under RCP scenarios using a CMIP5 multi-model ensemble[J]. Atmospheric and Oceanic Science Letters, 5 (6): 527-533.

Yan R, Huang J, Gao J, et al. 2015. Modeling the combined impact of future climate and land use changes on streamflow of Xinjiang Basin, China[J]. Hydrology research, 47 (2): 356-372.

Zhao R J. 1992. The Xinanjiang model applied in China[J]. Journal of Hydrology, 135 (1-4): 371-381.

第 3 章　湖泊型流域的生态服务功能

生态服务功能是湖泊型流域生态系统的主要属性之一，也是生态系统为人类社会发展所能提供的重要支撑。本章介绍了湖泊型生态服务功能的概念、类型、计算方法，以巢湖流域为案例说明湖泊型流域生态服务功能评价的过程；选择景观格局分析其对生态服务功能的影响，说明生态服务功能时空变化规律。

3.1　湖泊型流域生态服务功能的类型

随着全球生态环境退化，生态系统服务功能受到越来越多的关注，生态系统服务功能是指通过生态系统的结构、过程和功能，直接或间接提供生命支持的产品和服务，自然资产含有多种与其生态服务功能相应的价值（Costanza et al.，1997）。生态系统服务功能是衡量一个国家和地区能否实现可持续发展的核心指标，为评估人类活动、生产质量和绿色 GDP 提供科学依据，具有重要的现实意义和科学价值（蒋晶和田光进，2010；郑江坤等，2010）。随着经济的快速发展，我国生态环境有不断恶化的趋势，其主要原因在于：在环境与资源上，以土地为载体的生态（社会、经济、环境）价值，长期以来没有被人们充分认识，即使在市场经济条件下，人们也仅考虑环境与资源可实现的经济价值，很少顾及其潜在的社会价值与环境价值（张志明等，2015；Zhang et al.，2015；宗跃光等，2000），导致对生态环境的破坏，从而对生态系统服务功能造成明显的损害，威胁人们的安全与健康，危及社会经济的可持续发展。因此须研究生态系统服务的经济价值，并将其纳入国民经济核算体系，这样才能促进自然资源开发的合理决策，避免损害生态系统服务的短期经济行为，保护生态系统，最终有利于人类自身的可持续发展（曹顺爱等，2006）。

为了对这些价值进行评估，人们在全球范围内探索和研究不同的环境价值评估技术（谢高地等，2010，2008，2003；黄兴文和陈百明，1999；欧阳志云等，1999；Costanza et al.，1997；Daily，1997），通常人们用市场估值法和消费者支付意愿法来评估生态服务价值（谢高地等，2003）。Costanza 等（1997）系统地计算了全球生物圈的生态服务价值。Daily（1997）系统研究了生态系统服务的各个方面，并提出社会系统依赖于自然生态系统。Costanza 等（1997）将全球生态系统划分为 16 个类型，并将生态系统服务分为 17 个类型，即大气调节、气候调节、干扰调节、水文调节、供应水资源、侵蚀控制和沉积物保持、土壤形成、养分循环、废物处理、授粉、生物控制、庇护所、食物生产、原材料、基因资源、休闲娱乐、文化（表 3-1）。

表 3-1　Costanza 提出的生态系统服务类型划分

生态系统服务类型	生态系统服务功能	功能释义
大气调节	调节大气化学成分	CO_2 与 O_2 平衡，O_3 的紫外线防护
气候调节	调节全球温度、降水量及全球或地方性的由其他生物介导的气候过程	温室气体调节，影响云形成的颗粒物调节
干扰调节	生态系统的容量、抗干扰性和完整性对各种环境变化的反映	防御风暴、控制洪水、干旱恢复和其他生境对环境变化的反映
水文调节	调节水的流动	农业、工业过程或运输的水供应
供应水资源	储存和保持水分	流域、水库和地下含水层的水供应
侵蚀控制和沉积物保持	生态系统中的土壤保持	防止因风、径流和其他移动过程而使河流湖泊或湿地中的淤泥储积
土壤形成	土壤形成过程	岩石风化和有机物积累
养分循环	养分的储藏、循环及获取	氮的固定，氮、磷及一些元素或养分的循环
废物处理	流动养分的补充、取出或破坏次生养分和成分	废物处理，污染控制，解毒作用
授粉	授粉活动	为植物繁殖提供花粉
生物控制	种群的营养级动态调节	主要捕食者对被捕食种的控制，顶级捕食者对食草动物的控制
庇护所	永久居住者和暂时物种的栖息地	育婴室，迁徙物种的停留地，本地丰盛种的区域性栖息地，越冬场所
食物生产	第一生产力中可作为食物提取的部分	通过狩猎、采集、农业生产或捕捞而生产的水产、野味、庄稼、野果和水果
原材料	第一生产力可为食物提取部分特有生物材料和产品资源	木材、燃料或食料生产
基因资源	特有生物材料和产品资源	药品、材料产品、抗植物病原体和庄稼，以及害虫的基因、宠物及各种园艺植物
休闲娱乐	提供娱乐活动的机会	生态旅游、垂钓和其他户外活动
文化	提供非商业用途的机会	生态系统的美学、艺术及文教价值

资料来源：Costanza 等，1997。

　　欧阳志云等（1999）对我国陆地生态系统服务功能的价值进行了初步估算。谢高地等（2010）对中国的自然草地生态系统服务价值进行了研究与评估，并在 Costanza 提出的价值化方法的基础上制定了中国生态系统服务价值当量因子表（谢高地等，2003）。谢高地等（2010，2008，2003）根据中国民众和决策者对生态服务的理解状况，将生态服务重新划分为食物生产、原材料生产、气体调节、气候调节、水文调节、废物处理、保持土壤、维持生物多样性、提供美学景观共 9 项。其中，气候调节功能的价值中包括了 Costanza 评价体系中的干扰调节，保持土壤包括了 Costanza 评价体系中的土壤形成、养分循环、侵蚀控制和沉积物保持 3 项功能，维持生物多样性中包括了 Costanza 评价体系中的授粉、生物控制、庇护所、基因资源 4 项功能。因此，得到林地、草地、耕地、水域、居民工矿用地和未利用地 6 类生态系统的 9 类生态系统服务类型（表 3-2）。

表 3-2　生态服务类型划分

一级类型	二级类型	功能释义
供给服务	食物生产	将太阳能转化为使用的植物产品和动物产品
	原材料生产	将太阳能转化为生物能，为人类提供建筑材料或其他用途
调节服务	气体调节	生态系统维持大气化学组分平衡，吸收 SO_2、氟化物、氮氧化物
	气候调节	对区域气候的调节作用，如增加降水、降低气温
	水文调节	生态系统的淡水过滤、持留和储存功能以及供给淡水
	废物处理	植被和生物在多余养分和化合物去除分解中的作用，滞留灰尘
支持服务	保持土壤	有机质累积及植被根系物质和生物在土壤保持中的作用，养分循环和累积
	维持生物多样性	野生动物基因来源和进化、野生植物和动物栖息地
文化服务	提供美学景观	具有（潜在）娱乐用途、文化和艺术价值的景观

资料来源：谢高地等，2008。

3.2　湖泊型流域生态系统服务功能评估

生态系统能够提供直接或间接的产品和服务，如食物供给、气候调节和空气净化等。这种提供产品和服务的功能是人类和其他生物生存和发展的基础（Costanza et al.，1997）。然而，人类活动和气候变化引起的土地利用变化导致生态系统服务遭受改变、损毁或削弱等（Johnson et al.，2009；Vitousek et al.，1997）。随着人口的不断增长，预计到 2050 年底，全球的食物需求量将会翻番（Watanabe and Ortega，2014）。在此情景下，如果不能缓解土地利用变化对生态系统服务的影响，不断增加的土地生产压力，将会使生态系统服务供给与需求量之间的不平衡关系进一步加剧（Zhang et al.，2015）。

因此，人们开发了许多方法用于评估土地利用变化对生态系统服务的影响。自 20 世纪 90 年代开始，这些方法在多尺度上得到了广泛应用，如全球尺度（Lawler et al.，2014；Carreño et al.，2012；谢高地等，2008）、区域尺度（Zorrilla-Miras et al.，2014；Liu Y et al.，2012）和流域尺度（Zhang et al.，2015；Chen et al.，2014；王科明等，2011）等。在土地利用变化背景下，评估生态系统服务有助于决策者和相关利益方监测土地利用变化以及理解这种土地利用变化对社会需求产生的影响（Carreño et al.，2012）。结合土地利用数据，大量的研究集中在估算生态系统服务功能的变化上。例如，1984～2019 年土地利用变化导致小三江平原的生态系统服务功能减少了 290 亿元（Chen et al.，2014）。类似的结果也发生在欧洲海岸生态系统中，1975～2006 年，欧洲海岸生态系统服务功能减少了 3.2%（Roebeling et al.，2013）。1964～2004 年，德国莱比锡地区 11% 的土地利用变化导致 23% 的生态系统服务功能减少（Lautenbach et al.，2011）。上述研究有助于理解由土地利用变化引起的生态系统服务功能改变。然而，对土地利用变化如何影响生态系统服务的理解还有待加强。本书以巢湖流域为研究区，估算 1985～2007 年研究区的生态系统服务功能，评估土地利用变化对生态系统服务功能的影响，并通过绘制土地利用变化图为规划管理者和相关利益方决策提供服务。

3.2.1　研究区

巢湖流域位于中国东部地区，属于长江流域下游水系，总流域面积约为 $1.41 \times 10^8 hm^2$（Tang et al.，2014）。巢湖流域属于亚热带季风气候与暖温带季风气候的过渡区域（Jiang et al.，2014），年平均气温在 $15 \sim 16℃$，年平均降水量为 1100mm（Huang et al.，2013）。巢湖流域是中国东部地区人口密度较高的区域之一，2008 年人口密度达到 760 人/km²（Huang et al.，2013）。

3.2.2　资料收集

将 1985 年、1995 年、2000 年和 2007 年四期的 Landsat 影像作为数据源评估巢湖流域的土地利用变化。卫星影像数据分别选取巢湖流域 1985 年、1995 年和 2007 年三期无云 TM 影像和 2000 年 ETM 影像。此外，巢湖流域地形图和现状土地利用数据可作为卫星图像解译的辅助数据。利用 ERDAS IMAGING 8.7 遥感图像处理软件，以 1∶250000 国家基础地形数据库为基础，对上述四期卫星影像数据进行几何校正（误差不超过 0.5 个像元），建立四期土地利用数据库。然后使用 ArcGIS10.0 软件分析解译出土地利用矢量图（Liu et al.，2011）。

通过比较巢湖流域现状土地利用类型与《土地利用现状分类》（GB/T 21010—2017），将巢湖流域土地利用分为六类：耕地、林地、草地、水域、建设用地和未利用地（Liu Y et al.，2012）。通过遥感图像解译，获取了巢湖流域 1985 年、1995 年、2000 年和 2007 年四期土地利用图（图 3-1）。

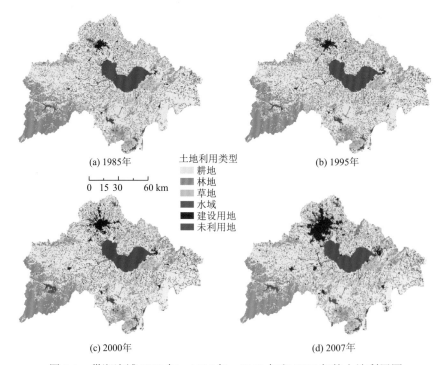

图 3-1　巢湖流域 1985 年、1995 年、2000 年和 2007 年的土地利用图

3.2.3　土地利用变化分析

土地利用变化分析是在 ArcGIS 软件中比较一定区域内不同时期土地利用类型的面积。ArcGIS 软件针对不同时间段（1985～1995 年、1995～2000 年、2000～2007 年和 1985～2007 年），可以计算出一定范围内每种土地利用损失或获得的总面积。通常使用土地利用动态指数（Hao et al.，2012）和土地利用动态度指数（Liu et al.，2010）这两个指数量化土地利用变化。这两个指数计算公式如下：

$$K = \frac{S_b - S_a}{S_a} \times \frac{1}{T} \times 100\%　　　　（3-1）$$

式中，K 为土地利用动态指数；S_a 和 S_b 分别为一定时间段内初始和最终的土地利用面积（hm^2）；T 为时间段长度（年）。例如，$T = 1$，计算出的 K 表示特定土地利用类型的年变化率。

$$D = \left(\sum_{i,j}^{N} \left(\frac{\Delta D_{i \to j}}{D_i} \right) \right) \times \frac{1}{T} \times 100\%　　　　（3-2）$$

式中，D 为土地利用动态度指数；D_i 为一定时间段内初始时刻土地利用类型 i 的面积（hm^2）；$\Delta D_{i \to j}$ 为一定时间段内土地利用类型 i 转变为土地利用类型 j 的总面积（hm^2）；N 为研究区土地利用类型数量。巢湖流域土地利用类型主要包括耕地、林地、草地、水域、建设用地和未利用地。

1985～2007 年，巢湖流域土地利用类型发生显著变化（图 3-1 和表 3-3）。此期间，林地、耕地、草地和水域都发生显著变化。其中，林地面积由 214906.0hm^2（占流域面积的 15.28%）增加到 303835.7hm^2（占流域面积的 21.61%），水域面积由 118731.5hm^2（占流域面积的 8.45%）增加到 144535.7hm^2（占流域面积的 10.29%），建设用地面积由 98784.4hm^2（占流域面积的 7.03%）增加到 112314.6hm^2（占流域面积的 7.99%）。此外，耕地面积由 914405.5hm^2（占流域面积的 65.05%）减少为 844560.9hm^2（占流域面积的 60.08%），草地面积由 58869.5hm^2（占流域面积的 4.19%）减少为 451.8hm^2（占流域面积的 0.03%）。未利用地面积较小，约为 35hm^2，其间变化较小。

表 3-3　1985～2007 年巢湖流域土地利用变化

土地利用	土地利用类型面积占比/%				K/%				D/%			
	1985 年	1995 年	2000 年	2007 年	T_1	T_2	T_3	T_4	T_1	T_2	T_3	T_4
耕地	65.05	64.35	64.51	60.08	−0.10	0.04	−0.86	−0.33				
林地	15.28	15.28	15.16	21.61	0.00	−0.13	5.32	1.80				
草地	4.19	4.19	4.15	0.03	0.01	−0.18	−12.40	−4.31	4.29	0.96	21.85	8.83
水域	8.45	8.49	8.22	10.29	0.04	−0.53	3.14	0.94				
建设用地	7.03	7.69	7.96	7.99	0.85	0.59	0.05	0.60				
未利用地	0	0	0	0	−0.53	1.63	−1.38	−0.23				

注：K 为式（3-1）中的土地利用动态指数；D 为式（3-2）中的土地利用动态度指数；T_1 为时间 1985～1995 年，T_2 为时间 1995～2000 年，T_3 为时间 2000～2007 年，T_4 为时间 1985～2007 年。

从巢湖流域土地利用动态指数可以看出，1985～2007 年，巢湖流域林地、水域和建设用地的 K 值为正值；耕地、草地和未利用地的 K 值为负值。说明在此期间巢湖流域林地、水域和建设用地的面积是增加的，而耕地、草地和未利用地的面积是减少的，这一结果与上述分析一致。1985～2007 年，巢湖流域草地是变化最剧烈的土地利用类型，$|K|$ 最大，其面积由占流域面积的 4.19% 减少为 0.03%；接下来依次为林地、水域、建设用地、耕地和未利用地。尽管未利用地也存在一定程度的变化，但是其总面积很小，可以认为它不是影响巢湖流域生态系统服务功能变化的主要土地利用类型。另外，2000～2007 年，巢湖流域土地利用动态度指数最高（$D = 21.85$），这就意味着这一时期土地利用变化最为剧烈，主要是因为这一时期内，大量的草地转变为林地或是耕地。

3.2.4　生态系统服务价值估算

20 世纪 70 年代以来，很多方法被用于估算生态系统服务价值。其中比较有代表性的是 Costanza 等在 1997 年提出的效益转移法。该方法将全球生态系统划分为 16 种类型和 17 种生态系统服务功能，并成功估算出每种生态系统类型的生态系统服务价值。尽管在评估生态系统服务价值上还存在争议，但是该方法仍然是一种在全球范围内得到认可的方法（Wilson and Howarth，2002；Heal，2000）。国内学者谢高地等在 Costanza 等给出的评价模型基础上，结合中国实际，在 2002 年、2007 年先后对国内 700 位生态学学者进行问卷调查，得到新的生态系统服务评估单价体系（谢高地等，2008）。另外，根据谢高地等对生态系统服务价值的区域修正系数（安徽省为 1.17；谢高地等，2005），制定了巢湖流域不同土地利用类型单位面积生态系统服务价值当量因子表（表 3-4）。

表 3-4　巢湖流域不同土地利用类型单位面积生态系统服务价值（单位：元/hm²）

一级类型	二级类型	耕地	林地	草地	水域	未利用地	建设用地
调节服务	气体调节	378.3	2269.9	788.2	268.0	0	0
	气候调节	509.7	2138.6	819.7	1082.4	0	0
	水文调节	404.6	2149.0	798.7	9862.6	36.8	0
	废物处理	730.4	903.8	693.6	7802.9	136.6	0
支持服务	保持土壤	772.4	2112.3	1177.0	215.4	89.3	0
	维持生物多样性	536.0	2369.8	982.6	1802.3	210.2	0
供给服务	食物生产	525.4	173.4	225.9	278.5	10.5	0
	原材料生产	204.9	1565.8	189.2	183.9	0	0
文化服务	提供美学景观	89.3	1092.9	457.1	2333.0	126.1	0
	合计	4151.0	14775.5	6132.0	23829.0	609.5	0

在制定巢湖流域不同土地利用类型生态系统服务价值当量因子表之后，根据下列公式计算各土地利用类型的服务价值、各服务功能类型的价值、生态系统服务总价值（Chen et al.，2014；王友生等，2012；Liu Y et al.，2012，2011；Li et al.，2011；Li et al.，2010；郑江坤等，2010）。

$$\mathrm{ESV_{LU}} = \sum_f (A_k \times \mathrm{VC}_{kf}) \tag{3-3}$$

$$\mathrm{ESV_{SF}} = \sum_k (A_k \times \mathrm{VC}_{kf}) \tag{3-4}$$

$$\mathrm{ESV_T} = \sum_k \sum_f (A_k \times \mathrm{VC}_{kf}) \tag{3-5}$$

式中，$\mathrm{ESV_{LU}}$、$\mathrm{ESV_{SF}}$ 和 $\mathrm{ESV_T}$ 分别为土地利用类型 k 的服务价值、服务功能类型 f 的价值和总的服务价值（元）；A_k 为土地利用类型 k 的面积（hm^2）；VC_{kf} 为土地利用类型 k 服务功能类型 f 的单位面积服务价值（元/hm^2）。

采用敏感性系数检验生态系统服务价值当量因子变化对生态系统服务价值变化的影响（Kreuter et al.，2001），公式如下：

$$\mathrm{CSY} = \frac{(\mathrm{ESV}_j - \mathrm{ESV}_i)/\mathrm{ESV}_i}{(\mathrm{VC}_{jk} - \mathrm{VC}_{ik})/\mathrm{VC}_{ik}} \tag{3-6}$$

式中，CSY 为敏感性系数；ESV 为生态系统服务价值；VC 为生态系统服务价值当量因子；i 和 j 分别为初始生态系统服务价值和调整后生态系统服务价值；k 为土地利用类型。$\mathrm{CSY} > 1$，表示该生态系统服务价值是有弹性的，而 $\mathrm{CSY} < 1$，表示该生态系统服务价值是没有弹性的，生态服务功能价值计算结果是可靠的（Liu E F et al.，2012；Wang et al.，2006）。

生态系统服务价值变化率可以用于评价某一时期内生态系统服务价值变化的程度（Chen et al.，2014）。生态系统服务价值变化率如下式所示：

$$\theta_{\mathrm{ni-nj}} = \left\{ \left(\frac{\mathrm{ESV_{nj}}}{\mathrm{ESV_{ni}}} \right)^{1/(\mathrm{nj-ni})} - 1 \right\} \times 100 \qquad \mathrm{nj} > \mathrm{ni} \tag{3-7}$$

式中，$\theta_{\mathrm{ni-nj}}$ 为某一时期内生态系统服务价值变化率；$\mathrm{ESV_{ni}}$ 为第 ni 年生态系统服务价值，其中，ni 为 1985 年、1995 年、2000 年和 2010 年，nj 为 1995 年、2000 年、2010 年，且 nj＞ni，100 为调整系数。较高的 $|\theta|$ 值表示某一时期生态系统服务功能价值变化率较高，$\theta > 0$ 表示某一时期生态系统服务功能价值是增加的，反之亦然。

1. 生态系统服务价值变化

根据巢湖流域不同土地利用类型生态系统服务价值当量因子（表 3-4）和土地利用类型及其面积，可以计算出 1985 年、1995 年、2000 年和 2007 年四个时期的生态系统服务价值，包括每种土地利用类型的生态系统服务价值和总的生态系统服务价值。结果显示，巢湖流域 1985 年、1995 年、2000 年和 2007 年四个时期的生态系统服务价值总量分别为 101.7 亿元、101.3 亿元、100.2 亿元和 114.43 亿元（表 3-5）。在 1985～2007 年，巢湖流域生态系统服务价值总量增加了约 12.52%（12.73 亿元），主要是由该期林地和水域面积的增加引起的。林地和水域具有较高的生态系统服务价值当量因子（表 3-4）。由于耕地面积占流域总面积的比例超过 60%，其贡献了超过 35% 的生态系统服务价值。尽管草地的生态系统服务价值当量因子与耕地的比较接近，但由于草地面积较小，其对生态系统服务价值总量的贡献很小。因此，巢湖流域林地、耕地和水域累积贡献了超过 95% 的生态系统服务价值，是主要的生态系统服务价值提供者。1985～2007 年，巢湖流域生态系统服务价值变化率为 0.54。由此可知，在此期间，巢湖流域生态系统服务价值是增加的。具体来看，林地的生态系统服务价值变化率为 1.58，主要是林地面积由 1985 年的 214906.0hm^2 增加到 2007 年的 303835.7hm^2；草地的生态系统服务价值变化率为–19.56，主要是草地面积由 1985 年的 58869.5hm^2 减少到 2007 年的 451.8hm^2。

表 3-5　巢湖流域 1985 年、1995 年、2000 年和 2007 年四个时期的生态系统服务价值及其变化

年份	项目	耕地	林地	草地	水域	未利用地	总计
1985 年	ESV/亿元	38.0	31.8	3.6	28.3	0.0	101.7
	占比/%	37.36	31.27	3.54	27.83	0.00	100.00
1995 年	ESV/亿元	37.6	31.7	3.6	28.4	0.0	101.3
	占比/%	37.12	31.29	3.55	28.04	0.00	100.00
2000 年	ESV/亿元	37.6	31.5	3.6	27.5	0.0	100.2
	占比/%	37.52	31.44	3.59	27.45	0.00	100.00
2007 年	ESV/亿元	35.1	44.9	0.03	34.4	0.0	114.43
	占比/%	30.67	39.24	0.03	30.06	0.00	100.00
T_1		–0.11	–0.03	0.01	0.04	–0.55	–0.04
T_2	θ/%	0.05	–0.13	–0.22	–0.64	1.87	–0.22
T_3		–0.98	5.19	–49.54	3.25	–1.20	1.92
T_4		–0.36	1.58	–19.56	0.89	–0.23	0.54

注：θ 为式（3-7）中的生态系统服务价值变化率。

巢湖流域生态系统服务功能各个类型的价值可以通过式（3-4）估算（表 3-6）。巢湖流域生态系统服务功能各个类型的价值对总价值的贡献存在明显的差异。一方面，1985～2007 年，除了食物生产外，其他生态系统服务功能价值对总价值的贡献都有增加的趋势。总的来说，生态系统服务功能各个类型的价值对总价值的贡献由高到低的顺序为水文调节＞废物处理＞维持生物多样性＞保持土壤＞气候调节＞气体调节＞提供美学景观＞原材料生产＞食物生产。其中，水文调节的价值对总价值的贡献最高，超过 20%；食物生产的价值对总价值的贡献最低，为 4.71%。另一方面，1985～2007 年，除了食物生产外，其他生态系统服务功能价值的变化率都是正值，这就意味着，除了食物生产外，其他生态系统服务功能价值都是增加的。可以看出，生态系统服务功能价值的变化率与生态系统服务功能价值对总价值的贡献具有很好的一致性。某种程度而言，生态系统服务功能价值的变化率可以用于评价生态系统服务功能价值对总价值的贡献。

表 3-6　巢湖流域生态系统服务功能各个类型的价值

年份	项目	调节服务				支持服务		供给服务		文化服务	总计
		GAS	CLI	WAT	WAS	SOL	BIO	FOO	RAW	REC	
1985 年	ESV/亿元	9.12	11.02	20.54	18.34	12.52	12.73	5.61	5.61	6.21	101.7
	占比/%	8.97	10.84	20.2	18.03	12.3	12.51	5.52	5.52	6.11	100
1995 年	ESV/亿元	9.06	10.96	20.42	18.23	12.45	12.64	5.88	5.48	6.18	101.3
	占比/%	8.94	10.82	20.16	17.99	12.29	12.49	5.8	5.41	6.1	100

续表

| 年份 | 项目 | 调节服务 | | | | 支持服务 | | 供给服务 | | 文化服务 | 总计 |
		GAS	CLI	WAT	WAS	SOL	BIO	FOO	RAW	REC	
2000 年	ESV/亿元	9.04	10.9	19.95	17.98	12.57	12.57	5.7	5.5	5.99	100.2
	占比/%	9.02	10.88	19.89	17.95	12.55	12.55	5.69	5.49	5.98	100
2007 年	ESV/亿元	10.48	12.38	24.16	20.17	13.28	14.29	5.39	6.79	7.49	114.43
	占比/%	9.16	10.82	21.12	17.62	11.61	12.48	4.71	5.93	6.55	100
趋势		↑	↑	↑	↑	↑	↑	↓	↑	↑	↑
T_1		−0.07	−0.05	−0.06	−0.06	−0.06	−0.07	0.47	−0.23	−0.05	−0.04
T_2	θ/%	−0.04	−0.11	−0.46	−0.28	0.19	−0.11	−0.62	0.07	−0.62	−0.22
T_3		2.13	1.84	2.77	1.66	0.79	1.85	−0.8	3.06	3.24	1.92
T_4		0.63	0.53	0.74	0.43	0.27	0.53	−0.18	0.87	0.86	0.54

注：GAS 为气体调节；CLI 为气候调节；WAT 为水文调节；WAS 为废物处理；SOL 为保持土壤；BIO 为维持生物多样性；FOO 为食物生产；RAW 为原材料生产；REC 为提供美学景观。箭头"↑"为增加的趋势，"↓"为减少的趋势。

2. 生态系统服务价值空间分布

以集水区为基本空间单元，分析巢湖流域生态系统服务价值的空间变化。采用 90m 分辨率的 SRTM DEM 数据划分巢湖流域集水区，具体划分方法参考 Gao 等（2011）。巢湖流域共划分出 982 个集水区，每个集水区的面积约为 1400hm²。不同时期巢湖流域单位面积生态系统服务价值分布具有空间一致性（图 3-2）。巢湖流域单位面积生态系统服务价值高（>20000 元/hm²）的地区主要分布在流域中部，这里有巢湖大面积水域，其单位面积生态系统服务功能最高。巢湖流域单位面积生态系统服务价值在 15000～20000 元/hm² 的区域主要分布在西部和南部湖库区，该区域分布有黄陂湖、枫沙湖、丝竹湖、龙河口水库、董铺水库、大房郢水库等湖泊和水库。巢湖流域单位面积生态系统服务价值在 10000～15000 元/hm² 的区域主要分布在西南部和南部山丘区，该区域森林覆盖率很高。巢湖流域单位面积生态系统服务价值在 5000～10000 元/hm² 的区域主要分布在流域东部和南部，该区域主要土地利用类型为林地和耕地。巢湖流域单位面积生态系统服务价值在 2000～5000 元/hm² 的区域主要分布在北部和西北部，南部地区也有分布。这类地区土地利用类型主要为耕地。巢湖流域单位面积生态系统服务价值低于 2000 元/hm² 的区域中建设用地比例较高，如巢湖流域北部的合肥市等区域。总的来说，1985～2007 年，巢湖流域单位面积生态系统服务价值在 5000～15000 元/hm² 的分布面积有所增加，特别是生态系统服务价值在 5000～10000 元/hm² 的区域，主要是因为该时期内水域和林地的面积在增加。

巢湖流域不同时期生态系统服务价值变化具有明显的空间差异（图 3-3）。1985～2007 年，巢湖流域生态系统服务价值增加的区域主要分布在西北部和西南部的巢湖环湖带附近。1985～1995 年，巢湖流域生态系统服务价值变化较小，大部分区域生态系统服务价值增加或保持不变（图 3-3 和图 3-4），超过 44%的区域生态系统服务价值有

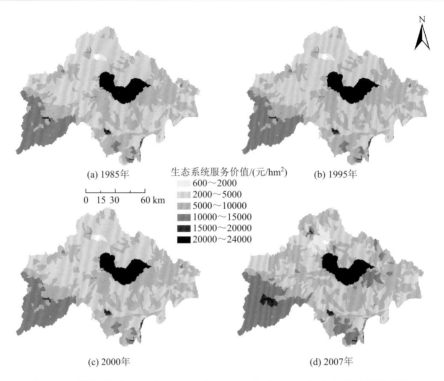

图 3-2　巢湖流域 1985 年、1995 年、2000 年和 2007 年生态系统服务价值

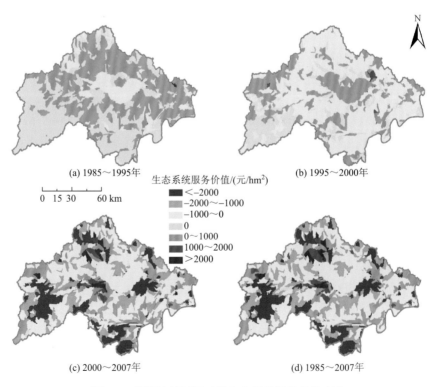

图 3-3　巢湖流域不同时期生态系统服务价值变化

所增加，超过 42%的区域生态系统服务价值保持不变，只有 13.36%的区域生态系统服务价值减少（图 3-4）。1995～2007 年，巢湖流域生态系统服务价值变化较强烈，尤其是 2000～2007 年。该时间段内，巢湖流域生态系统服务价值减少的区域超过了 80%（图 3-4）。巢湖流域不同时期内生态系统服务价值减少的区域占总流域面积的比例分别为 13.36%（1985～1995 年）、57.06%（1995～2000 年）、80.65%（2000～2007 年）、81.87%（1985～2007 年）。1985～2007 年，巢湖流域生态系统服务价值由 101.7 亿元增加到 114.43 亿元，主要原因可能是高生态系统服务价值当量的土地利用类型水域和林地面积的增加（表 3-3）。

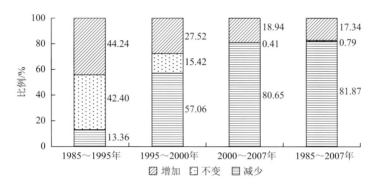

图 3-4　巢湖流域不同时期生态系统服务价值变化比例

3. 生态系统服务价值敏感性分析

将巢湖流域生态系统服务价值当量增加或减少 50%，分析其变化对生态系统服务价值的影响（表 3-7）。巢湖流域生态系统服务价值敏感性系数小于 1，说明巢湖流域生态系统服务价值相对于生态系统服务价值当量变化（增加或减少 50%）无弹性。巢湖流域耕地、林地和水域生态系统服务价值敏感性系数相对较高。例如，巢湖流域耕地和林地生态系统服务价值敏感性系数超过 0.3，主要是因为它们在流域内具有最大的面积分布（表 3-3）。尽管水域面积较小，其生态系统服务价值敏感性系数相对较高（0.28），主要是因为其具有最高的生态系统服务价值当量（表 3-4）。草地和未利用地的生态系统服务价值敏感性系数较低（<0.05），主要是因为它们在流域内具有很小的面积分布（表 3-3）。巢湖流域林地生态系统服务价值敏感性系数从 1985 年的 0.31 增加到 2007 年的 0.39；水域生态系统服务价值敏感性系数从 1985 年的 0.28 增加到 2007 年的 0.30；耕地生态系统服务价值敏感性系数从 1985 年的 0.37 减小到 2007 年的 0.31；草地生态系统服务价值敏感性系数从 1985 年的 0.04 减小到 2007 年的 0.00；未利用地生态系统服务价值敏感性系数始终都很低（0.00）。总的来说，敏感性分析结果显示，尽管生态系统服务价值当量存在一定的不确定性，但巢湖流域生态系统服务价值估算结果具有鲁棒性。

表 3-7　巢湖流域生态系统服务功能敏感性分析

变化率	1985 年		1995 年		2000 年		2007 年	
	服务功能变化率/%	CSY	服务功能变化率/%	CSY	服务功能变化率/%	CSY	服务功能变化率/%	CSY
耕地±50%	±18.68	±0.37	±18.53	+0.37	+18.78	+0.38	±15.31	±0.31
林地±50%	±15.62	±0.31	±15.66	±0.31	±15.71	±0.31	±19.61	±0.39
草地±50%	±1.78	±0.04	±1.78	±0.04	±1.78	±0.04	±0.01	±0.00
水域±50%	±13.92	±0.28	±14.03	±0.28	±13.73	±0.27	±15.04	±0.30
未利用地±50%	±0.00	±0.00	±0.00	±0.00	±0.00	±0.00	±0.00	±0.00

基于土地利用空间数据及其生态系统服务价值当量，量化巢湖流域生态系统服务价值及其空间分布特征。1985～2007 年，巢湖流域生态系统服务价值由 101.7 亿元增加到 114.43 亿元，巢湖流域生态系统服务价值总量增加了 12.73 亿元。这种增加很大程度上归因于流域林地和水域面积的增加，林地和水域生态系统服务价值增加量分别为 13.1 亿元和 6.1 亿元。其中，林地生态系统服务价值所占的比例由 1985 年的 31.27%增加到 2007 年的 39.24%，水域生态系统服务价值所占的比例由 1985 年的 27.83%增加到 2007 年的 30.06%。林地和水域生态系统服务价值总量占到流域价值总量的约 69.30%，说明林地和水域两种土地利用类型在巢湖生态系统服务功能中发挥着主导作用。

巢湖流域生态系统服务价值最高的区域分布在流域的中部湖体区，其次是西南部、南部、东部和北部地区。1985～2007 年，巢湖流域生态系统服务价值增加的区域主要分布在西北部和西南部的巢湖环湖带附近。2000～2007 年，巢湖流域生态系统服务价值减少的区域超过了 80%。巢湖流域生态系统服务价值增加的区域逐渐减少，1985～1995 年为 44.24%，1995～2000 年为 27.52%，2000～2007 年为 18.94%。人口的增加以及开放的经济政策引起了巢湖流域土地利用类型的变化，从而导致 1985～2007 年巢湖流域生态系统服务价值增加的区域逐渐减少。合理的土地利用规划应该更加注重对林地、水域和耕地等高生态系统服务价值当量的土地利用类型的保护，以维持将来经济发展与生态系统健康之间的平衡。

3.3　景观格局对服务功能的影响

人类活动已经导致全球范围内生物栖息地的破碎化（Mitchell et al.，2015；Rodríguez-Loinaz et al.，2015；Burkhard et al.，2012；Foley et al.，2005），栖息地的破碎化又会引起栖息地斑块的孤立并改变其自然生态过程（Mitchell et al.，2013；Fahrig，2003；Joly et al.，2003）。景观格局的这种变化影响了物质交换和能量流动，从而减弱了生态系统服务功能的提供能力（MA，2005），主要原因在于生态系统服务功能在一定程度上与景观内的生态流有关（Mitchell et al.，2014；Le Maitre et al.，2007；Tscharntke et al.，2005）。生态流主要取决于景观格局。景观格局（主要包括组成、结构和连通性）是保护生物多样性和维持生态系统稳定性、整体性的关键因素之一，也对生态系统服务功能起到重要作用（Palomo et al.，2014；Syrbe and Walz，2012；Bianchi et al.，2010；Brosi et al.，2008；Taylor et al.，1993）。景观格局的变化可能会引起生态系统服务功能的增加或减少（Mitchell et al.，2013）。然而，对不同的生态系统服务功能是如何响应景观格局的理解还不全面（Mitchell et al.，2013；Syrbe and Walz，2012；Carpenter et al.，2006），尤其是在不同斑块尺度情况下，对这一问题需要开发适宜模型，以便为景观管理规划和决策提供支持。

目前，人们对景观格局的变化及其对生态系统的影响已经开展了大量的研究（Mitchell et al.，2015；Palomo et al.，2014；Roces-Díaz et al.，2014；Jones et al.，2013；Syrbe and Walz，2012；Nassauer and Opdam，2008；Sun et al.，2007），大部分研究关注土地利用变化的环境和生态响应（Palomo et al.，2014；Mitchell et al.，2013；Foley et al.，2005）。景观格局变化对生态系统的影响是复杂的，并且其与研究区域的尺度有关（Carpenter et al.，2006）。例如，由自然或人为因素引起的多重生态系统服务功能同步减少，导致生态系统退化。许多方法被用于研究缓解生态系统退化以维持多重生态系统服务功能，如维持和恢复多尺度景观中关键栖息地斑块（Jones et al.，2013；Erös et al.，2011；Opdam et al.，2006）。此外，还应该强调对景观格局与多重生态系统服务功能之间的关系分析。遥感、图论和网络分析等方法和技术逐渐被用于上述研究之中（Gallardo et al.，2014；Syrbe and Walz，2012；Sagarin and Pauchard，2010；Nassauer and Opdam，2008；Saura and Pascual-Hortal，2007；Spens et al.，2007；Bunn et al.，2000），以期揭示景观格局与多重生态系统服务功能之间的关系。

大尺度的空间数据及其相应的生态系统服务功能评估模型使得在较大空间范围内揭示景观格局与多重生态系统服务功能之间的关系成为可能。景观格局特征已经在全球范围内的不同尺度上得以表征和描绘（Liu et al.，2014；Zimmermann et al.，2010；Neel et al.，2004；Luck and Wu，2002）。借助相应的空间分析工具，利用大量的土地利用数据，能够量化不同尺度上的景观格局特征（McGarigal et al.，2012；Saura and Torné，2009）。此外，相关研究评估了生态过程及其服务对土地利用/土地覆被变化的响应关系（Lawler et al.，2014；Carreño et al.，2012；Hu et al.，2008）。然而，景观格局变化及其与景观过程和生态系统服务功能关系的研究有待进一步加强（Jones et al.，2013）。有些研究关注了不同生态系统服务功能对景观格局的响应，如授粉、种植传播以及害虫防治等功能（Hadley and Betts，2012；Margosian et al.，2009；Nathan et al.，2008）。这些研究通常集中在景观格局与一种或两种单个生态系统服务功能之间的关系上，较少关注景观格局与多重生态系统服务功能之间的关系（Mitchell et al.，2013）。

3.3.1　资料收集

如 3.2.2 节所述，使用 2007 年 Landsat 影像作为数据源评估巢湖流域景观格局空间变化特征。卫星影像数据选取巢湖流域 2007 年无云 TM 影像。此外，巢湖流域地形图和现状土地利用数据可作为卫星图像解译的辅助数据。利用 ERDAS IMAGING 8.7 遥感图像处理软件，以 1∶250000 国家基础地形数据库为基础，对上述卫星影像数据进行几何校正（误差不超过 0.5 个像元），建立土地利用数据库。然后使用 ArcGIS10.0 软件分析解译出的土地利用矢量图。土地利用分类如 3.2.2 节中所述。将巢湖流域土地利用分为六类：耕地、林地、草地、水域、建设用地和未利用地。通过遥感图像解译，获取了巢湖流域 2007 年的土地利用图（图 3-1）。

3.3.2 景观格局指数分析

1. 景观格局指数的选择

近几十年来，众多研究者提出了大量的景观格局指数，用于分析景观组成及其结构（Hargis et al.，1998；Tinker et al.，1998；McGarigal and Marks，1995；Riitters et al.，1995）。有研究者极力推崇某些特定的景观格局指数，因为这些景观格局指数能够有效地说明其生态过程（Liu et al.，2014；Hepcan，2013；McGarigal et al.，2012；Su et al.，2012，2011；Ribeiro and Lovett，2009；Leitão and Ahern，2002）。景观格局指数的选取一般遵循四个基本原则（Su et al.，2014b，2012；Ribeiro and Lovett，2009）：①全面且易解释；②低冗余；③可比性；④能够反映景观格局特征。

基于以上四个原则，结合巢湖流域现实状况，共选取 16 个景观格局指数。这 16 个指数分别为：斑块数量（number of patch，NP）、斑块密度（patch density，PD）、最大斑块指数（largest patch index，LPI）、景观分割度（landscape division index，DIVISION）、分离度指数（splitting index，SPLIT）、景观多度（patch richness，PR）、景观多度密度（patch richness density，PRD）、蔓延度指数（contagion index，CONTAG）、聚集度指数（aggregation index，AI）、香农多样性指数（Shannon's diversity index，SHDI）、Simpson 多样性指数（Simpson's diversity index，SIDI）、景观形状指数（landscape shape index，LSI）、景观面积（total landscape area，TA）、总边缘长度（total edge，TE）、边缘密度（edge density，ED）、连接性指数（connectance index，CONNECT）。其中，连接性指数用于计算景观连通性。景观连通性是相同类型斑块之间的功能连接的数量，两斑块之间连接与否取决于用户自定义的距离标准（McGarigal et al.，2012）。这个标准可以是欧几里得距离，也可以是功能距离。此处定义为欧几里得距离，并将该距离设定为 100m、200m、400m、800m、1000m、2000m、4000m、8000m 八个梯度，以分析距离梯度对景观连通性的影响。

2. 景观格局指数的计算

将巢湖流域土地利用数据转换为 30m 的栅格数据，借助 Fragstats 软件（V4.1）计算景观格局指数，并进一步分析其景观格局的变化特征（McGarigal et al.，2012）。土地利用矢量数据在 Fragstats 软件中转化为栅格数据，计算每个集水区的景观格局指数。集水区作为巢湖流域景观格局指数和生态系统服务价值计算的基本空间单元，是在 ArcGIS10.0 中利用水文分析模块，对 90m 空间分辨率的 SRTM DEM 数据进行分析获得的（Gao et al.，2011）。通常认为该类集水区内具有相似的生态系统和环境资源，可作为水生态功能分区的基本空间单元（Su S L et al.，2012）。巢湖流域共划分出 982 个集水区，平均面积约 14.4 万 hm^2。

人类活动能够导致景观斑块数量的增加和栖息地面积的减少。通过斑块面积和数量可以分析景观破碎化程度，其能够影响景观格局指数的计算结果。因此，将巢湖流域的集水区按照面积大小划分为四个类型（Liu et al., 2014）：小斑块（面积≤100hm²）、中斑块（100hm²＜面积≤1000hm²）、大斑块（1000hm²＜面积≤2000hm²）、巨大斑块（面积＞2000hm²）。此种面积类型划分可以分析不同面积类型对景观格局指数的影响。

由于许多景观格局指数通常具有相关性，使用主成分分析（principal component analysis，PCA）将上述景观格局指数归为几个不相关的并且能够解释原始数据大部分变化的组分（Tinker et al., 1998）。分析景观格局指数与生态系统服务价值（包括总价值和9类二级服务价值）的相关关系；借助相关矩阵，利用主成分分析区分景观格局指数与斑块尺寸之间的空间异质性。此外，采用 One-Way 方差分析检验不同斑块尺寸下景观格局指数的差异。相关分析、主成分分析和方差分析都在 SPSS 20.0 软件下完成（SPSS Inc.，Chicago，IL）。

巢湖流域的景观格局指数可以使用主成分分析获得主成分表示，并将其用于多元回归分析中。多元回归分析旨在探索生态系统服务价值与景观格局指数主成分之间的相互关系。在这个回归模型中，多重生态系统服务价值作为因变量，景观格局指数主成分作为自变量。在回归分析之前，将所有指标进行标准化（Z-score）。使用空间计量软件 GeoDa（V1.6.6）进行多元回归分析，该软件通常被用于计算权重矩阵、分析空间自相关及回归（Su et al.，2014a；Anselin et al.，2006）。构建 Rook 邻近权重矩阵检验多重生态系统服务价值之间的空间自相关。基于空间自相关诊断结果，选取经典线性回归模型、空间滞后模型和空间误差模型（LeSage and Pace，2009）。上述分析分别在两个数据集上进行，首先是全流域数据集，其次是四个不同面积类型的数据。

3. 景观格局指数的特征

巢湖流域大部分景观格局指数随着斑块面积的增大而增大，包括斑块数量（NP）、分离度指数（SPLIT）、景观分割度（DIVISION）、景观多度（PR）、景观面积（TA）、总边缘长度（TE）、景观形状指数（LSI）、Simpson 多样性指数（SIDI）和香农多样性指数（SHDI）[图 3-5（a）、（b）和（d）]。部分指数随斑块面积的增大而减小，如斑块密度（PD）、最大斑块指数（LPI）、边缘密度（ED）、景观多度密度（PRD）和聚集度指数（AI）[图 3-5（a）～（c）]。此外，从小斑块到中斑块，蔓延度指数（CONTAG）是增大的，而从中斑块到巨大斑块，蔓延度指数基本保持不变 [图 3-5（e）]。相比之下，随着距离梯度由小变大（从100m 增加到1000m），连接性指数（CONNECT）随着斑块面积的增大是减小的；在2000m、4000m 和8000m 距离上，随着斑块面积的增大，连接性指数（CONNECT）呈现抛物线的变化特征，在中斑块达到最大值 [图 3-5（f）]。除 Simpson 多样性指数（SIDI）和香农多样性指数（SHDI）外，景观格局指数在四个斑块面积类型之间存在显著的差异（$P<0.05$），说明斑块面积对景观格局指数存在显著的影响（图 3-5）。

主成分分析结果显示，前五个主成分累积贡献率84.4%（表 3-8）。第一主成分（PC1）与香农多样性指数（SHDI）、Simpson 多样性指数（SIDI）、景观分割度（DIVISION）、分离度指数（SPLIT）和边缘密度（ED）显著正相关，与最大斑块指数（LPI）显著负相关，这类指数可代表多样性指数。第二主成分与斑块数量（NP）、总边缘长度（TE）和景观形状指数（LSI）显著正相关，与聚集度指数（AI）显著负相关，这类指数可代表破碎化指

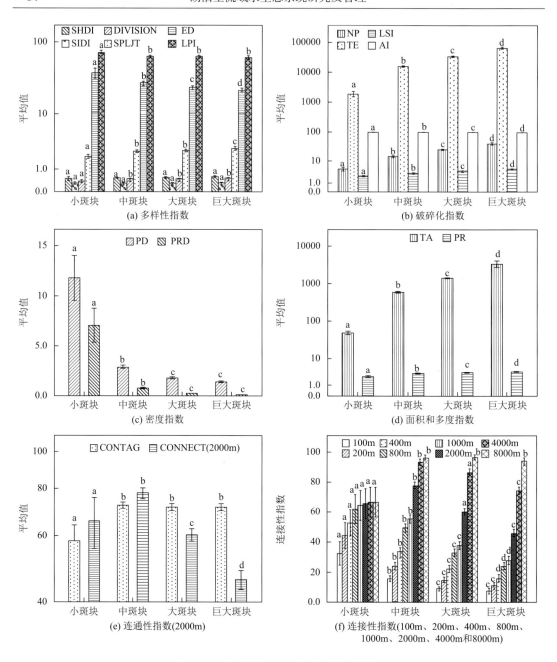

图 3-5　不同面积大小下的景观格局指数

TA、TE、ED 和 PRD 的单位为 hm^2、m、m/hm^2 和每百公顷数量，PD、LPI、CONTAG、CONNECT 和 AI 单位为%，其他
景观指数无单位；a、b、c、d 为差异显著性标记，相同字母表示无显著差异，不同字母表示 $P<0.05$ 水平下差异显著

数。第三主成分与斑块密度（PD）和景观多度密度（PRD）显著正相关，这类指数可代
表密度指数。第四主成分与景观面积（TA）和景观多度（PR）显著正相关，这类指数可
代表面积和多度指数。第五主成分与蔓延度指数（CONTAG）和连接性指数（CONNECT）
显著正相关，这类指数可代表连通性指数。

表 3-8　巢湖流域景观格局指数主成分载荷

指数	主成分				
	PC1	PC2	PC3	PC4	PC5
①SHDI	**0.92**	0.07	0.08	0.29	−0.05
①SIDI	**0.92**	0.01	0.09	0.26	−0.11
①DIVISION	**0.87**	0.33	−0.02	−0.19	0.00
①SPLIT	**0.72**	0.40	−0.06	−0.28	−0.13
①ED	**0.61**	0.25	0.50	−0.25	0.13
①LPI	**−0.86**	−0.30	0.04	0.22	0.05
②NP	0.07	**0.90**	−0.03	0.25	0.04
②TE	0.20	**0.89**	−0.14	0.23	−0.05
②LSI	0.40	**0.88**	−0.08	0.03	0.03
②AI	−0.33	**−0.84**	0.08	0.01	−0.02
③PD	0.07	−0.09	**0.95**	−0.11	0.01
③PRD	−0.04	−0.18	**0.91**	0.01	−0.12
④TA	−0.12	0.31	−0.10	**0.63**	−0.06
④PR	0.48	0.27	−0.11	**0.58**	0.44
⑤CONTAG	−0.36	0.06	−0.07	0.06	**0.85**
⑤CONNECT	0.37	−0.50	−0.01	−0.24	**0.53**
特征值	6.37	3.14	1.72	1.27	1.02
累积贡献率/%	39.78	59.39	70.11	78.05	84.4

注：黑色加粗数字代表各类主成分的高载荷指数。①为多样性指数，②为破碎化指数，③为密度指数，④为面积和多度指数，⑤为连通性指数。

3.3.3　生态系统服务价值估算

如 3.2.4 节所述，根据巢湖流域不同土地利用类型生态系统服务价值当量因子（表 3-4）和土地利用类型及其面积（图 3-1），可以计算出 2007 年生态系统服务价值，其中包括每种土地利用类型的生态系统服务价值和总的生态系统服务价值。结果显示，巢湖流域 2007 年生态系统服务价值总量为 114.43 亿元（表 3-5）。生态系统服务价值总量高的地区位于流域中部和西南部，这部分地区以水域和林地为主要土地利用类型，生态系统服务价值总量低的地区位于流域北部，分布较多的城镇，如合肥市、肥东县和肥西县等。

根据巢湖流域不同土地利用类型生态系统服务价值当量因子（表 3-4）和土地利用类型及其面积（图 3-1），分别计算巢湖流域 4 类 9 种生态系统服务价值（图 3-6）。结果显示，巢湖流域 2007 年生态系统服务价值中，调节服务占据主导，占生态系统服务价值总量的 58.8%；其次为支持服务、供给服务和文化服务，分别占生态系统服务价值总量的 24.1%、10.6% 和 6.5%［图 3-7（a）］。此外，巢湖流域 2007 年生态系统服务价值中水文调节价值最高，占生态系统服务价值总量的 21.2%［图 3-7（b）］，其次为废物处理（17.7%）、维持生物多样性（12.5%）、保持土壤（11.6%）、气候调节（10.8%）、气体调节（9.2%）、提供美学景观（6.5%）、原材料生产（5.9%）和食物生产（4.7%）。

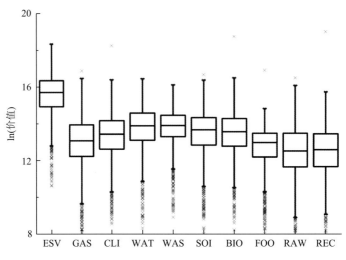

图 3-6　巢湖流域 2007 年生态系统服务价值箱式图

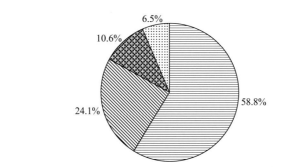

(a) 巢湖流域一级生态系统服务价值比例

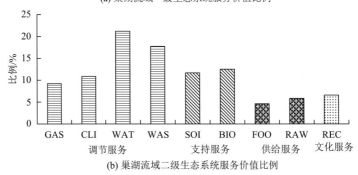

(b) 巢湖流域二级生态系统服务价值比例

图 3-7　巢湖流域 2007 年不同类型生态服务价值比例

巢湖流域 2007 年多重生态系统服务价值中除气候调节外，其他生态服务价值的 Moran's *I*

指数高度显著（$P = 0.001$，表 3-9）。结果表明，巢湖流域 2007 年多重生态系统服务价值存在空间自相关。相似的结果也出现在中斑块和大斑块集水区中。相反，小斑块中的全部生态系统服务价值和巨大斑块中的大部分生态系统服务价值的 Moran's I 指数不显著（$P>0.01$，表 3-9），表明此种情况下，巢湖流域 2007 年生态系统服务价值不存在空间自相关。基于 Anselin 等（2006）提出的空间回归决策过程，采用经典线性回归模型、空间滞后模型和空间误差模型分析多重生态系统服务价值与景观格局指数的前五个主成分之间的相关关系。

表 3-9　巢湖流域不同斑块面积下生态系统服务价值空间自相关

变量		Moran's I	推断次数	P
全流域斑块	TESV	−0.061	999	0.001
	GAS	0.394	999	0.001
	CLI	−0.019	999	0.046
	WAT	−0.037	999	0.001
	WAS	−0.039	999	0.001
	SOI	0.316	999	0.001
	BIO	−0.052	999	0.001
	FOO	−0.143	999	0.001
	RAW	0.416	999	0.001
	REC	−0.043	999	0.001
小斑块	TESV	0.001	999	0.491
	GAS	−0.013	999	0.132
	CLI	−0.006	999	0.142
	WAT	0.005	999	0.294
	WAS	0.005	999	0.251
	SOI	−0.008	999	0.143
	BIO	−0.003	999	0.232
	FOO	0.001	999	0.473
	RAW	−0.015	999	0.152
	REC	0.003	999	0.401
中斑块	TESV	0.202	999	0.001
	GAS	0.338	999	0.001
	CLI	0.277	999	0.001
	WAT	0.254	999	0.001
	WAS	0.179	999	0.001
	SOI	0.232	999	0.001
	BIO	0.270	999	0.001
	FOO	0.077	999	0.059

变量		Moran's I	推断次数	P
中斑块	RAW	0.356	999	0.001
	REC	0.304	999	0.001
大斑块	TESV	0.540	999	0.001
	GAS	0.673	999	0.001
	CLI	0.648	999	0.001
	WAT	0.340	999	0.001
	WAS	0.207	999	0.004
	SOI	0.612	999	0.001
	BIO	0.639	999	0.001
	FOO	0.360	999	0.001
	RAW	0.680	999	0.001
	REC	0.550	999	0.001
巨大斑块	TESV	−0.014	999	0.153
	GAS	0.540	999	0.001
	CLI	0.049	999	0.062
	WAT	−0.013	999	0.036
	WAS	−0.012	999	0.034
	SOI	0.489	999	0.001
	BIO	0.009	999	0.214
	FOO	0.012	999	0.216
	RAW	0.556	999	0.001
	REC	−0.012	999	0.142

注：TESV 为生态系统服务价值总量。推断次数为 999 次，显著性水平 $P = 0.001$。

3.3.4　景观格局指数与生态系统服务价值的关系

除蔓延度指数（CONTAG）外，所有景观格局指数都与绝大部分生态系统服务价值显著相关，其中，蔓延度指数（CONTAG）只与水文调节（WAT）、食物生产（FOO）和提供美学景观（REC）显著相关（表 3-10）。大部分的景观格局指数与生态系统服务价值总量显著正相关（$P<0.01$），如景观面积（TA）、斑块数量（NP）、总边缘长度（TE）、景观形状指数（LSI）、景观分割度（DIVISION）、分离度指数（SPLIT）、景观多度（PR）、香农多样性指数（SHDI）和 Simpson 多样性指数（SIDI）。另外，斑块密度（PD）、边缘密度（ED）、最大斑块指数（LPI）、连接性指数（CONNECT）、景观多度密度（PRD）和聚集度指数（AI）与生态系统服务价值总量显著负相关（$P<0.01$）。与景观格局指数与生态系统服务价值总量类似，景观格局指数与多重生态系统服务价值之间也存在显著的相关关

系（表 3-10）。虽然有些相关关系比较低，如最大斑块指数（LPI）与维持生物多样性（BIO）之间相关性 $r = -0.10$，$P < 0.01$，以及最大斑块指数（LPI）与气体调节（GAS）之间相关性 $r = -0.07$，$P < 0.05$。但是它们之间从统计角度看仍然具有显著相关关系，主要是因为分析样品的数量较大（$n = 982$）。

表 3-10　景观格局指数与生态系统服务价值的关系（斯皮尔曼相关，$n = 982$）

指数	调节服务				支持服务		供给服务		文化服务	总价值
	GAS	CLI	WAT	WAS	SOI	BIO	FOO	RAW	REC	
SHDI	0.17**	0.17**	0.26**	0.18**	0.10**	0.18**	0.04	0.19**	0.30**	0.19**
SIDI	0.14**	0.14**	0.24**	0.15**	0.07*	0.16**	−0.01	0.16**	0.28**	0.16**
DIVISION	0.07*	0.09**	0.21**	0.21**	0.05	0.10**	0.14**	0.07*	0.19**	0.13**
SPLIT	0.07*	0.09**	0.21**	0.21**	0.05	0.10**	0.14**	0.07*	0.19**	0.13**
ED	−0.32**	−0.31**	−0.18**	−0.13**	−0.32**	−0.30**	−0.13**	−0.32**	−0.22**	−0.27**
LPI	−0.07*	−0.08*	−0.20**	−0.19**	−0.04	−0.10**	−0.11**	−0.07*	−0.19**	−0.12**
NP	0.37**	0.40**	0.41**	0.59**	0.44**	0.40**	0.76**	0.36**	0.34**	0.43**
TE	0.61**	0.65**	0.67**	0.78**	0.67**	0.65**	0.83**	0.60**	0.61**	0.68**
LSI	0.35**	0.39**	0.47**	0.60**	0.40**	0.40**	0.63**	0.35**	0.41**	0.44**
AI	−0.34**	−0.37**	−0.45**	−0.56**	−0.38**	−0.38**	−0.59**	−0.33**	−0.38**	−0.41**
PD	−0.70**	−0.70**	−0.62**	−0.53**	−0.68**	−0.70**	−0.42**	−0.70**	−0.65**	−0.68**
PRD	−0.79**	−0.82**	−0.77**	−0.84**	−0.85**	−0.82**	−0.85**	−0.77**	−0.73**	−0.84**
TA	0.84**	0.87**	0.81**	0.89**	0.893*	0.87**	0.90**	0.82**	0.78**	0.88**
PR	0.47**	0.46**	0.40**	0.40**	0.44**	0.46**	0.42**	0.48**	0.44**	0.44**
CONTAG	−0.01	−0.02	−0.15**	−0.05	0.05	−0.04	0.15**	−0.02	−0.17**	−0.06
CONNECT[a]	−0.37**	−0.40**	−0.38**	−0.49**	−0.43**	−0.40**	−0.58**	−0.35**	−0.33**	−0.42**

注：**显著性水平为 0.01（2-tailed），*显著性水平为 0.05（2-tailed）。a 为距离阈值为 2000m。

通过分析巢湖流域生态系统服务价值与景观格局指数主成分之间的关系（表 3-11），可以得出，在所有景观（982 个集水区）中，气体调节和原材料生产与景观格局指数的前四个主成分显著相关，而其他 8 类生态系统服务价值（包括生态系统服务价值总量）与前五个主成分显著相关；保持土壤功能与景观格局指数的前五个主成分显著负相关。研究发现，景观格局密度指数（PD 和 PRD；PC3）以及面积和多度指数（TA 和 PR；PC4）与大部分生态系统服务价值（气体调节、气候调节、保持土壤、维持生物多样性、原材料生产）之间呈现相同的显著负相关关系。这种相关关系在一定程度上是矛盾的，因为相关性分析显示，密度指数与生态系统服务价值显著负相关，而面积和多度指数与生态系统服务价值显著正相关（表 3-10）。此外，生态系统服务价值总量、水文调节、废物处理和提供美学景观与景观格局指数五个主成分显著正相关也说明了类似的问题（表 3-11）。

表 3-11　巢湖流域生态系统服务价值与景观格局指数主成分多元回归分析

变量	斑块尺寸（n）	Z-score 标准化回归系数	P	模型
气体调节（GAS）	小斑块（87）	$0.16 \times PC1$	0.001	a
	中斑块（356）	$4.86 \times PC1 - 4.94 \times PC3 - 0.25 \times PC4 + 0.76 \times PC5$	0.001	c
	大斑块（317）	$-153.07 \times PC2 - 151.99 \times PC3 - 5.80 \times PC4 + 2.77 \times PC5$	0.001	c
	巨大斑块（222）	$-234.57 \times PC1 - 792.83 \times PC2 - 548.92 \times PC3 - 15.36 \times PC4 - 13.34 \times PC5$	0.001	b
	全部（982）	$-0.828 \times PC1 - 43.67 \times PC2 - 34.74 \times PC3 - 1.04 \times PC4$	0.006	c
气候调节（CLI）	小斑块（87）	$-0.15 \times PC2$	0.001	a
	中斑块（356）	$32.54 \times PC1 + 33.46 \times PC2 + 4.04 \times PC5$	0.001	c
	大斑块（317）	$-73.65 \times PC2 - 73.12 \times PC3 - 2.49 \times PC4 + 1.61 \times PC5$	0.001	c
	巨大斑块（222）	$-206.21 \times PC2 - 204.58 \times PC3 - 4.79 \times PC4$	0.001	b
	全部（982）	$13.97 \times PC1 - 20.04 \times PC2 - 34.14 \times PC3 - 1.29 \times PC4 + 2.15 \times PC5$	0.001	a
水文调节（WAT）	小斑块（87）	$0.07 \times PC3$	0.001	a
	中斑块（356）	$2.45 \times PC1 - 2.48 \times PC3 - 0.17 \times PC4 + 0.36 \times PC5$	0.001	c
	大斑块（317）	$-18.25 \times PC2 - 18.12 \times PC3 - 0.89 \times PC4 + 0.47 \times PC5$	0.001	c
	巨大斑块（222）	$161.49 \times PC1 + 371.29 \times PC2 + 204.86 \times PC3 + 8.00 \times PC4 + 8.23 \times PC5$	0.001	a
	全部（982）	$53.33 \times PC1 + 84.37 \times PC2 + 29.53 \times PC3 + 1.36 \times PC4 + 3.64 \times PC5$	0.001	b
废物处理（WAS）	小斑块（87）	$0.07 \times PC3$	0.001	a
	中斑块（356）	$-3.56 \times PC2 - 3.52 \times PC3 - 0.20 \times PC4 + 1.5 \times PC5$	0.006	b
	大斑块（317）	$3.83 \times PC1 - 3.87 \times PC3 - 0.28 \times PC4 + 0.50 \times PC5$	0.003	a
	巨大斑块（222）	$167.44 \times PC1 + 408.35 \times PC2 + 235.62 \times PC3 + 8.93 \times PC4 - + 8.50 \times PC5$	0.001	a
	全部（982）	$51.98 \times PC1 + 87.53 \times PC2 + 34.06 \times PC3 + 1.55 \times PC4 + 3.49 \times PC5$	0.001	b
保持土壤（SOI）	小斑块（87）	$-0.38 \times PC2 + 0.2 \times PC4 + 1.16 \times PC5$	0.02	a
	中斑块（356）	$23.77 \times PC1 + 24.41 \times PC2 + 3.72 \times PC5$	0.001	c
	大斑块（317）	$-110.24 \times PC2 - 109.42 \times PC3 - 4.03 \times PC4 + 2.53 \times PC5$	0.001	c
	巨大斑块（222）	$-302.79 \times PC1 - 887.81 \times PC2 - 574.07 \times PC3 - 17.54 \times PC4 - 15.91 \times PC5$	0.001	b
	全部（982）	$-68.21 \times PC1 - 167.85 \times PC2 - 97.22 \times PC3 - 3.35 \times PC4 - 2.94 \times PC5$	0.001	b
维持生物多样性（BIO）	小斑块（87）	$-0.17 \times PC2$	0.001	a
	中斑块（356）	$9.54 \times PC1 - 9.72 \times PC3 - 0.43 \times PC4 + 1.42 \times PC5$	0.001	c
	大斑块（317）	$-54.90 \times PC2 - 54.50 \times PC3 - 2.27 \times PC4 + 1.26 \times PC5$	0.001	c
	巨大斑块（222）	$47.32 \times PC1 - 47.93 \times PC3 + 2.43 \times PC5$	0.001	a
	全部（982）	$28.49 \times PC1 + 16.08 \times PC2 - 13.03 \times PC3 - 0.39 \times PC4 + 2.73 \times PC5$	0.012	b
食物生产（FOO）	小斑块（87）	$-0.45 \times PC2 + 0.25 \times PC4 + 1.50 \times PC5$	0.009	a
	中斑块（356）	$-14.20 \times PC1 + 14.62 \times PC3 + 1.05 \times PC4 - 0.43 \times PC5$	0.020	a
	大斑块（317）	$-28.69 \times PC1 + 29.29 \times PC3 + 1.47 \times PC4 - 1.54 \times PC5$	0.001	b
	巨大斑块（222）	$169.60 \times PC2 + 168.52 \times PC3 + 5.55 \times PC4$	0.001	a
	全部（982）	$-26.53 \times PC1 + 27.14 \times PC2 + 1.25 \times PC3 - 15.36 \times PC4 - 1.20 \times PC5$	0.001	b

续表

变量	斑块尺寸（n）	Z-score 标准化回归系数	P	模型
原材料生产（RAW）	小斑块（87）	$0.14 \times PC1$	0.01	a
	中斑块（356）	$34.07 \times PC1 + 35.05 \times PC2 + 4.09 \times PC5$	0.001	c
	大斑块（317）	$-161.05 \times PC2 - 159.93 \times PC3 - 6.13 \times PC4 + 2.81 \times PC5$	0.001	c
	巨大斑块（222）	$-222.76 \times PC1 - 774.70 \times PC2 - 542.89 \times PC3 - 14.91 \times PC4 - 12.94 \times PC5$	0.001	b
	全部（982）	$-6.66 \times PC1 - 41.38 \times PC2 - 34.13 \times PC3 - 0.93 \times PC4$	0.015	c
提供美学景观（REC）	小斑块（87）	$0.07 \times PC3$	0.001	a
	中斑块（356）	$4.86 \times PC1 - 4.95 \times PC3 - 0.28 \times PC4 + 0.65 \times PC5$	0.001	c
	大斑块（317）	$-31.03 \times PC2 - 30.82 \times PC3 - 1.41 \times PC4 + 0.72 \times PC5$	0.001	c
	巨大斑块（222）	$135.90 \times PC1 + 274.60 \times PC2 + 134.90 \times PC3 + 5.73 \times PC4 + 7.04 \times PC5$	0.001	a
	全部（982）	$50.64 \times PC1 + 72.23 \times PC2 + 19.22 \times PC3 + 0.93 \times PC4 + 3.63 \times PC5$	0.001	b
生态系统服务价值总量（TESV）	小斑块（87）	$-0.10 \times PC2$	0.001	a
	中斑块（356）	$4.86 \times PC1 - 4.94 \times PC3 - 0.25 \times PC4 + 0.76 \times PC5$	0.001	c
	大斑块（317）	$-0.003 \times PC2 - 0.006 \times PC3 - 0.004 \times PC4 + 0.001 \times PC5$	0.001	c
	巨大斑块（222）	$108.86 \times PC1 + 211.08 \times PC2 + 99.28 \times PC3 + 4.41 \times PC4 + 5.79 \times PC5$	0.001	a
	全部（982）	$42.66 \times PC1 + 57.84 \times PC2 + 14.04 \times PC3 + 0.72 \times PC4 + 3.22 \times PC5$	0.001	b

注：n 表示斑块数量；模型中，字母 a 代表经典线性回归模型，b 代表空间滞后模型，c 代表空间误差模型。

斑块的尺寸对巢湖流域生态系统服务价值与其景观格局指数五个主成分之间的关系存在显著影响（表 3-11）。对小斑块景观而言，除保持土壤和食物生产以外，其他生态系统服务价值只与一个主成分显著相关，且五类生态系统服务价值（生态系统服务价值总量、气候调节、保持土壤、维持生物多样性和食物生产）与 PC2 显著负相关。对中斑块景观而言，大部分生态系统服务价值与 PC1、PC3、PC4 和 PC5 显著相关。对大斑块景观而言，大部分生态系统服务价值与 PC2、PC3、PC4 和 PC5 显著相关。对巨大斑块景观而言，大部分生态系统服务价值与 PC1、PC3 和 PC5 显著相关。总的来说，在小斑块景观中，生态系统服务价值随着破碎化指数（NP、TE、LSI、AI）的增大而降低，密度指数（PD 和 PRD）和连通性指数（CONTAG 和 CONNECT）对其他三类大小的斑块的生态系统服务价值具有显著影响。

参 考 文 献

曹顺爱，吴次芳，余万军. 2006. 土地生态服务价值评价及其在土地利用布局中的应用——以杭州市萧山区为例[J]. 水土保持学报，20（2）：197-200.

黄兴文，陈百明. 1999. 中国生态资产区划的理论与应用[J]. 生态学报，19（5）：602-606.

蒋晶，田光进. 2010. 1988 年至 2005 年北京生态服务价值对土地利用变化的响应[J]. 资源科学，32（7）：1407-1416.

欧阳志云，王效科，苗鸿. 1999. 中国陆地生态系统服务功能及其生态经济价值的初步研究[J]. 生态学报，19（5）：607-613.

王科明，石惠春，周伟，等. 2011. 干旱地区土地利用结构变化与生态服务价值的关系研究[J]. 中国人口·资源与环境，21（3）：124-128.

王友生，余新晓，贺康宁，等. 2012. 基于土地利用变化的怀柔水库流域生态服务价值研究[J]. 农业工程学报，28（5）：246-251.

谢高地，鲁春霞，冷允法，等. 2003. 青藏高原生态资产的价值评估[J]. 自然资源学报，18（2）：189-196.

谢高地，肖玉，甄霖，等. 2005. 我国粮食生产的生态服务价值研究[J]. 中国生态农业学报，13（3）：10-13.

谢高地，张钇锂，鲁春霞，等. 2010. 中国自然草地生态系统服务价值[J]. 自然资源学报，16（1）：47-53.

谢高地，甄霖，鲁春霞，等. 2008. 一个基于专家知识的生态系统服务价值化方法[J]. 自然资源学报，23（5）：911-919.

张志明，高俊峰，闫人华. 2015. 基于水生态功能区的巢湖环湖带生态服务功能评价[J]. 长江流域资源与环境，24（7）：1110-1118.

郑江坤，余新晓，贾国栋，等. 2010. 密云水库集水区基于 LUCC 的生态服务价值动态演变[J]. 农业工程学报. 26（9）：315-320.

宗跃光，陈红春，郭瑞华，等. 2000. 地域生态系统服务功能的价值结构分析——以宁夏灵武市为例[J]. 地理研究，19（2）：148-155.

Anselin L，Syabri I，Kho Y. 2006. GeoDa：An introduction to spatial data analysis[J]. Geographical Analysis，38（1）：5-22.

Bianchi F J J A，Schellhorn N A，Buckley Y M，et al. 2010. Spatial variability in ecosystem services：Simple rules for predator-mediated pest suppression[J]. Ecological Applications，20（8）：2322-2333.

Brosi B J，Armsworth P R，Daily G C. 2008. Optimal design of agricultural landscapes for pollination services[J]. Conservation Letters，1（1）：27-36.

Bunn A G，Urban D L，Keitt T H. 2000. Landscape connectivity：A conservation application of graph theory[J]. Journal of Environmental Management，59（4）：265-278.

Burkhard B，Kroll F，Nedkov S，et al. 2012. Mapping ecosystem service supply，demand and budgets[J]. Ecological Indicators，21：17-29.

Carpenter S R，DeFries R，Dietz T，et al. 2006. Millennium ecosystem assessment：Research needs[J]. Science，314（5797）：257-258.

Carreño L，Frank F C，Viglizzo E F. 2012. Tradeoffs between economic and ecosystem services in Argentina during 50 years of land-use change[J]. Agriculture Ecosystems & Environment，154：68-77.

Chen J，Sun B M，Chen D，et al. 2014. Land use changes and their effects on the value of ecosystem services in the small Sanjiang Plain in China[J]. Scientific World Journal，2014，3：1-7.

Costanza R，d'Arge R，de Groot R，et al. 1997. The value of the world's ecosystem services and natural capital[J]. Nature，387：253-260.

Daily G C. 1997. Nature's Service：Societal Dependence on Natural Ecosystems[M]. Washington DC：Island Press.

Erös T，Schmera D，Schick R S. 2011. Network thinking in riverscape conservation：A graph-based approach[J]. Biological Conservation，144（1）：184-192.

Fahrig L. 2003. Effects of habitat fragmentation on biodiversity[J]. Annual Review of Ecology Evolution and Systematics，34：487-515.

Foley J A，DeFries R，Asner G P，et al. 2005. Global consequences of land use[J]. Science，309（5734）：570-574.

Frank S，Fürs C，Koschke L，et al. 2012. A contribution towards a transfer of the ecosystem service concept to landscape planning using landscape metrics[J]. Ecological Indicators，21：30-38.

Gallardo B，Dolédec S，Paillex A，et al. 2014. Response of benthic macroinvertebrates to gradients in hydrological connectivity：A comparison of temperate，subtropical，Mediterranean and semiarid river floodplains[J]. Freshwater Biology，59（3）：630-648.

Gao Y N，Gao J F，Chen J F，et al. 2011. Regionalizing aquatic ecosystems based on the river subbasin taxonomy concept and spatial clustering techniques[J]. International Journal of Environmental Research and Public Health，8（11）：4367-4385.

Hadley A S，Betts M G. 2012. The effects of landscape fragmentation on pollination dynamics：Absence of evidence not evidence of absence[J]. Biological Reviews，87（3）：526-544.

Hao F H，Lai X H，Ouyang W，et al. 2012. Effects of land use changes on the ecosystem service values of a reclamation farm in Northeast China[J]. Environmental Management，50（5）：888-899.

Hargis C D，Bissonette J A，David J L. 1998. The behavior of landscape metrics commonly used in the study of habitat fragmentation[J]. Landscape Ecology，13：167-186.

Heal G. 2000. Valuing ecosystem services[J]. Ecosystems，3（1）：24-30.

Hepcan C C. 2013. Quantifying landscape pattern and connectivity in a Mediterranean coastal settlement：The case of the Urla district，Turkey[J]. Environmental Monitoring and Assessment，185（1）：143-155.

Hu H B，Liu W J，Cao M. 2008. Impact of land use and land cover changes on ecosystem services in Menglun，Xishuangbanna，Southwest China[J]. Environmental Monitoring and Assessment，146（1-3）：147-156.

Huang J，Zhan J Y，Yan H M，et al. 2013. Evaluation of the impacts of land use on water quality：A case study in the Chaohu Lake Basin[J]. Scientific World Journal，2013：1-7.

Jiang T T，Huo S L，Xi B D，et al. 2014. The influences of land-use changes on the absorbed nitrogen and phosphorus loadings in the drainage basin of Lake Chaohu，China[J]. Environmental Earth Sciences，71（9）：4165-4176.

Johnson A C，Acreman M C，Dunbar M J，et al. 2009. The British river of the future：How climate change and human activity might affect two contrasting river ecosystems in England[J]. Science of the Total Environment，407（17）：4787-4798.

Joly P，Morand C，Cohas A. 2003. Habitat fragmentation and amphibian conservation：building a tool for assessing landscape matrix connectivity[J]. Comptes Rendus Biologies，326：S132-S139.

Jones K B，Zurlini G，Kienast F，et al. 2013. Informing landscape planning and design for sustaining ecosystem services from existing spatial patterns and knowledge[J]. Landscape Ecology，28（6）：1175-1192.

Koschke L，Fürst C，Frank S，et al. 2012. A multi-criteria approach for an integrated land-cover-based assessment of ecosystem services provision to support landscape planning[J]. Ecological Indicators，21：54-66.

Kozak K，Lant C，Shaikh S，et al. 2011. The geography of ecosystem service value：the case of the Des Plaines and Cache River wetlands，Illinois[J]. Applied Geography，31（1）：303-311.

Kreuter U P，Harris H G，Matlock M D，et al. 2001. Change in ecosystem service values in the San Antonio area，Texas[J]. Ecological Economics，39（3）：333-346.

Lautenbach S，Kugel C，Lausch A，et al. 2011. Analysis of historic changes in regional ecosystem service provisioning using land use data[J]. Ecological Indicators，11（2）：676-687.

Lawler J J，Lewis D J，Nelson E，et al. 2014. Projected land-use change impacts on ecosystem services in the United States[J]. Proceedings of the National Academy of Sciences of the United States of America，111（20）：7492-7497.

Le Maitre D C，Milton S J，Jarmain C. et al. 2007. Linking ecosystem services and water resources：Landscape-scale hydrology of the Little Karoo[J]. Frontiers in Ecology and the Environment，5（5）：261-270.

Leitão A B，Ahern J. 2002. Applying landscape ecological concepts and metrics in sustainable landscape planning[J]. Landscape and Urban Planning，59（2）：65-93.

LeSage J，Pace R K. 2009. Introduction to Spatial Econometrics[M]. London：Taylor & Francis Press.

Li M S，Zhu Z，Vogelmann J E，et al. 2011. Characterizing fragmentation of the collective forests in southern China from multitemporal Landsat imagery：a case study from Kecheng district of Zhejiang province[J]. Applied Geography，31（3）：1026-1035.

Li T H，Li W K，Qian Z H. 2010. Variations in ecosystem service value in response to land use changes in Shenzhen[J]. Ecological Economics，69（7）：1427-1435.

Liu E F，Shen J，Yang X D，et al. 2012. Spatial distribution and human contamination quantification of trace metals and phosphorus in the sediments of Chaohu Lake，a eutrophic shallow lake，China[J]. Environmental Monitoring and Assessment，184（4）：2105-2118.

Liu J Y，Zhang Z X，Xu X L，et al. 2010. Spatial patterns and driving forces of land use change in China during the early 21st century[J]. Journal of Geographical Sciences，20（4）：483-494.

Liu S L，Dong Y H，Deng L，et al. 2014. Forest fragmentation and landscape connectivity change associated with road network extension and city expansion：A case study in the Lancang River Valley[J]. Ecological Indicators，36：160-168.

Liu Y，Li J C，Zhang H. 2012. An ecosystem service valuation of land use change in Taiyuan City，China[J]. Ecological Modelling，225：127-132.

Liu Y G，Zeng X X，Xu L，et al. 2011. Impacts of land-use change on ecosystem service value in Changsha，China[J]. Journal of Central South University of Technology，18（2）：420-428.

Luck M，Wu J G. 2002. A gradient analysis of urban landscape pattern：A case study from the Phoenix metropolitan region，Arizona，USA[J]. Landscape Ecology，17（4）：327-339.

MA(Millennium Ecosystem Assessment). 2005. Ecosystem and Human Well-being[M]. Washington DC：Island Press.

Margosian M L，Garrett K A，Hutchinson J M S，et al. 2009. Connectivity of the American agricultural landscape：Assessing the national risk of crop pest and disease spread[J]. Bioscience，59（2）：141-151.

McGarigal K，Cushman S A，Ene E. 2012. FRAGSTATS v4：Spatial Pattern Analysis Program for Categorical and Continuous Maps. FRAGSTATS software(version 4.1)Computer software program produced by the authors at the University of Massachusetts，Amherst[EB/OL].（2012-07-20）[2017-08-30]. http://www.umass.edu/landeco/research/fragstats/fragstats.html.

McGarigal K，Marks B. 1995. FRAGSTATS：Spatial pattern analysis program for quantifying landscape structure[R]. USDA Forest Service，General Technical Report PNW-GTR-351，Pacific Northwest Research Station，Portland，Oregon.

Mitchell M G E，Bennett E M，Gonzalez A. 2013. Linking landscape connectivity and ecosystem service provision：Current knowledge and research gaps[J]. Ecosystems，16（5）：894-908.

Mitchell M G E，Bennett E M，Gonzalez A. 2014. Agricultural landscape structure affects arthropod diversity and arthropod-derived ecosystem services[J]. Agriculture Ecosystems & Environment，192：144-151.

Mitchell M G E，Suarez-Castro A F，Martinez-Harms M，et al. 2015. Reframing landscape fragmentation's effects on ecosystem services[J]. Trends in Ecology & Evolution，30（4）：190-198.

Nagendra H. 2002. Opposite trends in response for the Shannon and Simpson indices of landscape diversity[J]. Applied Geogrphy，22（2）：175-186

Nassauer J I，Opdam P. 2008. Design in science：Extending the landscape ecology paradigm[J]. Landscape Ecology，23：633-644.

Nathan R，Schurr F M，Spiegel O，et al. 2008. Mechanisms of long-distance seed dispersal[J]. Trends in Ecology & Evolution，23（11）：638-647.

Neel M C，McGarigal K，Cushman S A. 2004. Behavior of class-level landscape metrics across gradients of class aggregation and area[J]. Landscape Ecology，19（4）：435-455.

Opdam P，Steingröver E，van Rooij S. 2006. Ecological networks：A spatial concept for multi-actor planning of sustainable landscapes[J]. Landscape and Urban Planning，75（3-4）：322-332.

Palomo I，Martín-López B，Alcorlo P，et al. 2014. Limitations of protected areas zoning in Mediterranean cultural landscapes under the ecosystem services approach[J]. Ecosystems，17（7）：1202-1215.

Qi Z F，Ye X Y，Zhang H，et al. 2014. Land fragmentation and variation of ecosystem services in the context of rapid urbanization：The case of Taizhou city，China[J]. Stochastic Environmental Research and Risk Assessment，28（4）：843-855.

Ribeiro S C，Lovett A. 2009. Associations between forest characteristics and socio-economic development：A case study from Portugal[J]. Journal of Environmental Management，90（9）：2873-2881.

Riitters K H，O'Neill R V，Hunsaker C T，et al. 1995. A factor analysis of landscape pattern and structure metrics[J]. Landscape Ecology，10（1）：23-39.

Roces-Díaz J V，Díaz-Varela E R，Álvarez-Álvarez P. 2014. Analysis of spatial scales for ecosystem services：Application of the lacunarity concept at landscape level in Galicia(NW Spain)[J]. Ecological Indicators，36：495-507.

Rodríguez-Loinaz G，Alday J G，Onaindia M. 2015. Multiple ecosystem services landscape index：A tool for multifunctional landscapes conservation[J]. Journal of Environmental Management，147：152-163.

Roebeling P，Costa L，Magalhães-Filho L，et al. 2013. Ecosystem service value losses from coastal erosion in Europe：Historical trends and future projections[J]. Journal of Coastal Conservation，17（3）：389-395.

Sagarin R，Pauchard A. 2010. Observational approaches in ecology open new ground in a changing world[J]. Frontiers in Ecology and the Environment，8（7）：379-386.

Saura S，Pascual-Hortal L. 2007. A new habitat availability index to integrate connectivity in landscape conservation planning：Comparison with existing indices and application to a case study[J]. Landscape and Urban Planning，83（2-3）：91-103.

Saura S，Torné J. 2009. Conefor Sensinode 2.2：A software package for quantifying the importance of habitat patches for landscape connectivity[J]. Environmental Modelling & Software，24（1）：135-139.

Sawut M，Eziz M，Tiyip T. 2013. The effects of land-use change on ecosystem service value of desert oasis：A case study in

Ugan-Kuqa River Delta Oasis，China[J]. Canadian Journal of Soil Science，93（1）：99-108.

Shrestha M K，York A M，Boone C G，et al. 2012. Land fragmentation due to rapid urbanization in the Phoenix Metropolitan Area：Analyzing the spatiotemporal patterns and drivers[J]. Applied Geography，32（2）：522-531.

Shrestha R P，Schmidt-Vogt D，Gnanavelrajah N. 2010. Relating plant diversity to biomass and soil erosion in a cultivated landscape of the eastern seaboard region of Thailand[J]. Applied Geography，30（4）：606-617.

Spens J，Englund G，Lundqvist H. 2007. Network connectivity and dispersal barriers：using geographical information system(GIS) tools to predict landscape scale distribution of a key predator(Esox lucius) among lakes[J]. Journal of Applied Ecology，44（6）：1127-1137.

Su C H，Fu B J，He C S，et al. 2012. Variation of ecosystem services and human activities：A case study in the Yanhe Watershed of China[J]. Acta Oecologica，44：46-57.

Su S L，Jiang Z L，Zhang Q，et al. 2011. Transformation of agricultural landscapes under rapid urbanization：A threat to sustainability in Hang-Jia-Hu region，China[J]. Applied Geography，31（2）：439-449.

Su S L，Li D L，Hu Y N，et al. 2014a. Spatially non-stationary response of ecosystem service value changes to urbanization in Shanghai，China[J]. Ecological Indicators，45：332-339.

Su S L，Wang Y P，Luo F H，et al. 2014b. Peri-urban vegetated landscape pattern changes in relation to socioeconomic development[J]. Ecological Indicators，46：477-486.

Su S L，Xiao R，Jiang Z L，et al. 2012. Characterizing landscape pattern and ecosystem service value changes for urbanization impacts at an eco-regional scale[J]. Applied Geography，34：295-305.

Sun D F，Dawson R，Li H，et al. 2007. A landscape connectivity index for assessing desertification：A case study of Minqin County，China[J]. Landscape Ecology，22（4）：531-543.

Syrbe R U，Walz U. 2012. Spatial indicators for the assessment of ecosystem services：Providing，benefiting and connecting areas and landscape metrics[J]. Ecological Indicators，21：80-88.

Tang W Z，Ao L，Zhang H，et al. 2014. Accumulation and risk of heavy metals in relation to agricultural intensification in the river sediments of agricultural regions[J]. Environmental Earth Sciences，71（9）：3945-3951.

Taylor P，Fahrig L，Henein K，et al. 1993. Connectivity is a vital element of landscape structure[J]. Oikos，68（3）：571-573.

Tinker D B，Resor C A C，Beauvais G P，et al. 1998. Watershed analysis of forest fragmentation by clearcuts and roads in a Wyoming forest[J]. Landscape Ecology，13（3）：149-165.

Tscharntke T，Klein A M，Kruess A，et al. 2005. Landscape perspectives on agricultural intensification and biodiversity-ecosystem service management[J]. Ecology Letters，8（8）：857-874.

Vitousek P M，Mooney H A，Lubchenco J，et al. 1997. Human domination of Earth's ecosystems[J]. Science，277（5325）：494-499.

Wainger L A，King D M，Mack R N，et al. 2010. Can the concept of ecosystem services be practically applied to improve natural resource management decisions?[J]. Ecological Economics，69（5）：978-987.

Wang X W，Xi B D，Huo S L，et al. 2014. Polychlorinated biphenyls residues in surface sediments of the eutrophic Chaohu Lake (China)：characteristics，risk，and correlation with trophic status[J]. Environmental Earth Sciences，71（2）：849-861.

Wang Z M，Zhang B，Zhang S Q，et al. 2006. Changes of land use and of ecosystem service values in Sanjiang Plain，northeast China[J]. Environmental Monitoring and Assessment，112（1-3）：69-91.

Watanabe M D B，Ortega E. 2014. Dynamic emergy accounting of water and carbon ecosystem services：A model to simulate the impacts of land-use change[J]. Ecological Modelling，271：113-131.

Wilson M A，Howarth R B. 2002. Discourse-based valuation of ecosystem services：Establishing fair outcomes through group deliberation[J]. Ecological Economics，41（3）：431-443.

Xu Z F，Ji J P，Shi C. 2011. Water geochemistry of the Chaohu Lake Basin rivers，China：Chemical weathering and anthropogenic inputs[J]. Applied Geochemistry，26：S379-S383.

Zhang Z M，Gao J F，Gao Y N. 2015. The influences of land use changes on the value of ecosystem services in Chaohu Lake Basin，China[J]. Environmental Earth Sciences，74：385-395.

Zheng Z M，Fu B J，Hu H T，et al. 2014. A method to identify the variable ecosystem services relationship across time：A case study on Yanhe Basin，China[J]. Landscape Ecology，29（10）：1689-1696.

Zimmermann P，Tasser E，Leitinger G，et al. 2010. Effects of land-use and land-cover pattern on landscape-scale biodiversity in the European Alps[J]. Agriculture Ecosystems & Environment，139（1-2）：13-22.

Zorrilla-Miras P，Palomo I，Gómez-Baggethun E，et al. 2014. Effects of land-use change on wetland ecosystem services：A case study in the Doñana marshes（SW Spain）[J]. Landscape and Urban Planning，122：160-174.

第4章 湖泊型流域水生态功能分区

分区是地学研究的重要内容之一。水生态功能分区是针对新时期环境管理的需求提出的。本章通过湖泊型流域水生态功能分区指标筛选、分区指标体系构建、分级体系构建、分区技术流程和关键技术、巢湖流域和太湖流域分区案例介绍等，说明水生态功能分区体系和分区过程。

4.1 水生态功能分区研究的意义

分区是地学领域独特的研究分支，是地理学及其相关研究领域的研究热点之一（冷疏影，2016）。地学分区的研究在学科发展和社会进步方面发挥了巨大的作用。例如，19世纪俄国地理学家道库恰耶夫的土壤分区与20世纪初德国气候学家柯本的气候分区，是地学界较早的经典分区成果。黄秉维（1958）的综合自然区划对认识我国地带性和非地带性自然规律起到指导作用，傅伯杰等（2001）的中国生态区划对认识生态区域一致性规律起到重要作用，郑度（2008）的生态地理区划是生物多样性研究的空间分异基础。

基于水生态分区的流域水环境管理是环境管理发展的趋势，流域水生态功能分区是建立我国新型水环境管理、水质目标管理的基础，也是水生态保护、修复、管理的基础。水生态功能分区有助于丰富流域生态功能区划和目标管理的理论与方法，对同类水生态管理和环境控制具有示范作用（高俊峰等，2019，2017，2016；高永年等，2012；高永年和高俊峰，2010）。国家水体污染控制与治理科技重大专项提出按照"分区、分类、分级、分期"实施水环境治理和管理的理念，水生态功能分区的研究将回答"分区、分类、分级"的科学问题，同时面向应用需求，实现与管理的对接和示范应用（高俊峰等，2019；高俊峰和高永年，2012；陈利顶等，2018；黄艺等，2018；高俊峰等，2017；于宏兵等，2016）。流域水生态功能分区可为保护生态和环境，维持水生生物及其栖息环境的健康，合理开发利用水资源，实现水污染控制、治理和预防，实现水生态管理目标与制定措施方案等提供科学依据。

相对于水生态功能分区，我国类似的分区研究还包括水功能区划、水环境功能区划、水生态地理分区、生态分区等（李艳梅等，2009）。水功能区划依据水域主导功能不同来划分，用于水资源的开发利用及保护。它简单直观地将不同水域进行了划分，利于水资源的开发利用及保护，而对水体的自然、生态特征方面考虑较少，且未充分考虑水环境容量。水环境功能区划依据水域污染物种类以及水质类型不同来划分，用于控制水污染，保障水环境容量。它更加注重水环境的保护，充分考虑水环境容量，而对水生态系统完整性考虑不足，缺乏流域整体层面上的协调和统一，对容量总量的考虑需加强。水生态地理分区是依据水域生态地理的异同性来划分的，用于表征自然要素（温度、水文、生物等）的空间格局，它考虑了自然要素与资源、环境的匹配，但仅仅是通过自然地理要素的差异进行划分，未考虑其与河流生态系统类型之间的因果关系，更没有考虑人类活动对水体环境的影响。水生态分区是应用生态学的原理和方法，依据水体资源功能和生态功能的协调来划分的，满足区域水资源的可持续开发利用和环境保护的要求。它注重自然因素与河流生态系统类型之间的因果关系，并反映水生态系统的基本特征，未充分考虑水生态服务功能以及人类活动对水体的影响。

水生态功能分区是协调水资源、水环境和水生态三方面的划分方法，同时考虑自然因素以及人类活动对水生态系统的影响，目前水生态功能分区体系尚不完善。为保障流域水质以及实现水生态系统健康和安全的目标，在"十一五"期间启动的国家水体污染控制与治理科技重大专项（水专项）中专门设置了"流域监控"主题，其中一项重要任务是要"系统地开展流域水生态功能区划理论与方法研究，建立水生态功能区划分指标体系，建立全国水生态功能分区技术框架，完成重点流域水生态功能一级、二级区划，完成示范流域三级区划和污染控制单元划定方案"。"十二五"在完善分区理论体系的基础上开展重点流域水生态功能三、四级分区研究。其中，重点流域水生态功能四级分区的研究及其相关研究成果将为实现面向水生态系统健康的流域污染控制单元的划分及水生态管理模式提供依据和强有力的技术支持，为维护流域水生态系统生物多样性、实现流域水生态系统健康这一终极目标奠定基础（陈利顶等，2018；黄艺等，2018；高俊峰等，2017，2016；高俊峰和高永年，2012a；于宏兵等，2016）。总之，水生态功能分区的意义在于揭示流域水生态系统的层次结构与空间特征差异，为水生态系统差别化管理和水质目标管理提供支撑，乃至为实现流域水生态健康服务。

4.2　湖泊型流域水生态功能分区内涵

水生态功能区是指具有相对一致的水生态系统组成、结构、格局、过程和功能的水体或具有"水陆一致性"的陆水联合体。水生态功能分区是在研究区域或水体生态因子及水生态系统组成、结构、格局、过程和功能的空间分异规律的基础上，按照一定的原则、指标体系和方法进行流域水生态功能区的划分，为水生态系统资源信息的配置提供一个地理空间上的框架，合理划分水生态环境功能，揭示区域生态环境问题的形成机制，提出综合整治方向与任务，为区域水资源开发与水生态环境保护提供决策依据，为区域水生态环境整治服务，促进资源、环境和社会经济的可持续发展。

水生态系统具有强烈的地域性，地区差异十分明显，按区内相似性和区际差异性来划分水生态功能区。水生态功能分区的基本目标是揭示水生态系统层次结构与空间特征的差异，为水生态管理目标与措施的制定提供科学依据，进而保护维持自然水生态系统水生植物、水生动物和水生微生物健康生存的条件和过程，从而保证水生物能够永续生存和持久健康。

4.3　湖泊型流域水生态功能分区等级

水生态功能分区是在研究流域水生态系统结构、过程和功能空间分异规律的基础上，按照一定的原则、指标体系和方法进行区域的划分，具有相对一致的水生态系统的组成、结构、格局、过程和功能。水生态系统地区差异十分明显，按区内相似和区际差异来划分水生态功能区，可以反映流域水生态系统的特征、空间分布规律及其与自然因素的对应关系（高俊峰等，2017；高俊峰和高永年，2012a）。湖泊型流域水生态功能分区不同级别表达不同尺度上的水生态系统特征。如一级水生态功能分区主要表达流域尺度上气候及其关联因子如气温、降水、光照和地形等要素决定下的水生态系统的空间差异特征；二级水生态功能分区主要表达流域内区域尺度上土地因子如土地利用、土地覆被、土壤和地质等要素决定下的水生态系统的空间差异特征；三级水生态功能分区主要表达子流域尺度上水体因子如河网（水系）数量、河网（水系）形态结构、河网（水系）连通性等要素决定下的水生态系统的空间差异特征；四级水生态功能分区主要表达河段尺度上生物生境因子如水物理、水生物、水化学等要素决定下的水生态系统的空间差异特征（高俊峰等，2017；高永年等，2012；高永年和高俊峰，2010）（图 4-1）。

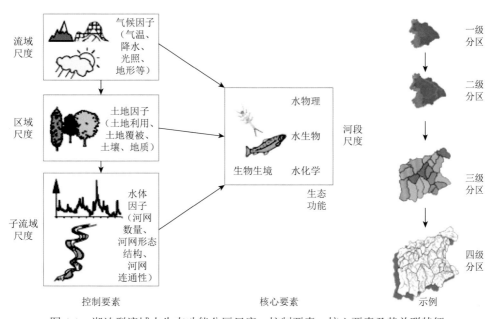

图 4-1　湖泊型流域水生态功能分区尺度、控制要素、核心要素及其关联特征

4.4　湖泊型流域水生态功能分区原则

分区原则是进行流域水生态功能分区的依据、准则和基础，在分区过程中起指导性作用，其是否合理直接关系分区结果的正确性与可信度。为此，在依据湖泊型流域空间结构和尺度特征、水生态系统原理进行不同级别水生态功能分区时遵循以下总体原则。

（1）体现湖泊型流域水生态系统的潜在特征及其空间分异。

（2）体现以湖泊为核心的湖泊型流域的圈层性水生态特征。

（3）体现湖泊型流域水生态系统的层级性及其与陆域要素的关联，表达流域水生态系统的空间尺度特征。

（4）水-陆耦合原则。

（5）其他原则，包括区内相似性原则、区间差异性原则、等级性原则、综合性与主导性原则、共轭性原则、子流域完整性原则、以水定陆与水陆耦合原则、发生学原则。

区内相似性原则：同一分区内的水生态系统在格局、特征、功能、过程及服务功能等方面相近，即具有最大的相似特性。

区间差异性原则：同一级别不同分区间的水生态系统在格局、特征、功能、过程及服务功能等方面具有最大可能的差异，受自然条件和社会经济发展状况的影响，不同分区之间水生态系统表现出特定的区域特征。

等级性原则：水生态分区为包容性等级系统，具有明显的尺度特征。在不同空间尺度上对水生态系统进行分区，形成不同等级的分区方案。高等级分区包含低等级分区，低等级分区依赖于高等级分区。水生态系统过程与格局之间的关系取决于尺度大小，低层次非平衡过程可以被整合到高层次稳定过程中，这是逐级划分或合并的理论基础。

综合性与主导性原则：水生态分区是以特定区域的水生态系统的综合特征为基础的，而不是仅仅对某一个水生态因子的分区。因此，在分区过程中必须全面考虑构成水生态系统的各组成成分的自身格局特征以及由其组成的水生态系统综合特征的相似性和差异性。

共轭性原则：同一级别分区之间的边界不相交，相邻分区边界之间既不重复又不留有间隙，它们之间是一种无缝拼接的关系，在空间上具有连续性，即任何一个水生态区都是完整的个体，不存在彼此分离和重叠的部分。

子流域完整性原则：流域内地表水体生态系统的格局、特征、功能、过程及服务功能等不仅受水体环境自身的影响，还受到陆面汇水区域水物质输移的影响。因此，水生态分区不仅是对流域内水体的划分，还必须考虑影响地表水体生态系统的陆地集水区，其与地表水体是一个完整的统一体。

以水定陆与水陆耦合原则：陆地生态、气候、土壤等自然条件以及人类活动等是流域水生态特征与功能的重要影响或决定因素，在水文汇流过程中，各种陆源营养盐或污染物输移到水体中，形成特定的水生态结构和特征，从而体现出不同的功能特征。考虑水流方向，体现陆水一致性是进行水生态功能分区的首要原则。

发生学原则：流域水生态本底特征及其功能的形成是由多种因素驱动的，驱动因素特征也就决定了流域水生态功能，针对流域自然环境本底等因素的空间特征综合考虑进行水生态功能区的划分。

总之，同一分区内水生态系统格局、特征、功能、过程及服务功能具有最大的相似性，不同分区之间具有最大的差异性，即相似性原则和差异性原则是根据湖泊型流域水生态系统原理进行水生态功能分区的根本性原则。

4.5　湖泊型流域水生态功能分区指标体系

依据湖泊型流域的特征，结合水生态功能各级分区的目的和原则，面向湖泊型流域水生态功能分区的现实需求，建立湖泊型流域水生态功能分区指标体系（高俊峰等，2017；高永年等，2012，2010）（表 4-1）。

表 4-1　湖泊型流域水生态功能一至四级分区指标体系

分级	尺度	目标	备选指标	适用对象
一级	流域	自然地理因素	地面高程、河网密度、降水量、温度	流域
二级	区域	本底/人类活动干扰	土壤类型、坡度、建设用地面积比、耕地面积比、植被覆盖度	流域
三级	子流域	水体类型和特征	水系格局、水面率、河流节点度、河流等级、河频率、水系类别、子流域形状、河流长度与水面积比、河频率与节点密度比	流域
四级	河段	生物栖息地	河道比降、河岸带类型、河段蜿蜒度	河流
			湖泊类型（海拔、深度、面积、底质）、水动力（流速、流向）、浮游植物（叶绿素a）	湖泊
			水库类型（水库容量）	水库

4.6　湖泊型流域水生态功能分区技术流程

湖泊型流域水生态功能分区技术流程见图 4-2。其中，湖泊型流域水生态功能分区与一般性流域水生态功能分区的主要区别体现在水生态功能四级分区上［图 4-2（b）］。具体来说，依据湖泊型流域水生态功能分区的目的和原则，提出四级分区指标，并分别进

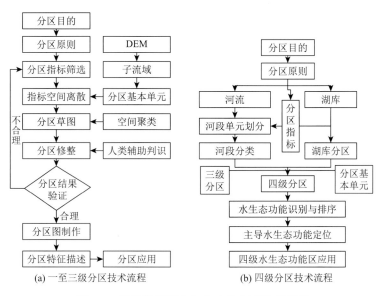

图 4-2　湖泊型流域水生态功能分区技术流程

行河段分类和湖体划分。在此基础上，形成湖泊型流域水生态功能四级分区。然后识别湖泊型流域水生态功能四级分区的水生态功能，并进行水生态功能区水生态功能重要性排序与综合，定位湖泊型流域水生态功能四级区主导水生态功能，最终实现水生态功能四级区的应用（高俊峰等，2019）。

4.6.1　一至三级分区技术流程

开展湖泊型流域水生态综合调查，重点调查并收集流域水生物、水环境、栖息地质量、服务功能、土地利用、土壤类型等资料。选取合适精度的数字高程模型（DEM），通过水文分析划分出湖泊型流域的自然水文单元及其水系，并以自然水文单元为边界，分割水系。将分割得到的河段和面状水体作为水生态功能分区的基本单元。依据分区的目的、原则与分区指标，借助流域综合调查资料，识别分区基本单元河段、湖库的类型、面积及其相应的水生态功能，并以河段和面状水体为分区基本单元，对分区要素进行空间离散，然后进行水生态功能区重要性排序与综合，辅以人工判识，考虑湖泊型流域水生态功能上一级分区边界，确定本级水生态功能分区边界，形成本级水生态功能分区草图。在此基础上，在人工辅助识别下，对初步分区结果进行修正，并应用生物指标对分区结果进行验证。如分区不合理，则重新筛选分区指标进行分区工作；如分区结果合理，则进行分区命名、特征描述、分区图制作、分区说明书编写等下一步工作［图 4-2（a）］。判断分区是否合理可以采用定性与定量相结合的方法进行，定性的方法可以采用专家咨询法，定量方法可以采用冗余分析（redundancy analysis，RDA）或者典范对应分析（canonical correspondence analysis，CCA）等方法判断。

4.6.2　四级分区技术流程

1. 河段分类和湖库划分

依据湖泊型流域水生态功能四级分区的目的与原则，借助流域综合调查资料，首先通过四级分区指标对河段进行分类，并按照湖泊、水库等四级分区指标区分不同水体类型和划分湖体，技术流程见图 4-2（b）。河流按照河道比降、河岸带类型、河段蜿蜒度等指标进行分类；湖泊按照湖泊类型（海拔、深度、面积、底质）、水动力（流速、流向）、浮游植物（叶绿素 a）等指标进行分类；水库按照水库类型（水库容量）进行分类。

2. 四级分区划分

将相同类型的河段所在的基本分区单元合并，结合湖库划分结果，同时考虑三级分区结果，辅以人工判识，形成湖泊型流域水生态功能四级分区。

3. 主导水生态功能识别

对四级分区来说，首先确定水生态功能类型（表 4-2）。针对识别出的水生态功能，采取下述方式进行功能优先度排序，并借助 GIS 空间分析功能将水生态功能区综合。排序方式为：①珍稀、濒危物种保护功能区＞特有物种保护功能区＞敏感物种保护功能区＞丰富生物多样性维持功能区＞种质资源保护功能区；②水生物产卵索饵越冬功能区＞鱼类等洄游通道功能区；③涉水重要保护与服务功能区；④淡咸水生态交错维持功能区＞湖滨带生态生境维持功能区；⑤调节与循环功能区；⑥森林岸带生境区＞城镇岸带生境区＞农田岸带生境区。

表 4-2　湖泊型流域水生态功能类型

水生态功能类型	说明
珍稀、濒危物种保护功能区	指有代表性的珍稀、濒危等各类野生水生动植物物种的天然集中分布区
特有物种保护功能区	指我国或地方特有的鱼类等物种的天然集中分布区
敏感物种保护功能区	指有代表性的、对环境敏感或已消失的各类野生水生动植物物种的天然集中分布区
丰富生物多样性维持功能区	在底栖动物、鱼类等水生生物类型方面具有丰富多样性的区域
种质资源保护功能区	指具有重要经济价值、遗传育种价值或生态价值，或属于我国或地方特有的水生物苗种等
水生物产卵索饵越冬功能区	指对维护鱼类等水域生物多样性具有重要作用的水域，包括鱼虾类产卵场、索饵场、越冬场、鱼虾贝藻休养场等
鱼类等洄游通道功能区	指洄游性经济鱼、虾类的群体主群、集群由越冬场游向产卵场生殖的必经水域
涉水重要保护与服务功能区	指自然保护区、湿地、水源地等需要加以特别保护的区域
淡咸水生态交错维持功能区	指与咸水海洋生态系统密切相关的并与流域河流相交或相邻的主要入海河流水系，需要采取有效的保护措施和科学的开发方式进行特殊管理的区域，属河流生态系统与海洋生态系统过渡的综合生态系统
湖滨带生态生境维持功能区	指与湖泊生态系统密切相关的并与湖泊相交或相邻的主要入湖、出湖河流水系，属河流生态系统与湖泊生态系统交错的综合生态系统
调节与循环功能区	指承担营养物循环、泥沙输送、水文循环、水运保障等功能的流域性河流，包括调水引流工程河道，以及向重要水源地供水的骨干河道等
森林岸带生境区	指岸带以森林生境为主的河段和中小型湖库等
城镇岸带生境区	指岸带以城镇生境为主的河段和中小型湖库等
农田岸带生境区	指岸带以农田生境为主的河段和中小型湖库等

关于湖泊型流域水生态功能类型的确定，还需要注意以下几方面。

（1）划分水体岸带类型。针对湖泊型流域的特征，将其栖息地划分为三种类型：森林岸带生境区、城镇岸带生境区、农田岸带生境区。其中，森林岸带生境区指的是岸带以森林生境为主的河段和中小型湖库等；城镇岸带生境区指岸带以城镇生境为主的河段和中小型湖库等；农田岸带生境区指岸带以农田生境为主的河段和中小型湖库等。按照上述水体岸带类型，将流域内相应的河段和面状水体归类，并基于 GIS 工具制作其空间分布图。

（2）过渡带类型划分。湖泊型流域过渡带类型为湖滨带生态生境维持功能区，指与湖泊生态系统密切相关的并与湖泊相交或相邻的主要入湖、出湖河流水系，属河流生态系统与湖泊生态系统交错的综合生态系统。按照过渡带类型，将流域内相应的过渡带归类，并基于 GIS 工具制作其空间分布图。

（3）调节与循环功能区划分。调节与循环功能区指承担营养物循环、泥沙输送、水文循环、水运保障等功能的流域性河流，包括调水引流工程河道，以及向重要水源地供水的骨干河道等。按照上述调节与循环功能区定义，将流域内相应的调节与循环功能区归类，并基于 GIS 工具制作其空间分布图。

（4）涉水重要保护与服务功能区划分。涉水重要保护与服务功能区指自然保护区、湿地、水源地等需要加以特别保护的区域。按照上述涉水重要保护与服务功能区定义，将流域内相应的涉水重要保护与服务功能区归类，并基于 GIS 工具制作其空间分布图。

（5）生物保护区划分。生物保护区主要包括珍稀、濒危物种保护功能区，特有物种保护功能区，敏感物种保护功能区和种质资源保护功能区。珍稀、濒危物种保护功能区指有代表性的珍稀、濒危等各类野生水生动植物物种的天然集中分布区；特有物种保护功能区指我国或地方特有的鱼类等物种的天然集中分布区；敏感物种保护功能区指有代表性的、对环境敏感或已消失的各类野生水生动植物物种的天然集中分布区；种质资源保护功能区指具有重要经济价值、遗传育种价值或生态价值，或属于我国或地方特有的水生物苗种区等。按照上述生物保护区类型，将流域内相应的生物保护区归类，并基于 GIS 工具制作其空间分布图。

（6）渔业资源保护区划分。渔业资源保护区主要包括鱼类等洄游通道功能区和水生物产卵索饵越冬功能区。前者指洄游性经济鱼虾类的群体主群、集群由越冬场游向产卵场生殖的必经水域；后者指对维护鱼类等水域生物多样性具有重要作用的水域，包括鱼虾类产卵场、索饵场、越冬场、鱼虾贝藻休养场等。

4.7　湖泊型流域水生态功能分区关键技术

4.7.1　分区基本单元确定技术

利用流域 DEM 数据，经过填洼、流向生成、水流累积量分析等步骤，获得分区功能单元分布图。平原区有圩区分布的，以圩区边界作为分区功能单元；其他地区以每一单元内单一土地利用类型所占比例大于 80%作为判别标准。若单元内某一类土地利用类型所占比例大于 80%，则确定为一个基本分区功能单元；若没有任何一类土地利用类型所占的比例大于 80%，则将分区功能单元进一步细化，直到单元内单一土地利用类型大于 80%为止；最后结合流域河流水系分布，采用人工修整的方式对其进行整理，从而获得水生态功能分区的功能单元（高俊峰等，2017；高俊峰和高永年，2012a；高永年和高俊峰，2010）。

4.7.2　分区指标筛选技术

依据湖泊型流域水生态功能分区的目的和原则，借助相关统计分析方法（CCA、RDA等），对备选指标与调查获得的水环境、水生态数据进行分析，从备选指标中选取出与调查数据（水环境、水生态数据）空间变化显著相关的指标，并结合湖泊型流域的实际情况，筛选出不同尺度与水生生物关系密切的指标（高俊峰等，2017；高俊峰和高永年，2012a；高永年和高俊峰，2010）。

4.7.3　分区指标空间离散技术

依据选取的水生态功能分区指标，以水生态功能分区功能单元为基础，利用 GIS 空间分析方法将各级分区指标进行空间离散。空间离散的方法根据指标的不同有所差别，一般有整体插值离散和局部插值离散两类。整体插值法以整个研究区的样点数据为基础计算，使用方差分析和回归分析等标准的统计方法，计算比较简单，分为边界内插值法、趋势面分析、变换函数插值法等类型。局部插值法只使用邻近的数据点来估计未知点的值，所使用的插值函数、区域大小、形状和方向、数据点的个数、数据点的分布形式是规则的还是不规则的等都会影响插值结果，插值方法包括泰森多边形法、移动平均插值法、样条函数插值法、空间子协方差最佳插值法（克里金插值法）等（高俊峰等，2017；高俊峰和高永年，2012a；高永年和高俊峰，2010）。

4.7.4　分区指标空间聚类技术

采用二阶聚类模型（two step cluster）进行空间聚类分析。二阶聚类算法分为两步：第一步为准聚类过程，利用层次方法的平衡迭代规约和聚类（balanced iterative reducing and clustering using hierarchies，BIRCH）算法（Zhang et al.，1997）构建一个高度稳定的多水平结构聚类特征树（cluster feature tree，CF-tree）；第二步为具体的聚类分析，主要利用似然函数作为测距公式对前一步结果的样本进行聚类分析，常用算法是一般的层次聚类（hierarchical cluster）方法（祝迎春，2005）。该聚类模型可将一阶数据再聚类成几个自然组或类。对零散分布的单元结合专家判断和就近合并的原则进行人工辅助识别，同时兼顾相关规划方案，初步确定水生态功能分区边界，形成水生态功能分区草图。传统意义上的二阶聚类是对样本数据的类别划分，而水生态功能分区指标具有地表空间连续性，利用传统二阶聚类方法聚类后的结果投射到地理空间上后，往往得不到理想的分区结果，即聚类结果在空间上不完整，存在不同程度的破碎化状况，最常见零星分布、面积较小的类别，这主要是地表参数自身的复杂性和不确定性造成的。因此，传统的二阶聚类法无法直接应用到水生态功能分区过程中，需要基于空间要素信息改进传统二阶聚类方法，形成改进后的二阶空间聚类法，以便进行分区应用。二阶空间聚类不仅可以发现分区聚类单元（即子流域）指标属性间的内在联系和相似度，还融合了聚类单元的空间属性信息，即能够有效解决空间不连续的问题（高俊峰等，2017；高俊峰和高永年，2012a；高永年和高俊峰，2010）。

4.7.5　分区结果验证技术

要验证水生态功能分区结果的科学性和合理性，考虑的水质指标众多，持续监测难度较大，且河流水质状况易受周边环境影响而产生波动，而河流浮游生物和大型底栖动物对水质变化较为敏感，在一段时间内与环境相关的指标比较稳定，能够较准确地反映区域水质状况，因此，利用浮游生物和大型底栖动物在定性和定量方面的比较分析验证分区的合理性和可靠性。主要选择多样性指数，包括 Margalef 种类丰度指数、Shannon-Wiener 指数、Pielou 均匀度指数、Simpson 指数和 BP 生态优势度指数等指标对分区结果进行分析验证。采用去除趋势对应分析（detrended correspondence analysis，DCA）等分析方法检验选取指标在水生态功能分区内的空间差异性是否显著。若差异显著则说明水生态功能分区结果合理可靠，则进行水生态功能分区图的制作；若差异不显著则返回水生态功能分区指标，对分区草图进行必要的调整和修正，然后重复以上步骤，直到水生态功能分区结果合理可靠（高俊峰等，2017；高俊峰和高永年，2012a；高永年和高俊峰，2010）。

4.8　分　区　实　例

针对湖泊型流域水生态系统的圈层结构特征和管理需求，结合湖泊型流域水生态功能分区的目的，按照分区指标体系划分湖泊型流域水生态功能区。水生态功能一级分区体现湖泊型流域水生态系统中生物群落和生物种群类型的分布与格局；二级分区体现湖泊型流域水生态系统生物群落多样性和完整性的空间差异；三级分区体现湖泊型流域水生态功能的空间差异；四级分区体现湖泊型流域潜在自然支持与调节等水生态功能的空间差异，表征的是流域水生生物及其生境的关联作用。水生态功能区不仅体现了湖泊型流域水生态系统空间特征的差异，能够为水生态系统健康提供评价单元，又能够为流域综合管理提供管理单元，从而推进流域综合管理由水化学管理向水生态指标转变。

4.8.1　巢湖流域水生态功能分区

通过前述湖泊型流域水生态功能分区指标体系，将巢湖流域水生态功能分为 3 个一级区、7 个二级区、28 个三级区和 62 个四级区。

1. 巢湖流域一级水生态功能分区

基于巢湖流域地面高程和河网密度指标，根据分区原则和方法，对巢湖流域进行水生态功能一级分区，将巢湖流域分为 3 个水生态功能一级区（图 4-3），分别为 LEI、LEII 和 LEIII（高俊峰等，2017）。

2. 巢湖流域二级水生态功能分区

基于巢湖流域耕地面积比、建设用地面积比、土壤类型和植被覆盖度指标的分析，根据二级分区原则和方法，对巢湖流域进行水生态功能二级分区，将巢湖流域分为 7 个二级水生态功能区（图 4-4）。其中，一级区 LEI 划分出两个二级区，分别为 LEI$_1$ 和 LEI$_2$；一级区 LEII 划分出四个二级区，分别为 LEII$_1$、LEII$_2$、LEII$_3$ 和 LEII$_4$；一级区 LEIII 划分出一个二级区，为 LEIII$_1$（高俊峰等，2017）。

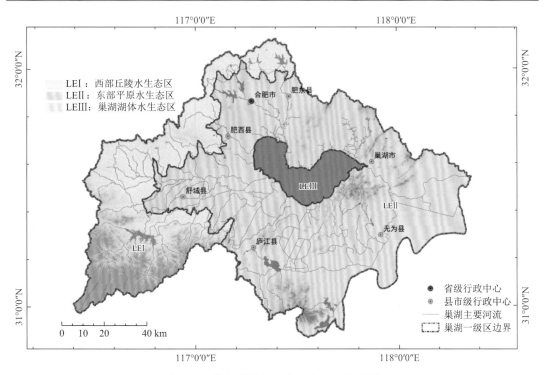

图 4-3　巢湖流域水生态功能一级分区图

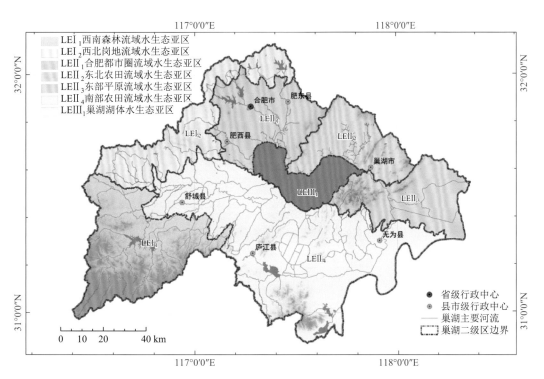

图 4-4　巢湖流域水生态功能二级分区图

3. 巢湖流域三级水生态功能分区

根据湖泊型流域水生态功能分区原则和方法，结合水生态功能分区指标，巢湖流域分为28 个水生态功能三级区（图 4-5）。其中，二级区 LE I$_1$ 划分出三个三级区，分别为 LE I$_{1-1}$、LE I$_{1-2}$ 和 LE I$_{1-3}$；二级区 LE I$_2$ 划分出三个三级区，分别为 LEII$_{2-1}$、LEII$_{2-2}$ 和 LEII$_{2-3}$；二级区 LEII$_1$ 划分出五个三级区，分别为 LEII$_{1-1}$、LEII$_{1-2}$、LEII$_{1-3}$、LEII$_{1-4}$ 和 LEII$_{1-5}$；二级区 LEII$_2$ 划分出四个三级区，分别为 LEII$_{2-1}$、LEII$_{2-2}$、LEII$_{2-3}$ 和 LEII$_{2-4}$；二级区 LEII$_3$ 划分出四个三级区，分别为 LEII$_{3-1}$、LEII$_{3-2}$、LEII$_{3-3}$ 和 LEII$_{3-4}$；二级区 LEII$_4$ 划分出八个三级区，分别为 LEII$_{4-1}$、LEII$_{4-2}$、LEII$_{4-3}$、LEII$_{4-4}$、LEII$_{4-5}$、LEII$_{4-6}$、LEII$_{4-7}$ 和 LEII$_{4-8}$；二级区 LEIII$_1$ 划分出一个三级区，为 LEIII$_{1-1}$（高俊峰等，2019）。

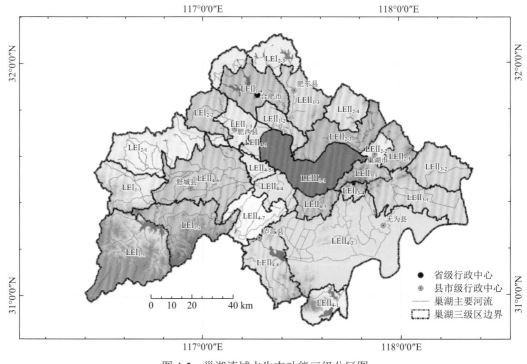

图 4-5　巢湖流域水生态功能三级分区图

4. 巢湖流域四级水生态功能分区

根据水生态功能四级分区方法，基于体现巢湖流域生物栖息地特征差异的指标，对河段进行分类，依据湖库水动力、水环境和水生态指标，划分湖库及湖体，将巢湖流域分为 62 个水生态功能四级区（图 4-6）。

4.8.2　太湖流域水生态功能分区

通过前述湖泊型流域水生态功能分区指标体系，将太湖流域水生态功能分为 2 个一级区、5 个二级区、20 个三级区和 115 个四级区。

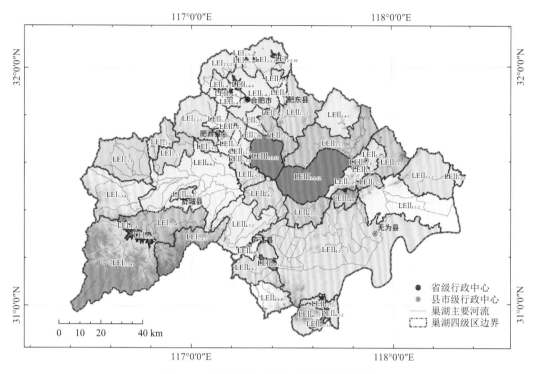

图 4-6　巢湖流域水生态功能四级分区图

1. 太湖流域一级水生态功能分区

基于太湖流域地面高程和河网密度指标，根据分区原则和方法，对太湖流域进行水生态功能一级分区，将太湖流域分为 2 个水生态功能一级区（图 4-7）。

2. 太湖流域二级水生态功能分区

基于太湖流域耕地面积比、建设用地面积比、土壤类型和坡度指标分析，根据二级分区原则和方法，对太湖流域进行水生态功能二级分区，将太湖流域分为 5 个水生态功能二级区（图 4-8）。

3. 太湖流域三级水生态功能分区

根据湖泊型流域水生态功能分区原则和方法，结合水生态功能分区指标，太湖流域分为 20 个水生态功能三级区（图 4-9）（高俊峰和高永年，2012；高永年等，2012；高永年和高俊峰，2010）。

4. 太湖流域四级水生态功能分区

根据水生态功能四级分区方法，基于体现太湖流域生物栖息地特征差异的指标，对河段进行分类，依据湖库水动力、水环境和水生态指标，划分湖库及湖体，将太湖流域分为 115 个水生态功能四级区（图 4-10）。

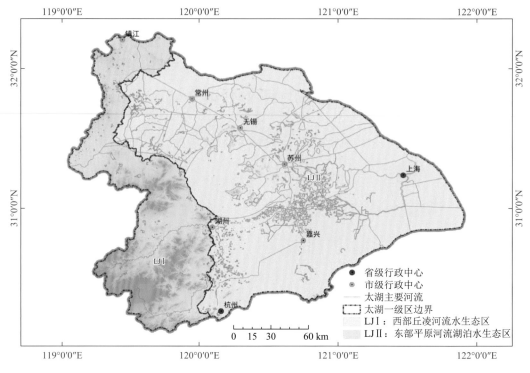

图 4-7　太湖流域水生态功能一级分区图

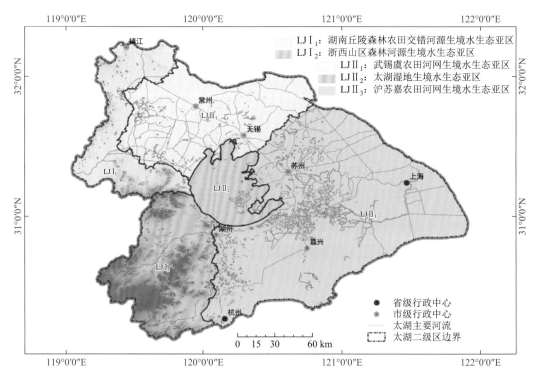

图 4-8　太湖流域水生态功能二级分区图

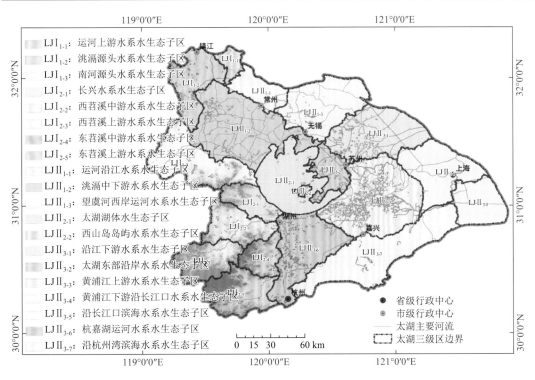

LJI₁₋₁: 运河上游水系水生态子区
LJI₁₋₂: 洮滆源头水系水生态子区
LJI₁₋₃: 南河源头水系水生态子区
LJI₂₋₁: 长兴水系水生态子区
LJI₂₋₂: 西苕溪中游水系水生态子区
LJI₂₋₃: 西苕溪上游水系水生态子区
LJI₂₋₄: 东苕溪中游水系水生态子区
LJI₂₋₅: 东苕溪上游水系水生态子区
LJII₁₋₁: 运河沿江水系水生态子区
LJII₁₋₂: 洮滆中下游水系水生态子区
LJII₁₋₃: 望虞河西岸运河水系水生态子区
LJII₂₋₁: 太湖湖体水生态子区
LJII₂₋₂: 西山岛岛屿水系水生态子区
LJII₃₋₁: 沿江下游水系水生态子区
LJII₃₋₂: 太湖东部沿岸水系水生态子区
LJII₃₋₃: 黄浦江上游水系水生态子区
LJII₃₋₄: 黄浦江下游沿长江口水系水生态子区
LJII₃₋₅: 沿长江口滨海水系水生态子区
LJII₃₋₆: 杭嘉湖运河水系水生态子区
LJII₃₋₇: 沿杭州湾滨海水系水生态子区

● 省级行政中心
◉ 市级行政中心
— 太湖主要河流
⊏⊐ 太湖三级区边界

0 15 30 60 km

图 4-9 太湖流域水生态功能三级分区图

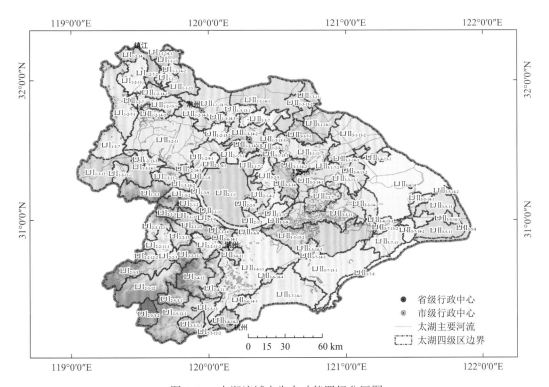

● 省级行政中心
◉ 市级行政中心
— 太湖主要河流
⊏⊐ 太湖四级区边界

0 15 30 60 km

图 4-10 太湖流域水生态功能四级分区图

参 考 文 献

陈利顶，孙然好，汲玉河. 2018. 海河流域水生态功能分区研究[M]. 2 版. 北京：科学出版社.

傅伯杰，刘国华，陈利顶，等. 2001. 中国生态区划方案[J]. 生态学报，21（1）：1-6.

高俊峰，蔡永久，夏霆，等. 2016. 巢湖流域水生态健康研究[M]. 北京：科学山版社.

高俊峰，高永年. 2012a. 太湖流域水生态功能分区研究[M]. 北京：中国环境科学出版社.

高俊峰，高永年，张志明. 2019. 湖泊型流域水生态功能分区的理论与应用[J]. 地理科学进展，38（8）：1159-1170.

高俊峰，蒋志刚. 2012b. 中国五大淡水湖保护与发展[M]. 北京：科学出版社.

高俊峰，张志明，黄琪，等. 2017. 巢湖流域水生态功能分区研究[M]. 北京：科学出版社.

高永年，高俊峰. 2010. 太湖流域水生态功能分区[J]. 地理研究，29（1）：111-117.

高永年，高俊峰，陈炯峰，等. 2012. 太湖流域水生态功能三级分区[J]. 地理研究，31（11）：1941-1951.

黄秉维. 1958. 中国综合自然区划的初步草案[J]. 地理学报，25（4）：348-365.

黄艺，曹晓峰，樊灏，等. 2018. 滇池流域水生态功能分区研究[M]. 北京：科学出版社.

冷疏影. 2016. 地理科学三十年：从经典到前沿[M]. 北京：商务印书馆.

李艳梅，曾文炉，周启星. 2009. 水生态功能分区的研究进展[J]. 应用生态学报，20（12）：3101-3108.

于宏兵，周启星，郑力燕. 2016. 松花江流域水生态功能分区研究 [M]. 北京：科学出版社.

郑度. 2008. 中国生态地理区域系统研究[M]. 北京：商务印书馆.

祝迎春. 2005. 二阶聚类模型及其应用[J]. 市场研究，1：40-42.

Zhang T，Ramakrishnan R，Livny M. 1997. BIRCH：A new data clustering algorithm and its applications[J]. Data Mining and Knowledge Discovery，1（2）：141-182.

第5章 湖泊型流域水生态健康评价

流域水生态系统健康状态评价是进行流域管理的重要依据。按照水生态功能区进行水生态健康评价，根据健康状态制定不同的对策，是科学有效进行环境管理的途径之一。本章介绍了湖泊型流域水生态健康的内涵、评价指标筛选、参考状态确定、评价方法及等级等，并通过太湖流域和巢湖流域水生态健康评价两个案例，说明具体的评价过程。

5.1 水生态健康内涵

生态系统的概念最初由英国植物生态学家 Tansley（1935）提出，且被定义为：包括一个定义的空间中所有的动物、植物和物理环境的相互作用，以及由生物与环境形成的自然系统。后来，生态系统的概念经过 Lindeman（1942）、Odum（1983）、马世骏和王如松（1984）、王如松（2003）以及 Odum（2014）从不同方面进行定义和扩充，现今其指一定空间范围内，由生物群落与其环境所组成的，具有一定时空格局，它自身借助于功能流而形成的稳定系统。生态系统具有整体性、生态功能、服务功能、自我维持和调控功能，并且具有动态的、生命的特征，是一个复杂的生命有机体，还具有健康、可持续发展等特性。从这一定义来看，生态系统结构复杂，内涵丰富，一个（或多个）健康的，能够提供可持续服务功能的生态系统对人类社会生存和发展非常重要，进行生态系统健康评价研究甚为重要。

生态系统健康概念最初于 20 世纪 70 年代末至 80 年代初提出，由于这一概念易于被决策者和公众接受，生态系统健康的研究迅速成为国际生态环境研究的热点之一（Rapport et al.，1998）。然而，基于生态系统健康的综合性和复杂性，各学者对生态系统健康的内涵和概念的初期研究并未达成共识。关于生态系统健康的概念主要有以下观点：借鉴生物个体的健康诊断，Rapport（1979）最初提出"生态系统医学"概念，旨在将生态系统作为一个整体进行"诊断"，在此基础上，Schaeffer 等（1988）提出生态系统"没有疾病"（absence of disease）即是健康。Costanza 等（1992）则认为生态系统健康指生态系统是活跃的，能保持自身的组织性和自主性，对压力具有恢复力。Karr（1991）则认为生态系统健康具有完整性，并进一步指出无论是个体生物系统还是整个生态系统，能实现自我内在潜力，状态稳定，受到干扰时仍具有自我修复能力，管理它也只需要最小的外界支持，就被认为是健康的。Rapport 等（1995）则认为"生态系统健康"是指一个生态系统所具有的稳定性和可持续性，并提出"生态系统健康"可以通过活力、组织结构和恢复力 3 个特征进行定义，并将生态系统健康的定义扩展至：以符合适宜的目标为标准来定义一个生态系统的状态、条件或表现，即生态系统健康应该包含两方面内涵——满足人类社会合理要求的能力和生态系统本身自我维持与更新的能力。

Costanza 等（1997）进一步提出生态系统健康六个方面的内涵：①健康是系统的自动平衡；②健康是没有疾病；③健康是多样性或复杂性；④健康是稳定性或可恢复性；⑤健康是有活力或增长的空间；⑥健康是系统要素间的平衡。国际生态系统健康学会将"生态系统健康"定义为研究生态系统管理的、预防性的、诊断的和预兆的特征，以及生态系统健康与人类健康之间关系的一门系统的科学。崔保山和杨志峰（2001）总结已有研究提出生态系统健康是指系统内的物质循环和能量流动未受到损害，关键生态组分和有机组织被完整保存，且缺乏疾病，对长期或突发的自然或人为扰动能保持着弹性和稳定性，整体功能表现出多样性、复杂性、活力和相应的生产率，其发展终极是生态整合性。而王根绪等（2003）认为生态系统健康（ecological health）包括生态系统完整性（ecological integrity）、生态系统恢复力（ecological resilience）和生态系统活力（ecological vigor）。这些概念和定义对生态系统健康研究产生了深远的影响。生态系统完整性是生态系统健康的重要组成部分，是生态系统健康状况的重要特征。

5.1.1　河流水生态系统健康

河流生态系统健康的研究在欧洲可追溯至 19 世纪，英国为防止河流水质污染危害人们健康制定了多部法律法规，如 1847 年的 *Gas Works Clauses Act* 和 1861～1865 年的 *Salmon Fisheries Act*（Hynws，1960）。利用污水生态系统中的细菌群落评价有机污染是最早的基于生物的河流生态健康研究。之后，欧洲的河流健康评价相关研究主题几乎与人类对河流的干扰和压力直接关联，如盐化、重金属、富营养化及农业污染物（如农药、杀虫剂、化肥等）、城市化引起的酸化等（Dolédec and Statzner，2010）。人类活动对水生态系统污染的加速和累计促使学者不断开发生物监测工具来评价生态系统受损状况。同时，人类活动干扰使水生态系统的变化进一步复杂化，水生态系统变化的研究催生了生物完整性概念，即"维持或支持平衡、整体和具有适宜性的生物群落，并具有与区域栖息地相适应的物种、多样性和功能组成"（黄艺和舒中亚，2013）。此后，虽然国内外学者对河流生态系统健康内涵的理解有所侧重和不同，但"完整性"（integrity）一直都是其中的核心概念（黄艺和舒中亚，2013；Park et al.，2002；Karr，1991）。完整性指"未受损害、良的状态，表示全体或全部健全"（De Leo and Levin，1997）。1972 年美国《清洁水法案》中首次提出河流健康（river health）的概念，指物理完整性、化学完整性和生物完整性，即生态完整性，并且以此为基础制定了一系列河流（包括溪流和河流）的快速生物评价协议，推动了流域和各州的河流生态系统健康评价研究。由于河流的物理（生境）和化学（水质）特性都可以通过水体中生物群落结构的改变而直接或间接地体现出，因此，早期许多研究中更强调通过生物完整性来评价河流的健康状态（Griffith et al.，2005；Muhar and Jungwirth，1998；Kerans and Karr，1994）。随着研究的进一步开展，以及基于藻类、大型底栖动物、鱼类和高等水生植物等水生生物类群开发的指标体系不断增加（Beck and Hatch，2009），相关研究进一步发现基于不同生物指标开发的生物完整性指数各具不同的优势，而且河流物理生境和化学特征在生态系统健康评价中仍具备一些优势，因此，基于物理、化学和生物的生态完整性评价研究成为水生态系统健康研究的热点和趋势（Connolly et al.，2013；Bunn et al.，2010；Borja et al.，2009）。

此外，一些学者在研究中进一步指出，河流健康的概念中应该包括人类价值，河流健康应该既包括河流生态系统能够维持自身结构的完整性，又包括能够维持正常的服务功能和满足人类社会发展的合理需求（杨文慧等，2005；Meyer，1997）。如一些河流的兴利和防洪要求比较突出，需要修建堤坝，但是这又破坏了河流的自然状况，因此，河流健康与河流生态系统健康的概念和内涵产生了分歧。例如，20 世纪 90 年代以来，国内河流管理对生态恢复和保护不断重视，针对黄河、长江、珠江和辽河等流域的河流健康评价研究不断增多。李国英（2004）提出"维持黄河健康生命"的理念，并提出"堤防不决口，河道不断流，污染不超标，河床不抬高" 4 个终极目标。蔡其华（2005）从生态环境功能和服务功能角度提出了健康长江指标体系。林木隆等（2006）根据珠江流域的特点，从自然属性和社会属性两个角度构建了珠江健康指标体系。耿雷华等（2006）直接从河流对人类服务功能方面定义河流健康内涵，即能在水循环的基础上满足其正常的物质和能量循环以及合理的结构和健全的功能，对自然干扰的长期效应具有抵抗力和恢复力，并发挥其正常的各项功能和效益。这些研究在河流健康概念中考虑了其中人类价值观、河流的利用等因素，并且服务于区域河流管理。

综合已有河流水生态系统健康的概念与内涵，结合本研究进行流域河流水生态系统评价的目标是识别人类活动干扰对水生态系统健康的影响和损害，本书河流生态系统健康的概念与内涵借鉴美国环境保护署对河流健康的定义以及生态完整性的概念，即河流生态系统健康指河流具有维持或支持生态系统的平衡性、整体性和自我更新能力，具有适宜性的生物群落，并具有与区域栖息地相适应的物种、多样性和功能组成。河流生态系统健康的内涵表现为具有生态完整性。

5.1.2　湖泊水生态系统健康

湖泊生态系统健康的概念源于人们对生态系统健康的研究。有研究者基于 Costanza 等关于生态系统健康的概念，构建了以热力学指标为基础的湖泊生态系统健康模型和生物完整性模型（赵臻彦等，2005；Bendoricchio and Jorgensen，1997）。该模型指标包括生态能质、结构生态能质、生态缓冲容量、多样性指数、富营养化指数、浮游动物生物量比浮游藻类生物量等指标。许多研究者利用该模型开展了湖泊水生态系统健康评价的理论与实践研究，涵盖中国北方大型湖泊白洋淀、长江中下游巢湖和太湖、著名城市湖泊西湖、中国最大的湖泊青海湖（徐菲等，2013；卢志娟等，2008；胡志新等，2005；胡会峰等，2003；Xu et al.，2001）。该方法自开发以来在评价指标方面尚无较大突破，但是在指标的计算方法和指标体系赋权或衍生算法方面有了大量改进（张艳会等，2014）。

生物完整性的概念和评价指标都源自河流健康评价，而且湖泊的污染状况通常基于对营养物的测量，如总磷、叶绿素和透明度（Carlson，1977）。另外，采用富营养化指标进行单项或综合评价和分类。近年来，基于生物群落的生态指标评价湖泊水生态系统健康状况的研究增多，然而，生物完整性指数通常有其特殊的适用范围，例如，溪流可以通过生态区划、温度、等级划分为相似类型，相反，湖泊必须考虑额外的参数却不限于更大的深度变化、表面积、化学成分和生长季节的长度，导致湖泊生物完整性指数的开发和应用大幅落后于河流生物完整性的相关应用和研究（Beck and Hatch，2009）。

在湖泊水生态系统健康的定义方面，胡志新等（2005）指出湖泊生态系统健康应包含两个方面的内涵，即满足人类社会合理要求的能力和湖泊生态系统自我维持与更新的能力。张凤玲等（2005）基于城市河湖生态系统作为城市的资源和环境载体，认为城市河湖生态系统健康的概念应具有双重属性：从自然属性来说，整个生态系统是完整的、稳定的和可持续的，对外界不利因素具有抵抗力；从社会属性来说，城市河湖生态系统应具有持续提供完善的生态服务功能，满足城市居民休闲娱乐的需要。程南宁（2011）基于太湖湖泊管理的需求从人水和谐治理太湖的角度出发，在分析影响太湖健康因素的基础上，从自然属性和社会属性两方面针对性地分析界定了健康太湖的概念和湖泊生态系统自我维持与更新的能力。金相灿等（2012）认为湖泊水生态系统健康是指湖泊生态系统具有良好的水质状况与水生态结构，能够维持水生态系统结构稳定并依据自身规律自然健康演化。此外，水利部太湖流域管理局联合江苏省水利厅、浙江省水利厅和上海水务局发表的《太湖健康状况报告》（2008～2013年度报告）也从自然和服务功能两个方面来评价太湖健康状况。

综合已有的湖泊水生态系统健康概念，本书认为湖泊生态系统健康是指湖泊具有维持或支持生态系统的平衡性、整体性和自我更新能力，具有适宜性的生物群落，并具有与区域栖息地相适应的物种、多样性和功能组成。与河流水生态系统健康相比，湖泊生态系统健康的演变更缓慢和稳定，因而可以从更大的时间尺度上进行评价研究。

5.2　评价指标筛选

5.2.1　完整性指标备选参数

1. 河流水生态完整性指标备选参数

1）河流物理完整性指标备选参数

在参考美国环境保护署的快速生物评价方法（Barbour et al.，1999）、澳大利亚的溪流指数（Parsons and Norris，1996），以及郑丙辉等（2007）、王建华等（2010）的相关成果基础上，结合太湖流域河流生态系统的环境特点，构建太湖流域河流水生态完整性备选指标体系。该指标体系包括河道项目的7项指标（河道生境多样性、河道水量状态、河道水流流动状况、河道水质状况、河道宽深比、河道沉积物状况、河道变化）、河岸项目中的3项指标（河岸稳定性、河岸坡度、河岸植被多样性）和滨岸带项目中的2项指标（滨岸带植被宽度、滨岸带人类活动强度）。其中，河岸项目和滨岸带项目中的指标适合全流域所有河流，而河道项目中有2项指标适合高坡度溪流，有2项指标适合低坡度河流，其余5项指标适合全流域河流。这样每个样点都由5项河道指标、3项河岸指标和2项滨岸带指标共10项评价指标构成。

2）河流化学完整性指标备选参数

河流化学完整性指标备选参数包括河流水质化学组成中受人类活动干扰影响大的一

类理化参数和营养盐参数，具体包括温度（T）、酸碱度（pH）、溶解氧（DO）、总悬浮颗粒物（SS）、电导率（EC）和高锰酸盐指数（COD_{Mn}）等水质理化参数，还包括总氮（TN）、总磷（TP）、氨氮（NH_4^+-N）、硝态氮（NO_3^--N）、正磷酸盐磷（PO_4^{3-}-P）等营养盐参数。

3）河流生物完整性指标备选参数

河流生物完整性指标备选参数包括浮游藻类、大型底栖动物、鱼类完整性备选指标体系（表 5-1 和表 5-2）。其中，浮游藻类和鱼类的完整性备选参数分别参考已有研究进行选择（江源等，2013）。

表 5-1　河流浮游藻类完整性指标备选参数

类别	备选参数	参数描述	对干扰的反应
物种丰度	总分类单元数 M_1	浮游藻类的总种类数目	下降
	硅藻分类单元数 M_2	硅藻的总种类数目	下降
	蓝藻分类单元数 M_3	蓝藻的总种类数目	下降
	绿藻分类单元数 M_4	绿藻的总种类数目	下降
	裸藻分类单元数 M_5	裸藻的总种类数目	下降
	金藻分类单元数 M_6	金藻的总种类数目	下降
	隐藻分类单元数 M_7	隐藻的总种类数目	下降
	非优势藻类分类单元数 M_8	除蓝藻、硅藻外其他藻类种类数目	下降
群落结构及生态型指数	硅藻相对丰度 M_9	硅藻密度/藻类总密度	下降
	蓝藻相对丰度 M_{10}	蓝藻密度/藻类总密度	上升
	绿藻相对丰度 M_{11}	绿藻密度/藻类总密度	上升
	裸藻相对丰度 M_{12}	裸藻密度/藻类总密度	下降
	金藻相对丰度 M_{13}	金藻密度/藻类总密度	下降
	隐藻相对丰度 M_{14}	隐藻密度/藻类总密度	下降
	硅藻商 M_{15}	中心纲硅藻/羽纹纲硅藻	下降
	蓝藻商 M_{16}	蓝藻种数/鼓藻种数	上升
	绿藻商 M_{17}	绿藻种数/鼓藻种数	上升
	复合藻商 M_{18}	（蓝藻＋绿藻＋中心纲硅藻＋裸藻种数）/鼓藻种数	上升
	藻类污染指数 M_{19}	（Palmer，1969）	上升
	水华藻丰度 M_{20}	（微囊藻、束丝藻、鱼腥藻、束丝藻）/藻类总密度（金相灿，1995）	上升
	潜在产毒藻丰度 M_{21}	（微囊藻、束丝藻、鱼腥藻）/藻类总密度（金相灿，1995）	上升
群落多样性指数	Shannon-Wiener 指数 M_{22}	浮游藻类 Shannon-Wiener 指数	下降
	Simpson 指数 M_{23}	浮游藻类 Simpson 指数	下降
	Margalef 种类丰度 M_{24}	浮游藻类 Margalef 种类丰度	下降
	Pielou 均匀度指数 M_{25}	浮游藻类 Pielou 均匀度指数	下降
	Berger-Parker 指数 M_{26}	浮游藻类 Berger-Parker 指数	上升
密度与生物量指标	藻类叶绿素 M_{27}	浮游藻类叶绿素	上升
	藻类密度 M_{28}	浮游藻类总密度	上升
	生物量 M_{29}	浮游藻类总生物量	上升
	平均重量 M_{30}	单个浮游藻类的平均体重	下降

表 5-2 河流鱼类完整性备选参数

类别	生物参数	对干扰的反应
种类组成与丰度	鱼类总物种数 M_1	下降
	鲤科鱼类物种数百分比 M_2	上升
	鳅科鱼类物种数百分比 M_3	下降
	虾虎鱼科鱼类物种数百分比 M_4	下降
	平鳍鳅科鱼类物种数百分比 M_5	下降
	中国土著鱼类物种数百分比 M_6	下降
	Shannon-Wiener 多样性指数 M_7	下降
	上层鱼类物种数百分比 M_8	下降
	中上层鱼类物种数百分比 M_9	下降
	中下层鱼类物种数百分比 M_{10}	下降
	底层鱼类物种数百分比 M_{11}	下降
营养结构	杂食性鱼类个体百分比 M_{12}	上升
	无脊椎动物食性鱼类个体百分比 M_{13}	下降
	植食性鱼类个体百分比 M_{14}	下降
	肉食性鱼类个体百分比 M_{15}	下降
耐受性	敏感性鱼类个体百分比 M_{16}	下降
	耐受性鱼类个体百分比 M_{17}	上升
繁殖共位群	产漂流性卵鱼类物种数百分比 M_{18}	下降
	产沉性卵鱼类物种数百分比 M_{19}	下降
	产黏性卵鱼类物种数百分比 M_{20}	上升
	借助贝类产卵鱼类物种数百分比 M_{21}	下降
鱼类数量与健康状况	鱼类总个体数 M_{22}	下降
	畸形、患病鱼类个体数百分比 M_{23}	上升
	外来鱼类个体数百分比 M_{24}	上升

2. 湖泊水生态完整性指标备选参数

1）湖泊物理完整性指标备选参数

依据水利部湖泊健康评价指标、标准与方法（试点工作）和水利部太湖流域管理局对太湖流域水生态系统健康评价研究报告,湖泊物理完整性指标备选参数可以从河湖连通状况、湖泊萎缩状况、湖滨带状况（包括湖岸稳定性、湖滨带植被覆盖度、湖滨带人工干扰程度）等几个参数进行综合考虑。

2）湖泊化学完整性指标备选参数

与河流相似,湖泊化学完整性指标备选参数包括河流水质化学组成中受人类活动干扰影响大的一类理化参数和营养盐参数,具体包括温度（T）、酸碱度（pH）、溶解氧（DO）、总悬浮颗粒物（SS）、电导率（EC）和高锰酸盐指数（COD_{Mn}）等水质理化参数,还包括总氮（TN）、总磷（TP）、氨氮（NH_4^+-N）、硝态氮（NO_3^--N）、正磷酸盐磷（PO_4^{3-}-P）

等营养盐参数和叶绿素（Chl-a）参数。其中，湖泊健康评价中通常单独采用叶绿素指数或总氮、总磷、高锰酸盐指数、透明度和氨氮计算湖泊富营养化指数。

3）湖泊生物完整性指标备选参数

湖泊生物完整性指标备选参数包括浮游藻类、大型底栖动物、鱼类完整性指标体系。由于湖泊采用历时状态作为参照状态，因此对于浮游藻类、大型底栖动物、鱼类的备选参数需要考虑评价尺度是全湖尺度。

在此基础上，浮游藻类评价指标可以考虑种类数、数量、生物量、多样性指数、优势度、群落初级生产力、群落初级生产力与生物量比等备选参数；大型底栖动物评价指标可以将种类数、数量、生物量、多样性指数、优势度等指标作为备选参数；鱼类可以将种类数、数量、生物量、多样性指数、优势度、渔获量等指标作为备选参数。

5.2.2　参数筛选方法

1. 河流水生态完整性指标参数筛选

1）河流物理完整性指标参数筛选

通过对太湖流域河流物理状况的实地调查，结合备选指标的得分状况，通过专家咨询结合统计分析结果筛选出相应指标。在生境多样性、河道水流状态、水质状况、河道宽深比、底质构成、河道变化、河岸稳定性、河岸坡度、河岸植被多样性、滨岸带植被宽度、人类活动强度等 10 余项指标中，选择了河道水流状态、底质构成、生境多样性、河岸稳定性和滨岸带植被宽度等五项指标作为表征西部丘陵区河流的参数，主要原因是这五项指标相对独立，反映了河流各个组分的状况，而水质状况与化学完整性指数有相关性，河道宽深比、河道变化、河岸坡度对人类活动干扰并不敏感，河岸植被多样性和人类活动强度可以通过滨岸带状况进行表征。在东部平原区，选择了河道水流状态、底质构成、生境多样性、河岸植被多样性和滨岸带植被宽度。主要原因是太湖流域平原区河道水位较高，人类活动对河流的干扰主要是阻隔了河流的自然流动。另外，平原区河岸渠道化比例较高，一定程度上破坏了河流的自然形态。

2）河流化学完整性指标参数筛选

河流化学完整性参数筛选分为两步：①对不同区域的样点进行分类，分别针对各个区域进行指标筛选；②利用多个河流水质理化参数构建矩阵，再通过主成分分析，选择影响水环境状况的主要水质理化参数作为化学完整性的评价参数。

3）河流生物完整性指标参数筛选

河流浮游藻类、鱼类完整性参数的筛选方法与大型底栖动物方法一样，都是采用候选参数分布范围检验、候选参数敏感性分析和候选参数间相关性检验三个步骤进行参数筛选。

2. 湖泊水生态完整性指标参数筛选

1）湖泊物理完整性指标参数筛选

根据已有参数的定义分析，选择河湖连通状况和湖面完整状况来表征湖泊完整性。其中，河湖连通状况可表征长江与各大湖泊水沙输送和能量传递，继而调整和塑造湖盆结构。

湖泊面积既是湖泊的基本形态参数，又能够反映本区湖泊受人类活动的干扰强度（如历史围垦导致的湖泊面积萎缩），故采用河湖连通状况和湖面完整状况表征湖泊物理完整性。

2）湖泊化学完整性指标参数筛选

湖泊化学完整性参数通过对备选参数的分析进行综合选择，DO、EC和营养状况能够表征不同方面水体理化状况。其中，DO为水体中DO浓度，DO对水生动植物十分重要，过高和过低都会对水生生物造成影响；EC反映了水体中溶解性矿物离子的浓度状况，能够反映长期人类活动对水体的累积影响；营养状况包含多个营养盐参数，是一个综合指标，也便于与历史参考状况进行分析计算。

3）湖泊生物完整性指标参数筛选

湖泊生物完整性参数依据已有研究（高俊峰等，2016；Huang et al.，2015；马陶武等，2008）以及系统性、独立性和差异性原则选择。

5.3　水生态健康参考状态确定

选择适宜的评价指标、标准、方法体系评价生态系统的健康状况是使生态系统健康概念具有现实意义、为生态环境决策提供有效、可靠、可推广的指导性信息的关键。相比于传统方法仅限于一些物理参数、化学参数和少量生物的监测，生态系统健康评价更注重采用系统综合、群落、个体等多个水平多个尺度的生态指标来体现生态系统的复杂性。此外，该评价系统还对物理指标、化学指标，甚至经济社会、服务功能等指标进行兼收。因而，该评价系统能够更综合地反映生态系统的复杂性、综合性、多尺度性等多方面的特征。

5.3.1　河流及溪流水生态健康参考状态确定

参照状态的确定包括多种方法，其中最少干扰状态是在相同分区或分类的条件下，选择人类活动干扰最少的样点作为参考点位。参考点位是相对于已经遭受人类活动干扰的点位提出的（Stoddard et al.，2006）。因此，理想的参照状态是没有人类干扰的自然本底值，但是目前地球上水体都或多或少地受到了人类活动的影响，特别是太湖流域，人类活动历史悠久，农业耕作历史悠久，经济发达，城市化水平高，因此理想的参照状态并不存在（Huang et al.，2015；Herlihy et al.，2008；Whittier et al.，2007；Stoddard et al.，2006）。因此，最少干扰状态的点位可以作为"理想参照状态"点位的替代。参考已有研究，参考点位设置应遵循两个原则：①河流本身的驱动力，包括具体类型、地域和生物状况；②参考点位主要依据非生物要素来确定（Ligeiro et al.，2013；Whittier et al.，2007；Stoddard et al.，2006；Bailey et al.，2004）。

基于以上原则，选择水质状况指标、河流物理状况指标和土地利用指标作为参考点位确定的关键参数，因为水质可以表征营养盐输入、有机污染、河流物理状况可以提供底栖动物多样性和丰富程度的栖息地，土地利用可以表征面源污染状况（Whittier et al.，2007）。太湖流域西部丘陵区参考点位的选择采用了与李强等（2007）、Wang 等（2012）和王备新等（2008）相似的定义，包括土地利用指标、水质状况指标和河流物理状况指标；平原区没有设定土地利用状况阈值，但采用了 500m 缓冲区内无工厂或居民直接排污口，且包括了水质状况指标和河流物理状况指标（表 5-3）。

表 5-3　确定湖泊型流域河流参考点位的指标

指标	丘陵区	平原区
土地利用	没有采矿及河岸带耕作活动，集水区上游建设用地<5%，林地和草地面积和>60%	500m 缓冲区内无工厂或居民直接排污口
水质状况	$TP<0.10mg/L$，$NH_4^+-N<0.50mg/L$，$COD_{Mn}<4mg/L$，$DO>6mg/L$，$EC<300\mu S/cm$	$TP<0.20mg/L$，$NH_4^+-N<1.00mg/L$，$COD_{Mn}<6mg/L$，$DO>6mg/L$，$EC<500\mu S/cm$
河流物理状况	>60	>60

5.3.2　湖泊水生态健康参考状态确定

根据蔡琨等（2014）的研究，湖泊参照状态采用最少干扰状况建立参照状态，适当考虑了最佳恢复状态的内涵，参考 20 世纪 60 年代的水生态环境特点，不同分区的参考点位定义采用了以下指标：首先是有水生植物且大于 2 种，优势植物类群以喜贫-中营养类型为主；其次是 NH_4^+-N、TP 满足国家三类水标准；然后是生境和底质适合底栖动物生长，非湖心区指有丰富的沉积物且水生植物残体较少，湖心区有相对丰富的沉积层；最后是样点所处地无航道、养殖和鱼类功能，受水文水利设施影响最小。非湖心区样点需要全部满足以上四点，湖心区样点要满足其中三点（表 5-4）。

表 5-4　确定湖泊参考点位的指标

	湖心区	非湖心区
植被状况	有水生植物且大于 2 种，优势植物类群以喜贫-中营养类型为主	
水质	$TP<0.10mg/L$，$NH_4^+-N<0.50mg/L$	$TP<0.20mg/L$，$NH_4^+-N<1.00mg/L$
沉积物状况	有相对丰富的沉积层	丰富的沉积物且水生植物残体较少
人类活动干扰	无航道、养殖和鱼类功能，受水文水利设施影响最小	

5.4　水生态健康评价方法及等级

5.4.1　水生态健康评价指标体系

合理指标具有的特征应该达到以下要求：①可以快速量化河流和湖库等水体的状态以及存在的风险；②可以提供准确的信息，并易于说明；③对人为干扰能快速响应并与预测趋势相符；④具有合适的尺度；⑤测量成本合理；⑥与管理目标相关联；⑦有科学依据。

水生态健康评价指标体系包括目标层、系统层、状态层和指标层 4 个层次，其中，河流水生态健康评价指标体系框架包括 1 个目标因子、2 个系统因子、5 个状态因子、12 个指标因子（表 5-5），湖泊和水库水生态健康评价指标体系框架包括 1 个目标因子、2 个系统因子、5 个状态因子、11 个指标因子（表 5-6）。

表 5-5　河流水生态健康评价指标体系

目标层	系统层	状态层	指标层	指标意义
河流水生态健康	物理化学完整性	水质理化	溶解氧	含氧量指标，水体缺氧会导致水生生物死亡
			电导率	电解质浓度指标
			高锰酸盐指数	水体污染程度指标
		营养盐	总氮	重要营养元素指标，可指示水体富营养化程度
			总磷	重要营养元素指标，可指示水体富营养化程度
	生物完整性	着生藻类	总分类单元数	所有物种丰度指标
			BPI	最具优势物种指标
		大型底栖无脊椎动物	总分类单元数	所有物种丰度指标
			Berger-Parker 优势度指数	最具优势物种指标
			FBI	敏感性指标，表征生物的污染耐受程度
		鱼类	总分类单元数	所有物种丰度指标
			BPI	最具优势物种指标

注：BPI 表示伯杰-帕克优势度指数（Berger-Park dominance index）；FBI 表示科级生物指数（family level biotic index）。

表 5-6　湖泊和水库水生态健康评价指标体系

目标层	系统层	状态层	指标层	指标意义
湖泊和水库水生态健康	物理化学完整性	水质理化	溶解氧	含氧量指标，水体缺氧会导致水生生物死亡
			电导率	电解质浓度指标
		营养盐	富营养化指数	富营养状态指标，包含叶绿素 a、总氮、总磷、透明度和高锰酸盐指数
	生物完整性	浮游植物	总分类单元数	所有物种丰度指标
			BPI	最具优势物种指标
			蓝藻门密度比例	特定指示物种，指示富营养化程度
		大型底栖无脊椎动物	总分类单元数	所有物种丰度指标
			BPI	最具优势物种指标
			FBI	敏感性指标，表征生物的污染耐受程度
		鱼类	总分类单元数	所有物种丰度指标
			BPI	最具优势物种指标

5.4.2　水生态健康评价方法

1. 水生生物多样性指标计算方法

水生生物群落可用优势度、多样性指数等不同指标进行描述，某些生态属性代表了水生生物群落的长期维持能力。当评价水生态健康时，需要对典型的关键指标进行选择与计算（高俊峰等，2017）。

建议采用总分类单元数、BPI、FBI 对水生态健康评价进行计算（表 5-7）。

表 5-7　水生态健康评价指标及其计算方法

生物群落	指标	计算方法	评价对象
着生藻类	总分类单元数	统计鉴定的物种总数量	河流
	BPI	$BPI = \dfrac{N_{max}}{N}$	河流
浮游植物	总分类单元数	统计鉴定的物种总数量	湖泊、水库
	BPI	$BPI = \dfrac{N_{max}}{N}$	湖泊、水库
	蓝藻门密度比例	蓝藻门占总浮游植物数量的比例	湖泊、水库
大型底栖无脊椎动物	总分类单元数	统计鉴定的物种总数量	河流、湖泊、水库
	BPI	$BPI = \dfrac{N_{max}}{N}$	河流、湖泊、水库
	FBI	$FBI = \sum\limits_{i=1}^{n} \dfrac{g_i m_i}{N}$	河流、湖泊、水库
鱼类	总分类单元数	统计鉴定的物种总数量	河流、湖泊、水库
	BPI	$BPI = \dfrac{N_{max}}{N}$	河流、湖泊、水库

注：N_{max} 为各个样点数量最多物种的个体数；N 为各个样点出现物种的总个数；g_i 为大型底栖动物第 i 个最小分类单元的个体数；m_i 为最小分类单元 i 的耐污值。

2. 评价指标标准化

通过确定指标期望值（指标等级最好状态值）和临界阈值（指标等级最差状态值）对各类指标进行标准化，以确保评价指标得分范围为 0～1。各类评价指标的标准化方法描述如下。

1）水质和营养盐指标标准化

对于随人类活动干扰增大而增大的指标，如电导率、高锰酸盐指数、总氮和总磷等，标准化公式为

$$指标得分 = \frac{临界阈值 - 测量值}{临界阈值 - 期望值} \tag{5-1}$$

对于随人类活动干扰增大而减小的指标，如溶解氧、叶绿素、富营养化指数等，其标准化公式为

$$指标得分 = \frac{测量值 - 临界阈值}{期望值 - 临界阈值} \tag{5-2}$$

式中，期望值和临界阈值由国家水质等级标准和试评价数据共同确定。

2）水生生物指标标准化

浮游植物、着生藻类、底栖动物和鱼类的物种数指标标准化公式为

$$指标得分 = \frac{测量值 - 临界阈值}{期望值 - 临界阈值} \tag{5-3}$$

蓝藻密度比例，浮游植物、着生藻类、底栖动物和鱼类 BPI，底栖动物 FBI 三类指标的标准化公式为

$$指标得分 = \frac{临界阈值 - 测量值}{临界阈值 - 期望值} \tag{5-4}$$

3. 评价指标期望值与临界阈值

健康临界阈值和期望值的确定需要大量基础调查资料和深入的研究，且不同河流或湖库等淡水水生态系统类型，其健康临界阈值是有差异的。在进行水生态健康临界阈值确定时，临界阈值标准的确定按照国家标准、已有文献研究成果、研究区实测数据及专家建议四个方面来确定。

本次评价根据表 5-8 和表 5-9 确定评价指标期望值与临界阈值。具体地，河流水质、营养盐等阈值的确定参考《地表水环境质量标准》（GB 3838—2002），并将研究区调查样点测量值的 95%分位数作为期望值，5%分位数作为临界阈值（随压力增大而增大的指标采用 5%分位数作为期望值，95%分位数作为临界阈值）；湖泊营养盐、水质参考《地表水环境质量标准》（GB 3838—2002），并将研究区调查样点测量值的 95%分位数作为期望值，5%分位数作为临界阈值（随压力增大而增大的指标采用 5%分位数作为期望值，95%分位数作为临界阈值）。

表 5-8　河流水生态健康评价指标期望值与临界阈值确定方法

状态层	评价指标	适用性范围	期望值	临界阈值
水质理化指标	溶解氧	所有样点	GB 3838—2002	GB 3838—2002
	电导率	所有样点	5%分位数	95%分位数
	高锰酸盐指数	所有样点	GB 3838—2002	GB 3838—2002
水质营养盐指标	总氮	所有样点	GB 3838—2002	GB 3838—2002
	总磷	所有样点	GB 3838—2002	GB 3838—2002
着生藻类指标	分类单元数	所有样点	95%分位数	5%分位数
	BPI	所有样点	10%分位数	90%分位数
大型底栖无脊椎动物指标	分类单元数	山区	95%分位数	5%分位数
		平原	95%分位数	5%分位数
	BPI	山区	10%分位数	90%分位数
		平原	10%分位数	90%分位数
	FBI	山区	5%分位数	95%分位数
		平原	5%分位数	95%分位数
鱼类指标	分类单元数	所有样点	95%分位数	5%分位数
	BPI	所有样点	10%分位数	90%分位数

表 5-9　湖泊生态健康评价指标期望值与临界阈值确定方法

状态层	评价指标	适用性范围	期望值	临界阈值
水质理化指标	溶解氧	所有样点	GB 3838—2002	GB 3838—2002
	电导率	所有样点	5%分位数	95%分位数
水质营养盐指标	营养盐指数	所有样点	5%分位数	95%分位数
浮游植物指标	分类单元数	所有样点	95%分位数	5%分位数
	BPI	所有样点	10%分位数	90%分位数
	蓝藻密度比例	所有样点	5%分位数	95%分位数
大型底栖无脊椎动物指标	分类单元数	所有样点	95%分位数	5%分位数
	BPI	所有样点	10%分位数	90%分位数
	FBI	所有样点	5%分位数	95%分位数
鱼类指标	分类单元数	所有样点	95%分位数	5%分位数
	BPI	所有样点	10%分位数	90%分位数

生物指标中，着生藻类分类单元数采用研究区河流调查样点测量值的 95%分位数作为期望值，5%分位数作为临界阈值；BPI 采用 10%分位数作为期望值，90%分位数作为临界阈值。浮游植物分类单元数采用研究区调查样点测量值的 95%分位数作为期望值，5%分位数作为临界阈值；BPI 采用 10%分位数作为期望值，90%分位数作为临界阈值，蓝藻密度比例采用 5%分位数作为期望值，95%分位数作为临界阈值。

大型底栖无脊椎动物分类单元数采用研究区调查样点测量值的 95%分位数作为期望值，5%分位数作为临界阈值，考虑丘陵区、平原区和湖泊的差异，分别建立期望值与临界阈值标准。BPI 采用调查样点 10%分位数作为期望值，90%分位数作为临界阈值；FBI 分别按研究区调查样点 5%分位数作为期望值，95%分位数作为临界阈值。

鱼类分类单元数标准利用研究区调查样点测量值的 95%分位数作为期望值，5%分位数作为临界阈值；BPI 采用 10%分位数作为期望值，90%分位数作为临界阈值。

4. 水生态健康评价综合指标计算

1）水质指标综合得分计算

（1）水质理化指标。

当为河流系统时，水质指标选择 COD_{Mn}、Chl-a、EC 和 DO，其中，DO 作为关键指标，如果该指标得分为 0，则水质指数为 0，计算公式为

$$水质理化指数_1 = \frac{DO + EC + COD_{Mn}}{3} \tag{5-5}$$

式中，DO 为溶解氧；EC 为电导率；COD_{Mn} 为高锰酸盐指数。

当为湖泊系统时，水质指标选择 EC 和 DO，其中，DO 作为关键指标，如果该指标得分为 0，则水质指数为 0，计算公式为

$$水质理化指数_2 = \frac{DO + EC}{2} \tag{5-6}$$

（2）水质营养盐指标。

当为河流系统时，营养指标选择 TN 和 TP，计算公式为

$$营养盐指数 = \frac{TN + TP}{2} \tag{5-7}$$

当为湖泊系统时，营养指标选择富营养化指数，涉及指标主要为 Chl-a、TP、TN、SD 和 COD_{Mn}，计算公式为

$$TLI(\Sigma) = \sum_{j=1}^{m} W_j \times TLI(j) \tag{5-8}$$

式中，$TLI(\Sigma)$ 为综合营养状态指数；W_j 为第 j 种参数的营养状态指数的相关权重；$TLI(j)$ 为第 j 种参数的营养状态指数。

以 Chl-a 作为基准参数，则第 j 种参数的归一化相关权重计算公式为

$$W_j = \frac{r_{ij}^2}{\sum\limits_{j=1}^{m} r_{ij}^2} \tag{5-9}$$

式中，r_{ij} 为第 j 种参数与基准参数 Chl-a 的相关系数；m 为评价参数的个数。

中国湖泊（水库）的 Chl-a 与其他参数之间的相关关系 r_{ij} 及 r_{ij}^2 见表 5-10。

表 5-10　中国湖泊（水库）部分参数与 Chl-a 的相关关系 r_{ij} 及 r_{ij}^2 值

参数	Chl-a	TP	TN	SD	COD_{Mn}
r_{ij}	1	0.84	0.82	−0.83	0.83
r_{ij}^2	1	0.7056	0.6724	0.6889	0.6889

注：引自《地表水环境质量评价办法（试行）》。

营养状态指数计算公式为

$$TLI(Chl\text{-}a) = 10(2.5 + 1.086 \ln Chl\text{-}a) \tag{5-10}$$

$$TLI(TP) = 10(9.436 + 1.624 \ln TP) \tag{5-11}$$

$$TLI(TN) = 10(5.453 + 1.694 \ln TN) \tag{5-12}$$

$$TLI(SD) = 10(5.118 - 1.940 \ln SD) \tag{5-13}$$

$$TLI(COD_{Mn}) = 10(0.109 + 2.66 \ln COD_{Mn}) \tag{5-14}$$

式中，Chl-a 单位为 mg/m^3；SD 单位为 m；其他指标单位均为 mg/L。

营养状态分级采用 0～100 一系列连续的数字对湖泊和水库营养状态进行分级，见表 5-11。

表 5-11　湖泊和水库营养状态分级

综合营养状态指数分级	营养状态
TLI($\sum$) <30	贫营养
30≤ TLI($\sum$) ≤50	中营养
TLI($\sum$) >50	富营养
50< TLI($\sum$) ≤60	轻度富营养
60< TLI($\sum$) ≤70	中度富营养
TLI($\sum$) >70	重度富营养

在同一营养状态下，指数值越高，其富营养程度越严重。

2）水生生物指标综合得分计算

（1）着生藻类。

当为河流系统时，着生藻类指标选择分类单元数和 Berger-Parker 优势度指数，计算公式为

$$着生藻类指数 = \frac{S+D}{2} \tag{5-15}$$

式中，S 为总分类单元数；D 为 BPI。

当为湖泊系统时，浮游植物指标选择分类单元数、BPI 和蓝藻密度比例，计算公式为

$$浮游植物指数 = \frac{S+D+P}{3} \tag{5-16}$$

式中，P 为蓝藻密度比例。

（2）大型底栖无脊椎动物。

不论河流系统还是湖泊系统，大型底栖无脊椎动物指标选择分类单元数、BPI 和生物量，计算公式为

$$大型底栖无脊椎动物指数(\text{B-IBI}^{①}) = \frac{S+D+B}{3} \tag{5-17}$$

式中，B 为 FBI。

（3）鱼类。

不论河流系统还是湖泊系统，鱼类指标均选择分类单元数和 BPI，计算公式为

$$鱼类指数 = \frac{S+D}{2} \tag{5-18}$$

3）水生态健康评价综合得分计算

当为河流系统时，水生态健康评价综合得分计算为

水生态健康综合指数 = (水质理化指数$_1$ +营养盐指数

$$+着生藻类指数 +大型底栖无脊椎动物指数 +鱼类指数) / 5 \tag{5-19}$$

---

① B-IBI 为底栖动物完整性指数，式（5-17）中指大型底栖无脊椎动物指数。

当为湖泊和水库系统时，水生态健康评价综合得分计算为

$$水生态健康综合指数 = (水质理化指数_2 + \text{TLI}(\sum) + 浮游植物指数$$
$$+ 大型底栖无脊椎动物指数 + 鱼类指数) / 5 \qquad (5\text{-}20)$$

5.4.3　指标筛选与验证

在对河流水生态系统进行分类的基础上，分别采用候选参数分布范围检验、候选参数敏感性分析和候选参数间相关性检验三个步骤进行 B-IBI 筛选。候选参数分布范围检验主要通过考察参数计算结果是否适合研究区域，判断数值分布是否能够代表人类活动的不同干扰程度；候选参数敏感性主要采用（非）参数检验和箱线图等进行分析，确定对人类活动干扰具有敏感指示的参数；候选参数间相关性检验主要通过计算各参数之间的相互关系，避免选择具有高度相关性的两个指标，最终筛选出 B-IBI 评价核心参数。

核心参数指标可以通过以下三个步骤进行验证：首先，计算正确分类的百分比，即通过计算样点完整性指标得分，根据判断值判断得分是否对应于参考点或受损点，将这一结果与调查确定的参考点或受损点进行比对，从而得到正确分类的百分比，依据区域状况采用所有参考点得分的分位数（如 25%）作为判断值；其次，计算所有样点指标的变异系数（率定调查点位和验证调查点）；最后，计算通过箱线图的 IQ 值和分离系数。

5.4.4　水生态健康状态等级

为消除不同量纲之间的差异，对评价参数采用标准化处理，统一量纲，并根据指标对人类活动干扰反应的不同，对指标进行标准化，通过确定指标期望值（指标等级最好状态值）和临界阈值（指标等级最差状态值）对各类指标进行标准化，以确保评价指标得分在 0～1。标准化方法：采用标准化公式对分项指标进行计算，结果分布范围为 0～1，小于 0 的值记为 0，大于 1 的值记为 1。

$$Y = \begin{cases} \dfrac{X-B}{T-B} & B < T \\[2mm] \dfrac{B-X}{B-T} & B > T \end{cases} \qquad (5\text{-}21)$$

式中，Y 为指标计算结果；X 为现状值；T 为期望值；B 为临界阈值。期望值为未受到人为活动干扰下评价参数的取值，指完整性的最佳状况；临界阈值指受到人类活动干扰后，湖泊生态系统面临崩溃的阈值，此时完整性状态为最差状态。

生态系统完整性评价指标体系建立后，进行指标权重的设置。对生物完整性指标体系而言，各个参数都是用于表征生物群落受到人类活动干扰产生反应的一个方面，因此这些指标采用合适的权重是研究的重点与难点。

采用等分法将生态系统完整性综合得分分为五个等级（表 5-12）。

表 5-12　水生态系统健康评价状态划分与描述

状态等级	分级标准	等级描述
优	[0.8, 1.0]	水生态系统的自然生境和群落结构组成处于未被干扰或仅有轻微改变的自然状态，生态功能完整、具有活力
良	[0.6, 0.8)	水生态系统的自然生境和群落结构组成发生中等程度的变化，但生态系统的基本功能完好且状态稳定
中	[0.4, 0.6)	水生态系统的自然生境和群落结构组成发生了较大的变化，甚至部分生态功能丧失
差	[0.2, 0.4)	水生态系统发生极显著改变，生态功能大部分丧失
劣	[0, 0.2)	水生态系统发生严重改变，生态功能完全丧失，短期难以逆转

5.5　湖泊型流域水生态健康评价案例

5.5.1　巢湖流域水生态功能区水生态健康

1. 巢湖流域水生态功能一级区水生态健康

1）水质理化评价

整体来说，巢湖流域三个水生态功能一级区（LEⅠ、LEⅡ、LEⅢ）水质理化综合得分分别为 0.80、0.65、0.83，健康状态分别为"优""良""优"。"优"状态区域主要分布在流域西部山丘区和中部湖体区；"良"状态区域主要分布在流域中东部平原区（图 5-1）。

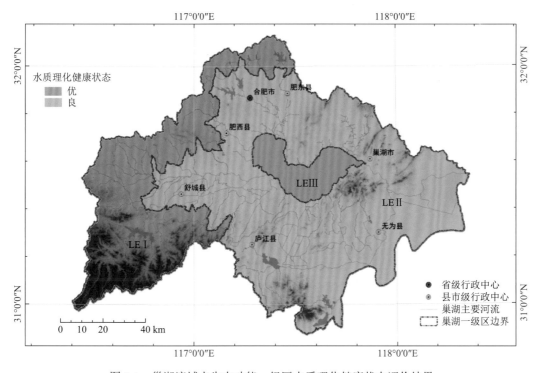

图 5-1　巢湖流域水生态功能一级区水质理化健康状态评价结果

巢湖流域三个水生态功能一级区（LEⅠ、LEⅡ、LEⅢ）溶解氧得分分别为0.96、0.85、1.00，健康状态都为"优"，说明巢湖流域水体溶解氧含量比较高。

巢湖流域三个水生态功能一级区（LEⅠ、LEⅡ、LEⅢ）电导率得分分别为0.79、0.57、0.66，健康状态分别为"良""中""良"。"良"状态区域主要分布在流域西部山丘区和中部湖体区；"中"状态区域主要分布在流域中东部平原区。

巢湖流域除巢湖湖体LEⅢ外，两个水生态功能一级区（LEⅠ和LEⅡ），高锰酸盐指数得分分别为0.66和0.54，健康状态分别为"良"和"中"。"良"状态区域主要分布在流域西部山丘区；"中"状态区域主要分布在流域中东部平原区。

2）营养盐评价

整体来说，巢湖流域三个水生态功能一级区（LEⅠ、LEⅡ、LEⅢ）营养盐健康综合得分分别为0.62、0.48、0.49，健康状态分别为"良""中""中"。"良"状态区域主要分布在流域西部山丘区；"中"状态区域主要分布在流域中东部平原区和湖体区（图5-2）。

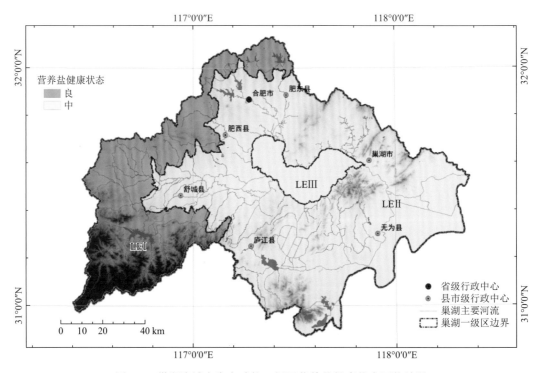

图5-2　巢湖流域水生态功能一级区营养盐健康状态评价结果

巢湖流域三个水生态功能一级区（LEⅠ、LEⅡ、LEⅢ）总氮得分分别为0.41、0.35、0.68，健康状态分别为"中""差""良"。"良"状态区域主要分布在中部巢湖湖体区；"中"状态区域主要分布在流域西部山丘区；"差"状态区域主要分布在流域中东部平原区。

巢湖流域三个水生态功能一级区（LEⅠ、LEⅡ、LEⅢ）总磷得分分别为0.83、0.59、0.61，健康状态分别为"优""中""良"。"优"和"良"状态区域主要分布在流域西部山丘区和中部湖体区；"中"状态区域主要分布在流域中东部平原区。

此外，巢湖湖体水生态区（LEⅢ）叶绿素 a、高锰酸盐指数、透明度得分分别为 0.50、0.45、0.81，健康状态分别为"中""中""优"。

3）着生藻类/浮游植物评价

整体来说，巢湖流域三个水生态功能一级区（LEⅠ、LEⅡ、LEⅢ）着生藻类/浮游植物健康综合得分分别为 0.56、0.64、0.60，健康状态分别为"中""良""良"。"良"状态区域主要分布在流域中东部平原区和湖体区；"中"状态区域主要分布在流域西部山丘区（图 5-3）。

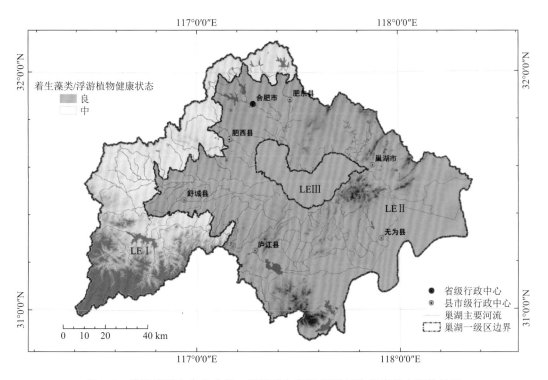

图 5-3　巢湖流域水生态功能一级区着生藻类/浮游植物健康状态评价结果

巢湖流域三个水生态功能一级区（LEⅠ、LEⅡ、LEⅢ）着生藻类/浮游植物分类单元数得分分别为 0.41、0.49、0.69，健康状态分别为"中""中""良"。"良"状态区域主要分布在流域中部湖体区；"中"状态区域主要分布在流域西部山丘区和中东部平原区。

巢湖流域三个水生态功能一级区（LEⅠ、LEⅡ、LEⅢ）着生藻类/浮游植物 BPI 得分分别为 0.71、0.78、0.69，健康状态都为"良"。

巢湖流域水生态功能一级区 LEⅢ为巢湖湖体，其浮游植物蓝藻门密度比例得分为 0.49，健康状态为"中"。

4）底栖动物评价

整体来说，巢湖流域三个水生态功能一级区（LEⅠ、LEⅡ、LEⅢ）底栖动物健康综合得分分别为 0.52、0.53、0.43，健康状态全部为"中"（图 5-4）。

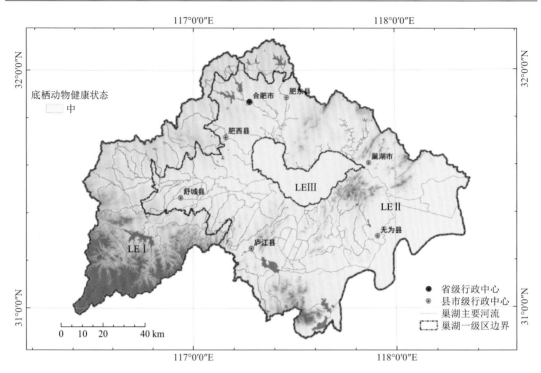

图 5-4　巢湖流域水生态功能一级区底栖动物健康状态评价结果

　　巢湖流域三个水生态功能一级区（LEⅠ、LEⅡ、LEⅢ）底栖动物分类单元数得分分别为 0.45、0.49、0.37，健康状态分别为"中""中""差"。"中"状态区域主要分布在流域西部山丘区和中东部平原区；"差"状态区域主要分布在巢湖湖体区。

　　巢湖流域三个水生态功能一级区（LEⅠ、LEⅡ、LEⅢ）底栖动物 BPI 得分分别为 0.56、0.59、0.62，健康状态分别为"中""中""良"。"良"状态区域主要分布在巢湖湖体区；"中"状态区域主要分布在流域西部山丘区和中东部平原区。

　　巢湖流域三个水生态功能一级区（LEⅠ、LEⅡ、LEⅢ）底栖动物 FBI 得分分别为 0.55、0.52、0.43，健康状态分别为"中""中""中"。巢湖流域所有一级分区的底栖动物 FBI 健康状态都为"中"。

　　5）鱼类评价

　　整体来说，除巢湖湖体外，巢湖流域另外两个水生态功能一级区（LEⅠ和LEⅡ）鱼类健康综合得分分别为 0.65 和 0.55，健康状态分别为"良"和"中"。"良"状态区域主要分布在流域西部山丘区；"中"状态区域主要分布在流域中东部平原区（图 5-5）。

　　巢湖流域两个水生态功能一级区（LEⅠ和LEⅢ）鱼类分类单元数得分分别为 0.63 和 0.52，健康状态分别为"良"和"中"。"良"状态区域主要分布在流域西部山丘区；"中"状态区域主要分布在流域中东部平原区。

　　巢湖流域两个水生态功能一级区（LEⅠ和LEⅢ）鱼类 BPI 得分分别为 0.68 和 0.58，健康状态分别为"良"和"中"。"良"状态区域主要分布在流域西部山丘区；"中"状态区域主要分布在流域中东部平原区。

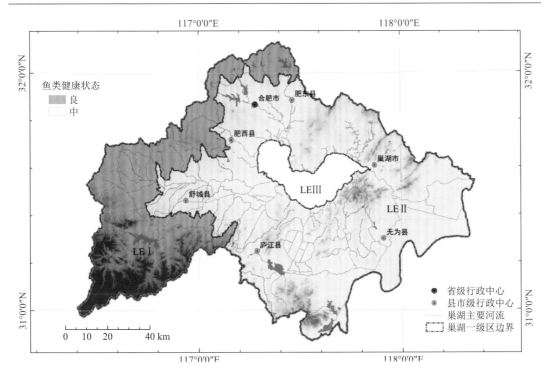

图 5-5　巢湖流域水生态功能一级区鱼类健康状态评价结果

6）综合评价

通过对巢湖流域水生态功能一级区水质理化、营养盐、着生藻类/浮游植物、底栖动物和鱼类的综合评价得出：巢湖流域三个水生态功能一级区（LEⅠ、LEⅡ、LEⅢ）水生态健康综合得分分别为 0.63、0.57、0.59，健康状态分别为"良""中""中"。"良"状态区域主要分布在流域西部山丘区；"中"状态区域主要分布在流域中东部平原区和巢湖湖体区（图 5-6）。

2. 巢湖流域水生态功能二级区水生态健康

1）水质理化评价

整体来说，巢湖流域七个水生态功能二级区（LEⅠ₁、LEⅠ₂、LEⅡ₁、LEⅡ₂、LEⅡ₃、LEⅡ₄、LEⅢ₁）水质理化综合得分分别为 0.89、0.69、0.44、0.56、0.71、0.76 和 0.83，健康状态分别为"优""良""中""中""良""良""优"。"优"状态区域主要分布在流域西南部山丘区和巢湖湖体区；"良"状态区域主要分布在流域西部山丘区、南部和东部平原区；"中"状态区域主要分布在流域北部平原区（图 5-7）。

巢湖流域七个水生态功能二级区（LEⅠ₁、LEⅠ₂、LEⅡ₁、LEⅡ₂、LEⅡ₃、LEⅡ₄ 和 LEⅢ₁）DO 得分分别为 0.96、0.95、0.66、0.65、0.98、0.93 和 1.00，健康状态分别为"优""优""良""良""优""优""优"。"优"状态区域主要分布在流域西部山丘区、南部和东部平原区；"良"状态区域主要分布在北部平原区。

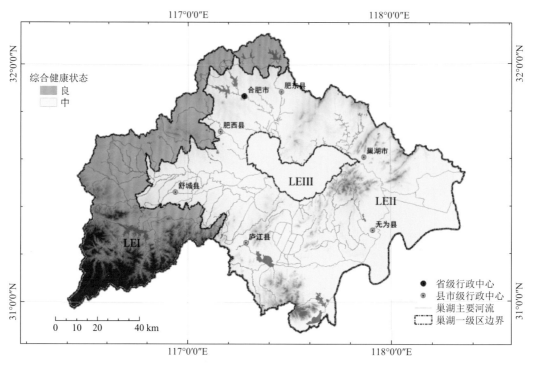

图 5-6　巢湖流域水生态功能一级区水生态健康综合健康状态评价结果

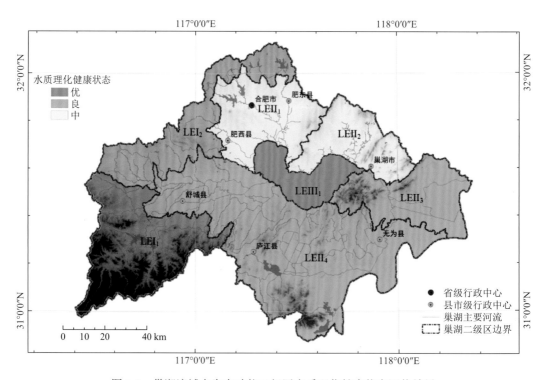

图 5-7　巢湖流域水生态功能二级区水质理化健康状态评价结果

巢湖流域七个水生态功能二级区（LEI$_1$、LEI$_2$、LEII$_1$、LEII$_2$、LEII$_3$、LEII$_4$ 和 LEIII$_1$）电导率得分分别为 0.91、0.64、0.34、0.56、0.61、0.68、0.66，健康状态分别为"优""良""差""中""良""良""良"。"优"状态区域主要分布在流域西南部山丘区；"良"状态区域主要分布在流域西部山丘区、南部和东部平原区；"中"状态区域主要分布在流域东北部平原区；"差"状态区域主要分布在流域北部平原区。

巢湖流域除巢湖湖体 LEIII$_1$ 外，六个水生态功能二级区（LEI$_1$、LEI$_2$、LEII$_1$、LEII$_2$、LEII$_3$、LEII$_4$）高锰酸盐指数得分分别为 0.79、0.48、0.33、0.47、0.55 和 0.65，健康状态分别为"良""中""差""中""中""良"。"良"状态区域主要分布在流域西南部山丘区和南部平原区；"中"状态区域主要分布在流域西北部山丘区和东北部平原区；"差"状态区域主要分布在流域北部平原区。

2）营养盐评价

整体来说，巢湖流域七个水生态功能二级区（LEI$_1$、LEI$_2$、LEII$_1$、LEII$_2$、LEII$_3$、LEII$_4$、LEIII$_1$）营养盐得分分别为 0.63、0.60、0.16、0.65、0.61、0.54、0.49，健康状态分别为"良""良""劣""良""良""中""中"。"良"状态区域主要分布在流域西部山丘区和东北部平原区；"中"状态区域主要分布在流域南部平原区；"劣"状态区域主要分布在流域北部平原区（图 5-8）。

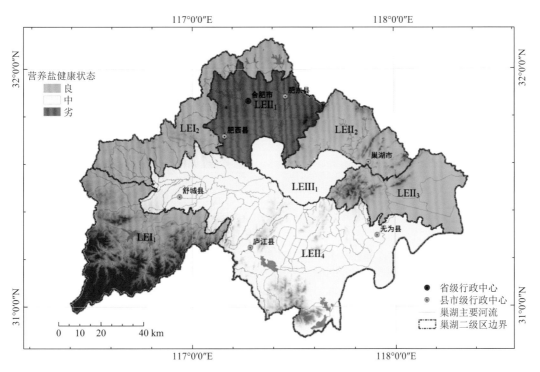

图 5-8　巢湖流域水生态功能二级区营养盐健康状态评价结果

巢湖流域七个水生态功能二级区（LEI$_1$、LEI$_2$、LEII$_1$、LEII$_2$、LEII$_3$、LEII$_4$ 和 LEIII$_1$）总氮得分分别为 0.33、0.51、0.13、0.63、0.36、0.39、0.68，健康状态分别为"差""中""劣""良""差""差""良"。"良"状态区域主要分布在流域东北部平原区；"中"

状态区域主要分布在流域西北部山丘区；"差"状态区域主要分布在流域西南部山丘区、南部和东部平原区；"劣"状态区域主要分布在流域北部平原区。

巢湖流域七个水生态功能二级区（LEⅠ$_1$、LEⅠ$_2$、LEⅡ$_1$、LEⅡ$_2$、LEⅡ$_3$、LEⅡ$_4$、LEⅢ$_1$）总磷得分分别为0.93、0.70、0.18、0.67、0.86、0.70、0.61，健康状态分别为"优""良""劣""良""优""良""良"。"优"状态区域主要分布在流域西南部山丘区和东部平原区；"良"状态区域主要分布在流域西北部山丘区、南部和东北部平原区；"劣"状态区域主要分布在流域北部平原区。

此外，巢湖湖体水生态区（LEⅢ$_1$）叶绿素a、高锰酸盐指数和透明度得分分别为0.50、0.45和0.81，健康状态分别为"中""中""优"。

3）着生藻类/浮游植物评价

整体来说，巢湖流域七个水生态功能二级区（LEⅠ$_1$、LEⅠ$_2$、LEⅡ$_1$、LEⅡ$_2$、LEⅡ$_3$、LEⅡ$_4$、LEⅢ$_1$）着生藻类/浮游植物健康综合得分分别为0.53、0.60、0.57、0.62、0.76、0.63、0.60，健康状态分别为"中""良""中""良""良""良""良"。"良"状态区域主要分布在流域西北部山丘区和东部平原区；"中"状态区域主要分布在流域西南部山丘区和北部平原区（图5-9）。

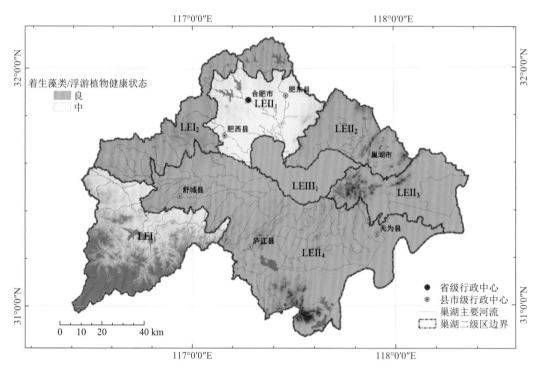

图5-9　巢湖流域水生态功能二级区着生藻类/浮游植物健康状态评价结果

巢湖流域七个水生态功能二级区（LEⅠ$_1$、LEⅠ$_2$、LEⅡ$_1$、LEⅡ$_2$、LEⅡ$_3$、LEⅡ$_4$、LEⅢ$_1$）着生藻类/浮游植物分类单元数得分分别为0.36、0.47、0.46、0.46、0.68、0.46、0.69，健康状态分别为"差""中""中""中""良""中""良"。"良"状态区域主要分布在流域东部平原区和巢湖湖体区；"中"状态区域主要分布在流域西北部山丘区、南部和北部平原区；"差"状态区域主要分布在流域西南部山丘区。

巢湖流域七个水生态功能二级区（LEⅠ$_1$、LEⅠ$_2$、LEⅡ$_1$、LEⅡ$_2$、LEⅡ$_3$、LEⅡ$_4$、LEⅢ$_1$）着生藻类/浮游植物 BPI 得分分别为 0.69、0.74、0.69、0.79、0.85、0.80、0.62，健康状态分别为"良""良""良""良""优""优""良"。"优"状态区域主要分布在流域南部和东部平原区；"良"状态区域主要分布在流域西部山丘区和北部平原区。

巢湖流域水生态功能二级区 LEⅢ$_1$ 为巢湖湖体，其浮游植物蓝藻门密度比例得分为 0.49，健康状态为"中"。

4）底栖动物评价

整体来说，巢湖流域七个水生态功能二级区（LEⅠ$_1$、LEⅠ$_2$、LEⅡ$_1$、LEⅡ$_2$、LEⅡ$_3$、LEⅡ$_4$、LEⅢ$_1$）底栖动物健康综合得分分别为 0.67、0.32、0.34、0.67、0.59、0.57 和 0.43，健康状态分别为"良""差""差""良""中""中""中"。"良"状态区域主要分布在流域西南部山丘区和东北部平原区；"中"状态区域主要分布在流域南部和东部平原区；"差"状态区域主要分布在流域西北部山丘区和平原区（图 5-10）。

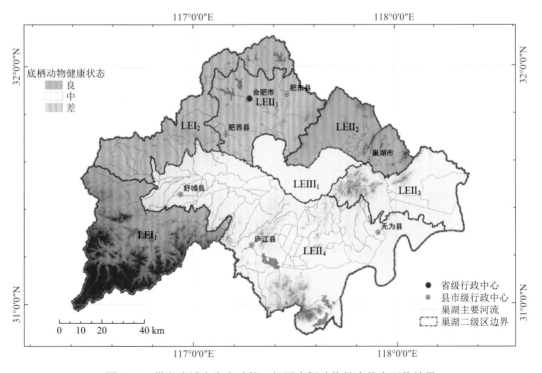

图 5-10　巢湖流域水生态功能二级区底栖动物健康状态评价结果

巢湖流域七个水生态功能二级区（LEⅠ$_1$、LEⅠ$_2$、LEⅡ$_1$、LEⅡ$_2$、LEⅡ$_3$、LEⅡ$_4$、LEⅢ$_1$）底栖动物分类单元数得分分别为 0.58、0.28、0.28、0.56、0.55、0.55、0.37，健康状态分别为"中""差""差""中""中""中""差"。"中"状态区域主要分布在流域西南部山丘区、南部和东部平原区；"差"状态区域主要分布在流域西北部山丘区和平原区。

巢湖流域七个水生态功能二级区（LEI$_1$、LEI$_2$、LEII$_1$、LEII$_2$、LEII$_3$、LEII$_4$、LEIII$_1$）底栖动物 BPI 得分分别为 0.69、0.38、0.35、0.78、0.60、0.63、0.62，健康状态分别为"良""差""差""良""良""良""良"。"良"状态区域主要分布在流域西南部山丘区、南部和东部平原区；"差"状态区域主要分布在流域西北部山丘区和平原区。

巢湖流域七个水生态功能二级区（LEI$_1$、LEI$_2$、LEII$_1$、LEII$_2$、LEII$_3$、LEII$_4$、LEIII$_1$）底栖动物 FBI 得分分别为 0.73、0.30、0.39、0.67、0.61、0.52、0.28，健康状态分别为"良""差""差""良""良""中""差"。"良"状态区域主要分布在流域西南部山丘区和东部平原区；"中"状态区域主要分布在流域南部平原区；"差"状态区域主要分布在流域西北部山丘区和平原区。

5）鱼类评价

整体来说，除巢湖湖体外，巢湖流域六个水生态功能二级区（LEI$_1$、LEI$_2$、LEII$_1$、LEII$_2$、LEII$_3$、LEII$_4$）鱼类健康综合得分分别为 0.63、0.68、0.44、0.51、0.64、0.54，健康状态分别为"良""良""中""中""良""中"。"良"状态区域主要分布在流域西部山丘和东部平原区；"中"状态区域主要分布在流域南部和北部平原区（图 5-11）。

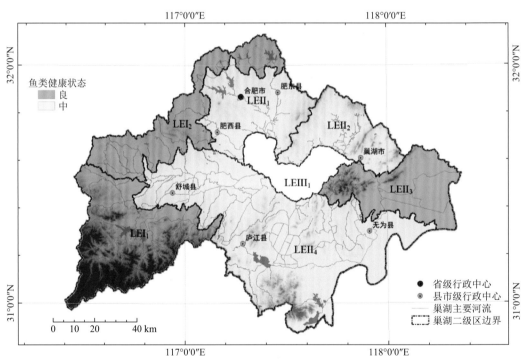

图 5-11 巢湖流域水生态功能二级区鱼类健康状态评价结果

除巢湖湖体外，巢湖流域六个水生态功能二级区（LEI$_1$、LEI$_2$、LEII$_1$、LEII$_2$、LEII$_3$、LEII$_4$）鱼类分类单元数得分分别为 0.59、0.68、0.30、0.54、0.65、0.51，健康状态分别为"中""良""差""中""良""中"。"良"状态区域主要分布在流域西北部山丘区和东部平原区；"中"状态区域主要分布在流域西南部山丘区、南部和北部平原区；"差"状态区域主要分布在流域北部平原区。

除巢湖湖体外，巢湖流域六个水生态功能二级区（LEⅠ$_1$、LEⅠ$_2$、LEⅡ$_1$、LEⅡ$_2$、LEⅡ$_3$、LEⅡ$_4$）鱼类 BPI 得分分别为 0.67、0.69、0.58、0.47、0.63、0.58，健康状态分别为"良""良""中""中""良""中"。"良"状态区域主要分布在流域西部山丘和东部平原区；"中"状态区域主要分布在流域南部和北部平原区。

6）综合评价

通过对巢湖流域水生态功能二级区水质理化、营养盐、着生藻类/浮游植物、底栖动物和鱼类的综合评价得出：巢湖流域七个水生态功能二级区（LEⅠ$_1$、LEⅠ$_2$、LEⅡ$_1$、LEⅡ$_2$、LEⅡ$_3$、LEⅡ$_4$、LEⅢ$_1$）水生态健康综合得分分别为 0.67、0.57、0.37、0.62、0.66、0.61、0.59，健康状态分别为"良""中""差""良""良""良""中"。"良"状态区域主要分布在流域西南部山丘区、南部和东部平原区；"中"状态区域主要分布在流域西北部山丘区；"差"状态区域主要分布在流域北部平原区（图 5-12）。

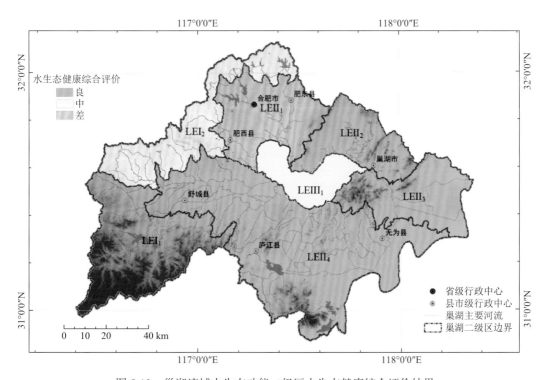

图 5-12　巢湖流域水生态功能二级区水生态健康综合评价结果

3. 巢湖流域水生态功能三级区水生态健康

1）水质理化评价

整体来说，巢湖流域水生态功能三级区的水质理化健康平均得分为 0.68，其健康状态处于"良"级别。其中，"优"和"良"状态区域的比例分别为 17.86%和 50.00%，该类区域主要分布在流域西部山丘区、南部和东部平原区；"中"状态区域的比例为 25.00%，该类区域主要分布在流域西北部山丘区和北部平原区；"差"状态区域的比例为 7.14%，该类区域主要分布在流域北部平原区（图 5-13）。

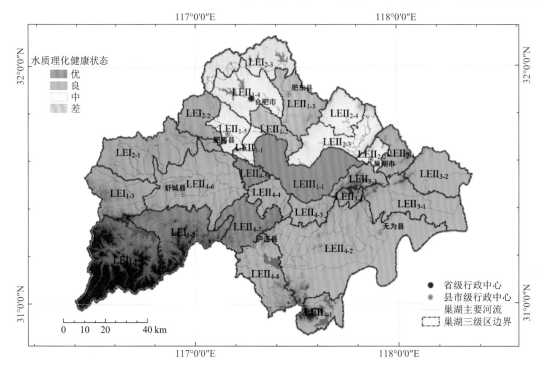

图 5-13 巢湖流域水生态功能三级区水质理化健康状态评价结果

巢湖流域水生态功能三级区的溶解氧平均得分为 0.87，其健康状态处于"优"级别。其中，"优"和"良"状态区域的比例分别为 75.00% 和 17.86%，该类区域主要分布在流域西部山丘区、南部和东部平原区；"中"状态区域的比例为 3.57%，该类区域主要分布在流域北部平原区；"差"状态区域的比例为 3.57%，该类区域主要分布在流域西北部平原区。

巢湖流域水生态功能三级区的电导率平均得分为 0.61，其健康状态处于"良"级别。其中，"优"和"良"状态区域的比例分别为 10.72% 和 50.00%，该类区域主要分布在流域西部山丘区和南部平原区；"中"状态区域的比例为 32.14%，该类区域主要分布在流域西北部山丘区、东北部以及南部平原区；"劣"状态区域的比例为 7.14%，该类区域主要分布在流域西北部平原区。

巢湖流域水生态功能三级区（除 LEIII$_1$ 湖体外）的高锰酸盐指数平均得分为 0.54，其健康状态处于"中"级别。其中，"优"和"良"状态区域的比例分别为 7.41% 和 37.04%，该类区域主要分布在流域西南部山丘区和南部平原区；"中"状态区域的比例为 29.63%，该类区域主要分布在流域西部山丘区和东北部平原区；"差"和"劣"状态区域的比例分别为 22.22% 和 3.7%，该类区域主要分布在流域西北和东部平原区。

2）营养盐评价

整体来说，巢湖流域水生态功能三级区的营养盐健康平均得分为 0.50，其健康状态处于"中"级别。其中，"优"和"良"状态区域的比例分别为 3.57% 和 28.57%，该类区域主要分布在流域西部山丘区、南部和东北部平原区；"中"状态区域的比例为 42.86%，该类区域主要分布在流域西北部山丘区、西部和南部平原区及巢湖湖体；"差"和"劣"状态区域的比例分别为 14.29%和 10.71%，该类区域主要分布在流域西北部平原区（图 5-14）。

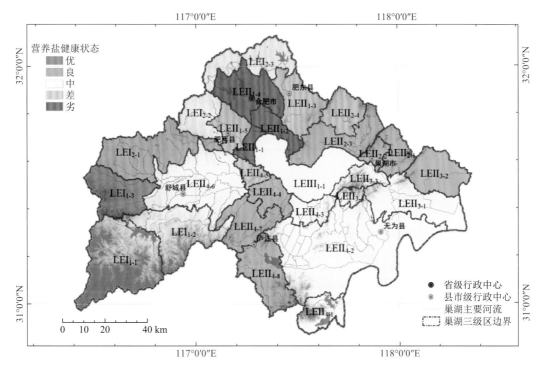

图 5-14　巢湖流域水生态功能三级区营养盐健康状态评价结果

巢湖流域水生态功能三级区的总氮平均得分为 0.37，其健康状态处于"差"级别。其中，"优"和"良"状态区域的比例分别为 3.57%和 21.42%，该类区域主要分布在流域西部山丘区、东北部平原区和巢湖湖体；"中"状态区域的比例为 14.29%，该类区域主要分布在流域南部平原区；"差"和"劣"状态区域的比例分别为 39.29%和 21.43%，该类区域主要分布在流域西南部和西北部山丘区、西部和东部平原区。

巢湖流域水生态功能三级区的总磷平均得分为 0.64，其健康状态处于"良"级别。其中，"优"和"良"状态区域的比例分别为 32.15%和 32.14%，该类区域主要分布在流域西部山丘区、南部和东部平原区及巢湖湖体区；"中"状态区域的比例为 17.86%，该类区域主要分布在流域西北部山丘区、西部和北部平原区；"差"和"劣"状态区域的比例分别为 7.14%和 10.71%，该类区域主要分布在北部平原区。

此外，巢湖湖体水生态区（LEIII$_{1-1}$）叶绿素 a、高锰酸盐指数和透明度得分分别为 0.50、0.45 和 0.81，健康状态分别为"中""中""优"。

3）着生藻类/浮游植物评价

整体来说，巢湖流域水生态功能三级区的着生藻类/浮游植物健康平均得分为 0.64，其健康状态处于"良"级别。其中，"优"和"良"状态区域的比例分别为 10.71%和 53.58%，该类区域主要分布在流域西部及北部山丘区、东部平原区及巢湖湖体区；"中"

状态区域的比例为 35.71%，该类区域主要分布在流域西部山丘区、西南部和北部平原区（图 5-15）。

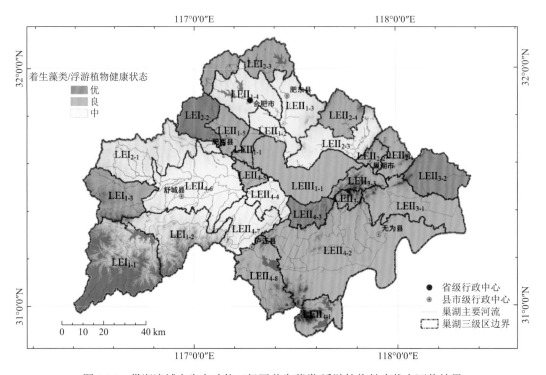

图 5-15　巢湖流域水生态功能三级区着生藻类/浮游植物健康状态评价结果

巢湖流域水生态功能三级区着生藻类/浮游植物总分类单元数平均得分为 0.5，其健康状态处于"中"级别。其中，"优"和"良"状态区域的比例分别为 3.57% 和 21.43%，该类区域主要分布在流域西部山丘区、东部平原区及巢湖湖体区；"中"状态区域的比例为57.14%，该类区域主要分布在西部和北部山丘区、西南部和北部平原区；"差"状态区域的比例为 17.86%，该类区域主要分布在流域西部山丘区、西部和北部平原区。

巢湖流域水生态功能三级区着生藻类/浮游植物 BPI 平均得分为 0.78，其健康状态处于"良"级别。其中，"优"状态区域的比例为 46.43%，该类区域主要分布在流域东部和北部平原区、西部山丘区；"良"状态区域的比例为 50.00%，该类区域主要分布在流域西部山丘区、西部和北部平原区；"中"状态区域的比例为 3.57%，该类区域主要分布在流域西北部平原区。

巢湖流域水生态功能三级区 $LEIII_{1-1}$ 为巢湖湖体，其浮游植物蓝藻门密度比例得分为0.49，健康状态为"中"。

4）底栖动物评价

整体来说，巢湖流域水生态功能三级区的底栖动物健康平均得分为 0.53，其健康状态处于"中"级别。其中，"良"状态区域的比例为 39.28%，该类区域主要分布在流域西南部山丘区和平原区、中部环巢湖平原区；"中"状态区域的比例为 39.29%，该类区域主要

分布在流域南部和西部平原区、西部山丘区;"差"和"劣"状态区域的比例分别为 17.86%
和 3.57%,该类区域主要分布在流域西北部山丘区和平原区(图 5-16)。

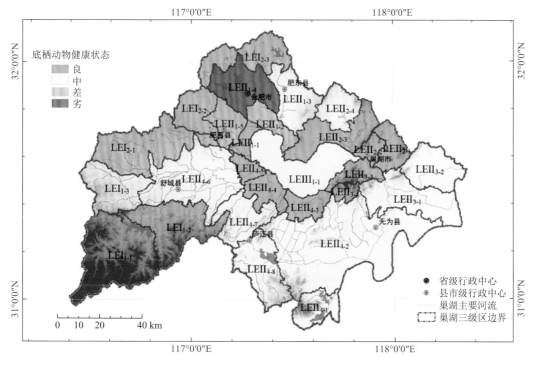

图 5-16　巢湖流域水生态功能三级区底栖动物健康状态评价结果

巢湖流域水生态功能三级区底栖动物总分类单元数平均得分为 0.46,其健康状态处于
"中"级别。其中,"良"状态区域的比例为 14.29%,该类区域主要分布在流域西南部山
丘区和平原区;"中"状态区域的比例为 57.14%,该类区域主要分布在流域西部、南部和
东部平原区;"差"和"劣"状态区域的比例分别为 17.86%和 10.71%,该类区域主要分
布在流域西北部山丘区、西北部平原区及巢湖湖体区。

巢湖流域水生态功能三级区底栖动物 BPI 平均得分为 0.61,其健康状态处于"良"级
别。其中,"优"和"良"状态区域的比例分别为 10.71%和 53.57%,该类区域主要分布
在流域西南部山丘区和平原区、中部和东部平原区及巢湖湖体区;"中"状态区域的比例
为 17.86%,该类区域主要分布在流域西南部和东部平原区;"差"和"劣"状态区域的比
例分别为 14.29%和 3.57%,该类区域主要分布在流域西北部山丘区和平原区。

巢湖流域水生态功能三级区底栖动物 FBI 平均得分为 0.52,其健康状态处于"中"
级别。其中,"优"和"良"状态区域的比例分别为 7.14%和 25.00%,该类区域主
要分布在流域西南部山丘区和平原区、环巢湖东部地区;"中"状态区域的比例为
42.86%,该类区域主要分布在流域西部、南部和东部平原区及西部山丘区;"差"状
态区域的比例为 25.00%,该类区域主要分布在流域西北部山丘区和平原区以及巢湖
湖体区。

5）鱼类评价

整体来说，巢湖流域水生态功能三级区（除巢湖湖体外）的鱼类健康平均得分为 0.52，其健康状态处于"中"级别。其中，"优"和"良"状态区域的比例分别为 3.71%和 33.33%，该类区域主要分布在流域西部山丘区和平原区、环巢湖东部地区；"中"状态区域的比例为 44.44%，该类区域主要分布在流域东南部平原区、环巢湖西部地区；"差"和"劣"状态区域的比例分别为 7.41%和 11.11%，该类区域主要分布在环巢湖东北部地区以及流域南部平原区（图 5-17）。

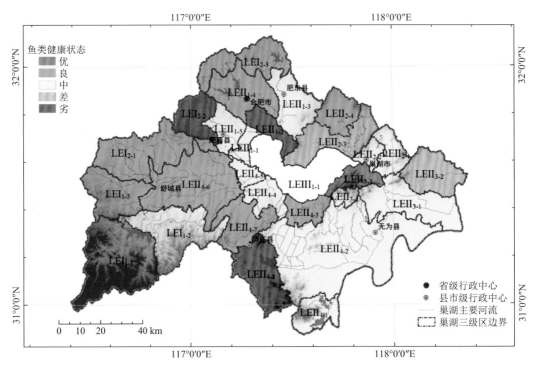

图 5-17　巢湖流域水生态功能三级区鱼类健康状态评价结果

巢湖流域水生态功能三级区（除巢湖湖体外）鱼类总分类单元数平均得分为 0.47，其健康状态处于"中"级别。其中，"优"和"良"状态区域的比例分别为 7.41%和 25.93%，该类区域主要分布在流域西部山丘区和平原区、环巢湖东南部地区；"中"状态区域的比例为 37.03%，该类区域主要分布在流域西南部山丘区、西部、南部和北部平原区；"差"和"劣"状态区域的比例分别为 11.11%和 18.52%，该类区域主要分布在流域西部山丘区和平原区以及环巢湖西部地区。

巢湖流域水生态功能三级区（除巢湖湖体外）鱼类 BPI 平均得分为 0.58，其健康状态处于"中"级别。其中，"优"和"良"状态区域的比例分别为 14.82%和 44.44%，该类区域主要分布在流域西部山丘区和平原区、环巢湖北部和南部地区；"中"状态区域的比例为 22.22%，该类区域主要分布在流域东南部平原区；"差"和"劣"状态区域的比例分别为 7.41%和 11.11%，该类区域主要分布在流域北部和南部平原区及西部山丘区。

6）综合评价

通过巢湖流域水生态功能三级区水质理化、营养盐、着生藻类/浮游植物、底栖动物和鱼类的综合评价得出：巢湖流域水生态功能三级区水生态健康综合平均得分为 0.58，其健康状态处于"中"级别。其中，"良"状态区域的比例为 57.14%，该类区域主要分布在流域西南部山丘区、南部和东部平原区；"中"状态区域的比例为 35.72%，该类区域主要分布在流域西部山丘区和平原区及巢湖湖体区；"差"状态区域的比例为 7.14%，该类区域主要分布在流域西北部平原区（图 5-18）。

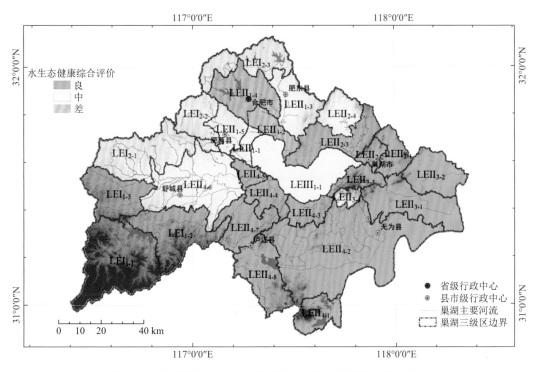

图 5-18 巢湖流域水生态功能三级区水生态健康综合评价结果

4. 巢湖流域水生态功能四级区水生态健康

1）水质理化评价

整体来说，巢湖流域水生态功能四级区的水质理化健康平均得分为 0.66，其健康状态处于"良"级别。其中，"优"和"良"状态区域的比例分别为 19.35% 和 40.32%，该类区域主要分布在流域西部山丘区、南部、西部和东部平原区及巢湖湖体区；"中"状态区域的比例为 32.26%，该类区域主要分布在流域西北部平原区；"差"和"劣"状态区域的比例分别为 6.46% 和 1.61%，该类区域主要分布在流域西北部平原区（图 5-19）。

巢湖流域水生态功能四级区的溶解氧平均得分为 0.85，其健康状态处于"优"级别。其中，"优"状态区域的比例为 79.03%，该类区域主要分布在流域除北部和南部以外的大部分地区；"良"状态区域的比例为 12.90%，该类区域主要分布在环巢湖北部和南部地区；"中"状态区域的比例为 3.23%，该类区域主要分布在流域北部平原区；"差"和"劣"状

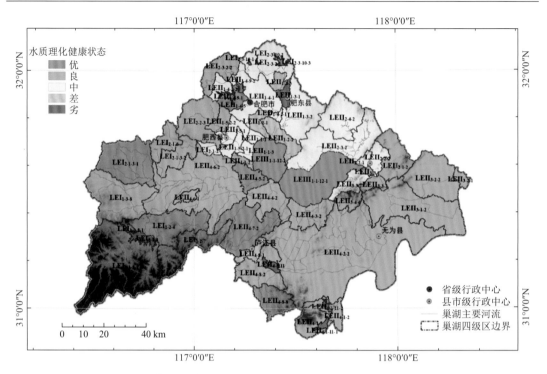

图 5-19　巢湖流域水生态功能四级区水质理化健康状态评价结果

态区域的比例分别为 1.61% 和 3.23%，该类区域主要分布在流域南部平原区和环巢湖西北部地区。

　　巢湖流域水生态功能四级区的 EC 平均得分为 0.58，其健康状态处于"中"级别。其中，"优"和"良"状态区域的比例分别为 14.52% 和 40.32%，该类区域主要分布在流域西部和南部地区及巢湖湖体区；"中"状态区域的比例为 29.03%，该类区域主要分布在流域北部和东部平原区；"差"和"劣"状态区域的比例分别为 6.45% 和 9.68%，该类区域主要分布在流域西北部平原区。

　　巢湖流域水生态功能四级区（除巢湖外）的高锰酸盐指数平均得分为 0.52，其健康状态处于"中"级别。其中，"优"和"良"状态区域的比例分别为 11.67% 和 28.33%，该类区域主要分布在流域西部山丘区、南部和东部平原区；"中"状态区域的比例为 28.33%，该类区域主要分布在流域西部、南部和北部平原区；"差"和"劣"状态区域的比例分别为 21.67% 和 10.00%，该类区域主要分布在流域西北部平原区、环巢湖西部和东部地区。

　　2）营养盐评价

　　整体来说，巢湖流域水生态功能四级区的营养盐健康平均得分为 0.42，其健康状态处于"中"级别。其中，"优"和"良"状态区域的比例分别为 4.84% 和 22.58%，该类区域主要分布在流域西部山丘区、南部和东北部平原区及巢湖东部湖体区；"中"状态区域的比例为 40.32%，该类区域主要分布在流域西南部和西北部山丘区、南部和西北部平原区；"差"和"劣"状态区域的比例分别为 8.06% 和 24.20%，该类区域主要分布在流域西北部平原区及巢湖西部湖体区（图 5-20）。

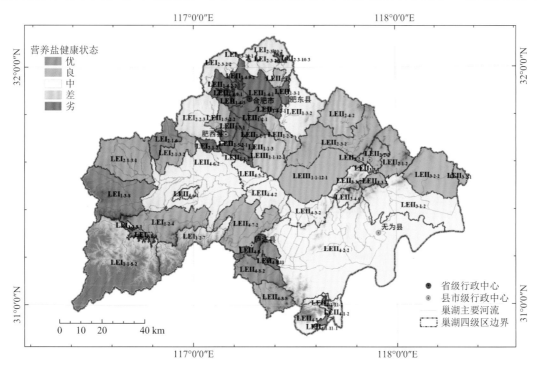

图 5-20 巢湖流域水生态功能四级区营养盐健康状态评价结果

巢湖流域水生态功能四级区的总氮平均得分为 0.31，其健康状态处于"差"级别。其中，"优"和"良"状态区域的比例分别为 3.23% 和 17.74%，该类区域主要分布在流域西部山丘区、东北部平原区及巢湖西部湖体区；"中"状态区域的比例为 6.45%，该类区域主要分布在流域南部平原区和巢湖东部湖体区；"差"和"劣"状态区域的比例分别为 35.48% 和 37.1%，该类区域主要分布在流域西部山丘区、北部和西部平原区。

巢湖流域水生态功能四级区的总磷平均得分为 0.55，其健康状态处于"中"级别。其中，"优"和"良"状态区域的比例分别为 32.26% 和 22.58%，该类区域主要分布在流域西部山丘区、南部、东部和西部平原区以及巢湖湖体区；"中"状态区域的比例为 17.74%，该类区域主要分布在流域西部、北部和南部平原区；"差"和"劣"状态区域的比例分别为 3.23% 和 24.19%，该类区域主要分布在流域西北部平原区。

此外，巢湖湖体两个水生态四级区叶绿素 a、高锰酸盐指数和透明度平均得分分别为 0.51、0.47 和 0.82，健康状态分别为"中""中""优"。

3）着生藻类/浮游植物评价

整体来说，巢湖流域水生态功能四级区的着生藻类/浮游植物健康平均得分为 0.62，其健康状态处于"良"级别。其中，"优"和"良"状态区域的比例分别为 11.29% 和 46.77%，该类区域主要分布在流域西北部山丘区、东部和北部平原区及巢湖西部湖体区；"中"状态区域的比例为 38.71%，该类区域主要分布在流域西南部山丘区、北部和西部平原区及巢湖东部湖体区；"差"状态区域的比例为 3.23%，该类区域主要分布在流域西部山丘区（图 5-21）。

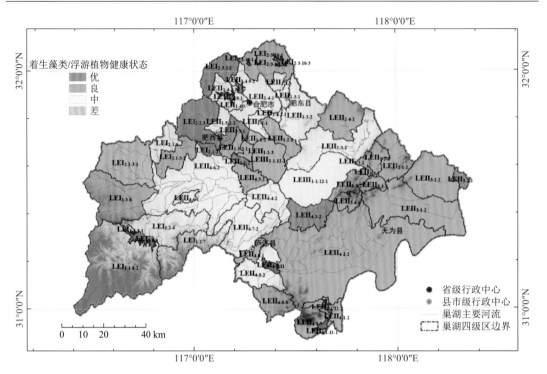

图 5-21　巢湖流域水生态功能四级区着生藻类/浮游植物健康状态评价结果

巢湖流域水生态功能四级区着生藻类/浮游植物总分类单元数平均得分为 0.50，其健康状态处于"中"级别。其中，"优"和"良"状态区域的比例分别为 8.06%和 16.13%，该类区域主要分布在流域西部山丘区、东部和西部平原区及巢湖湖体；"中"状态区域的比例为 53.23%，该类区域主要分布在流域南部、西部和北部平原区以及西部山丘区；"差"和"劣"状态区域的比例分别为 19.35%和 3.23%，该类区域主要分布在流域西南部山丘区、西部和北部平原区。

巢湖流域水生态功能四级区着生藻类/浮游植物 BPI 平均得分为 0.75，其健康状态处于"良"级别。其中，"优"和"良"状态区域的比例分别为 38.71%和 45.16%，该类区域主要分布在流域西部、东部和南部的大部分地区；"中"状态区域的比例为 14.52%，该类区域主要分布在流域西部和北部的平原区及巢湖东部湖体区；"差"状态区域的比例为 1.61%，该类区域主要分布在环巢湖西部地区。

巢湖湖体分为两个四级区，其浮游植物蓝藻门密度比例平均得分为 0.50，健康状态均为"中"。

4）底栖动物评价

整体来说，巢湖流域水生态功能四级区的底栖动物健康平均得分为 0.47，其健康状态处于"中"级别。其中，"良"状态区域的比例为 29.04%，该类区域主要分布在流域西南部山丘区和平原区、环巢湖东部地区；"中"状态区域的比例为 35.48%，该类区域主要分布在流域西部山丘区、东南部和西部平原区；"差"和"劣"状态区域的比例分别为 22.58%和 12.90%，该类区域主要分布在流域西北部山丘区和平原区（图 5-22）。

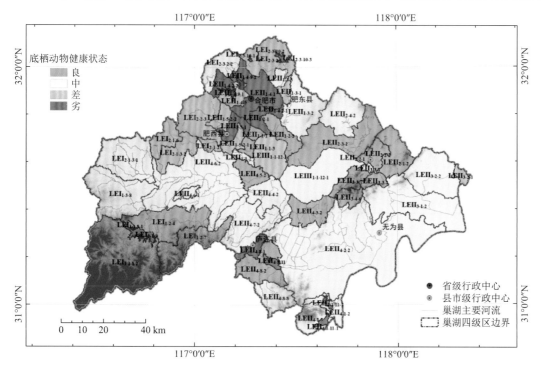

图 5-22   巢湖流域水生态功能四级区底栖动物健康状态评价结果

　　巢湖流域水生态功能四级区底栖动物总分类单元数平均得分为 0.41，其健康状态处于"中"级别。其中，"优"和"良"状态区域的比例分别为 1.61%和 8.06%，该类区域主要分布在流域西部山丘区、环巢湖西部和东部地区；"中"状态区域的比例为 51.61%，该类区域主要分布在流域东部、南部和西部的平原区以及巢湖东部湖体区；"差"和"劣"状态区域的比例分别为 16.14%和 22.58%，该类区域主要分布在流域西北部山丘区及平原区。

　　巢湖流域水生态功能四级区底栖动物 BPI 平均得分为 0.52，其健康状态处于"中"级别。其中，"优"和"良"状态区域的比例分别为 8.06%和 45.16%，该类区域主要分布在流域东部、南部及西部的大部分地区；"中"状态区域的比例为 17.74%，该类区域主要分布在流域西部山丘区和平原区以及巢湖西部湖体区；"差"和"劣"状态区域的比例分别为 11.30%和 17.74%，该类区域主要分布在流域西北部山丘区和平原区。

　　巢湖流域水生态功能四级区底栖动物 FBI 平均得分为 0.48，其健康状态处于"中"级别。其中，"优"和"良"状态区域的比例分别为 9.68%和 17.74%，该类区域主要分布在流域西南部山丘区、环巢湖东部地区；"中"状态区域的比例为 38.71%，该类区域主要分布在流域东部、南部和西部地区；"差"和"劣"状态区域的比例分别为 27.42%和 6.45%，该类区域主要分布在流域西北部山丘区和平原区以及巢湖湖体区。

　　5）鱼类评价

　　整体来说，巢湖流域水生态功能四级区（除巢湖湖体外）的鱼类健康平均得分为 0.55，其健康状态处于"中"级别。其中，"优"和"良"状态区域的比例分别为 10.00%和 35.00%，该类区域主要分布在流域西部山丘区、北部和西部平原区及环巢湖东南部地区；"中"状态区域的比例为38.33%，该类区域主要分布在流域东部平原区及环巢湖西部地区；"差"和"劣"状态区域的比例分别为6.67%和10.00%，该类区域主要分布在流域南部及环巢湖北部地区（图5-23）。

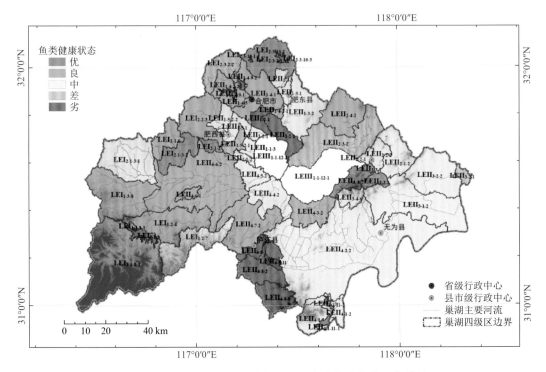

图 5-23　巢湖流域水生态功能四级区鱼类健康状态评价结果

巢湖流域水生态功能四级区鱼类总分类单元数平均得分为0.50，其健康状态处于"中"级别。其中，"优"和"良"状态区域的比例分别为11.67%和21.67%，该类区域主要分布在流域西南部山丘区、西部和东部平原区；"中"状态区域的比例为36.67%，该类区域主要分布在流域西部山丘区、东部和北部平原区；"差"和"劣"状态区域的比例分别为13.32%和16.67%，该类区域主要分布在流域南部平原区以及环巢湖西南部和东北部地区。

巢湖流域水生态功能四级区鱼类BPI平均得分为0.61，其健康状态处于"良"级别。其中，"优"和"良"状态区域的比例分别为23.33%和38.33%，该类区域主要分布在流域西部山丘区、北部和西部平原区及环巢湖南部地区；"中"状态区域的比例为21.67%，该类区域主要分布在流域东南部平原区；"差"和"劣"状态区域的比例分别为6.67%和10.00%，该类区域主要分布在流域南部平原区以及环巢湖西北部地区。

6）综合评价

通过巢湖流域水生态功能四级区水质理化、营养盐、着生藻类/浮游植物、底栖动物和鱼类的综合评价得出：巢湖流域水生态功能四级区水生态健康综合平均得分为0.54，其健康状态处于"中"级别。其中，"良"状态区域的比例为 50.00%，该类区域主要分布在流域西部山丘区、东部和南部平原区及巢湖东部湖体区；"中"状态区域的比例为 32.26%，该类区域主要分布在流域西北部山丘区、西部平原区及巢湖西部湖体区；"差"和"劣"状态区域的比例分别为 16.13% 和 1.61%，该类区域主要分布在流域西北部平原区（图 5-24）。

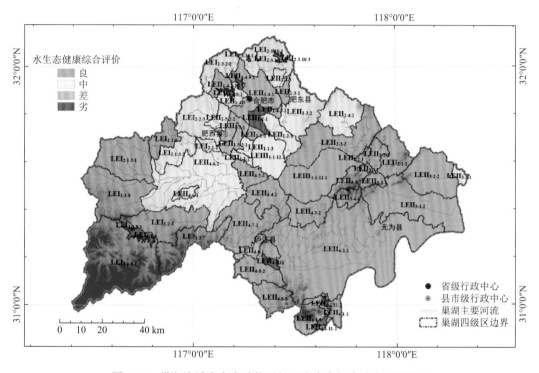

图 5-24　巢湖流域水生态功能四级区水生态健康综合评价结果

5.5.2　太湖流域水生态功能区水生态健康

1. 太湖流域水生态功能一级区水生态健康

1）水质理化评价

整体来说，太湖流域两个水生态功能一级区（LJI 和 LJII）水质理化综合得分分别为 0.62 和 0.56，健康状态分别为"良"和"中"。"良"状态区域主要分布在流域西部山丘区；"中"状态区域主要分布在流域东部平原区（图 5-25）。

太湖流域两个水生态功能一级区（LJI 和 LJII）溶解氧得分分别为 0.88 和 0.66，健康状态分别为"优"和"良"。"优"状态区域主要分布在流域西部山丘区；"良"状态区域主要分布在流域东部平原区。

太湖流域两个水生态功能一级区（LJI 和 LJII）电导率得分分别为 0.46 和 0.55，健康状态都为"中"。

太湖流域两个水生态功能一级区（LJI 和 LJII）高锰酸盐指数得分分别为 0.53 和 0.41，健康状态都为"中"。

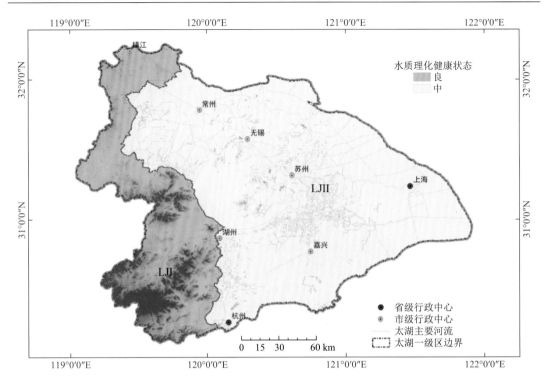

图 5-25　太湖流域水生态功能一级区水质理化健康状态评价结果

2）营养盐评价

整体来说，太湖流域两个水生态功能一级区（LJI 和 LJII）营养盐得分分别为 0.41 和 0.19，健康状态分别为"中"和"劣"。"中"状态区域主要分布在流域西部山丘区；"劣"状态区域主要分布在流域东部平原区（图 5-26）。

太湖流域两个水生态功能一级区（LJI 和 LJII）总氮得分分别为 0.19 和 0.13，健康状态都为"劣"。

太湖流域两个水生态功能一级区（LJI 和 LJII）总磷得分分别为 0.62 和 0.32，健康状态分别为"良"和"差"。"良"状态区域主要分布在流域西部山丘区；"差"状态区域主要分布在流域东部平原区。

3）着生藻类/浮游植物评价

整体来说，太湖流域两个水生态功能一级区（LJI 和 LJII）着生藻类/浮游植物健康综合得分分别为 0.45 和 0.51，健康状态都为"中"（图 5-27）。

太湖流域两个水生态功能一级区（LJI 和 LJII）着生藻类/浮游植物分类单元数得分分别为 0.39 和 0.41，健康状态分别为"差"和"中"。"中"状态区域主要分布在流域东部平原区；"差"状态区域主要分布在流域西部山丘区。

太湖流域两个水生态功能一级区（LJI 和 LJII）着生藻类/浮游植物 BPI 得分分别为 0.51 和 0.63，健康状态分别为"中"和"良"。"良"状态区域主要分布在流域东部平原区；"中"状态区域主要分布在流域西部山丘区。

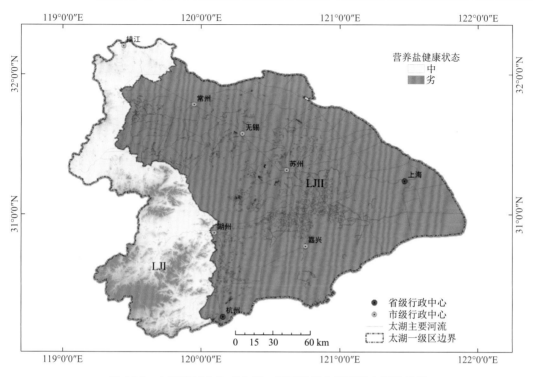

图 5-26　太湖流域水生态功能一级区营养盐健康状态评价结果

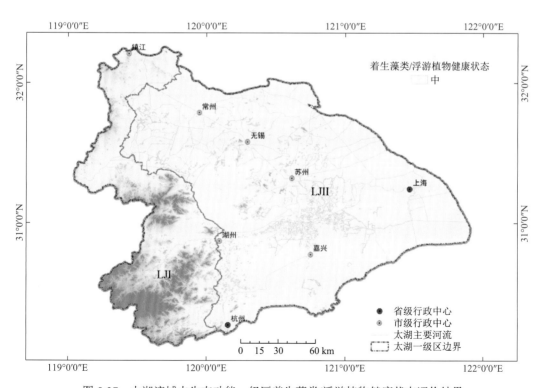

图 5-27　太湖流域水生态功能一级区着生藻类/浮游植物健康状态评价结果

4）底栖动物评价

整体来说，太湖流域两个水生态功能一级区（LJI 和 LJII）底栖动物健康综合得分分别为 0.48 和 0.43，健康状态都为"中"（图 5-28）。

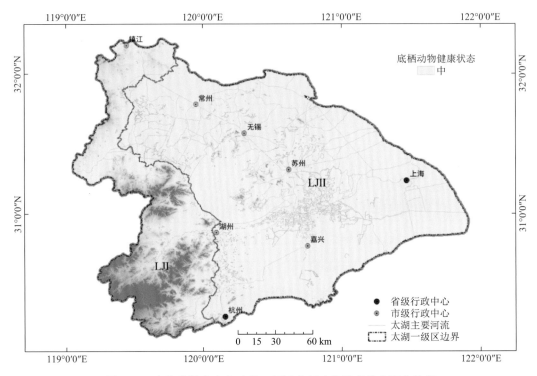

图 5-28　太湖流域水生态功能一级区底栖动物健康状态评价结果

太湖流域两个水生态功能一级区（LJI 和 LJII）底栖动物分类单元数得分分别为 0.41 和 0.34，健康状态分别为"中"和"差"。"中"状态区域主要分布在流域西部山丘区；"差"状态区域主要分布在流域东部平原区。

太湖流域两个水生态功能一级区（LJI 和 LJII）底栖动物 BPI 得分分别为 0.45 和 0.51，健康状态都为"中"。

太湖流域两个水生态功能一级区（LJI 和 LJII）底栖动物 FBI 得分分别为 0.58 和 0.42，健康状态都为"中"。

5）鱼类评价

整体来说，太湖流域两个水生态功能一级区（LJI 和 LJII）鱼类健康综合得分分别为 0.43 和 0.44，健康状态都为"中"（图 5-29）。

太湖流域两个水生态功能一级区（LJI 和 LJII）鱼类分类单元数得分分别为 0.34 和 0.30，健康状态都为"差"。

太湖流域两个水生态功能一级区（LJI 和 LJII）鱼类 BPI 得分分别为 0.52 和 0.57，健康状态都为"中"。

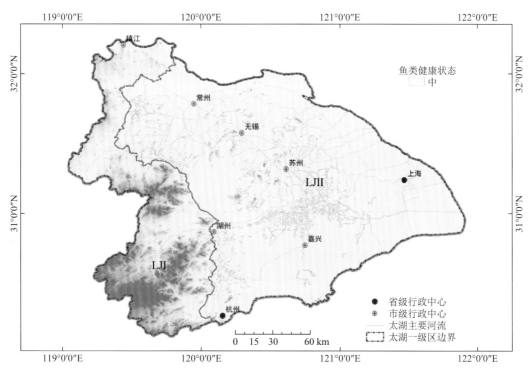

图 5-29　太湖流域水生态功能一级区鱼类健康状态评价结果

6）综合评价

通过对太湖流域水生态功能一级区水质理化、营养盐、着生藻类/浮游植物、底栖动物和鱼类的综合评价得出：太湖流域两个水生态功能一级区（LJI 和 LJII）水生态健康综合得分分别为 0.48 和 0.59，健康状态都为"中"（图 5-30）。

2. 太湖流域水生态功能二级区水生态健康

1）水质理化评价

整体来说，太湖流域五个水生态功能二级区（LJI₁、LJI₂、LJII₁、LJII₂、LJII₃）水质理化综合得分分别为 0.51、0.67、0.51、0.84、0.51，健康状态分别为"中""良""中""优""中"。"优"状态区域主要分布在太湖湖体区；"良"状态区域主要分布在流域西南部山丘区；"中"状态区域主要分布在流域东部平原区和西北部山丘区（图 5-31）。

太湖流域五个水生态功能二级区（LJI₁、LJI₂、LJII₁、LJII₂、LJII₃）溶解氧得分分别为 0.88、0.88、0.60、1.00、0.59，健康状态分别为"优""优""良""优""中"。"优"状态区域主要分布在流域西部山丘区、太湖湖体区；"良"状态区域主要分布在流域北部平原区；"中"状态区域主要分布在流域东部平原区。

太湖流域五个水生态功能二级区（LJI₁、LJI₂、LJII₁、LJII₂、LJII₃）电导率得分分别为 0.27、0.55、0.50、0.69、0.52，健康状态分别为"差""中""中""良""中"。"良"状态区域主要分布在太湖湖体区；"中"状态区域主要分布在流域西南部山丘区、东部和北部平原区；"差"状态区域主要分布在流域西北部山丘区。

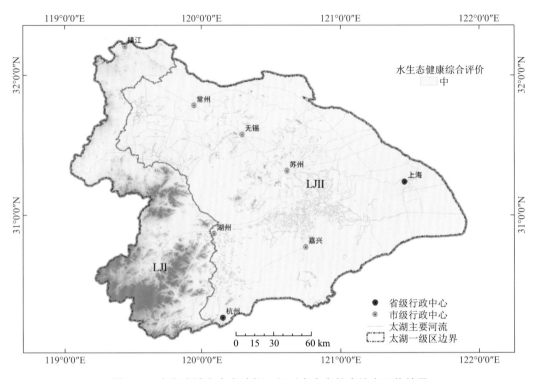

图 5-30 太湖流域水生态功能一级区水生态健康综合评价结果

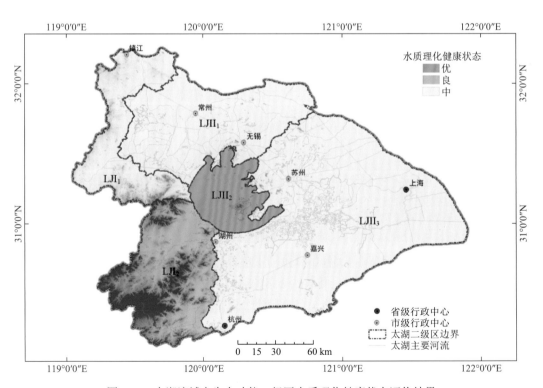

图 5-31 太湖流域水生态功能二级区水质理化健康状态评价结果

太湖流域除太湖湖体 LJII$_2$ 外，四个水生态功能二级区（LJI$_1$、LJI$_2$、LJII$_1$、LJII$_3$）高锰酸盐指数得分分别为 0.39、0.59、0.43 和 0.40，健康状态分别为"差""中""中""中"。"中"状态区域主要分布在流域东部和北部平原区以及西南部山丘区；"差"状态区域主要分布在流域西北部山丘区。

2）营养盐评价

整体来说，太湖流域五个水生态功能二级区（LJI$_1$、LJI$_2$、LJII$_1$、LJII$_2$、LJII$_3$）营养盐得分分别为 0.61、0.32、0.14、0.42 和 0.14，健康状态分别为"良""差""劣""中""劣"。"良"状态区域主要分布在流域西北部山丘区和东部平原区；"中"状态区域主要分布在太湖湖体区；"差"状态区域主要分布在流域西南部山丘区；"劣"状态区域主要分布在流域东部和北部平原区（图 5-32）。

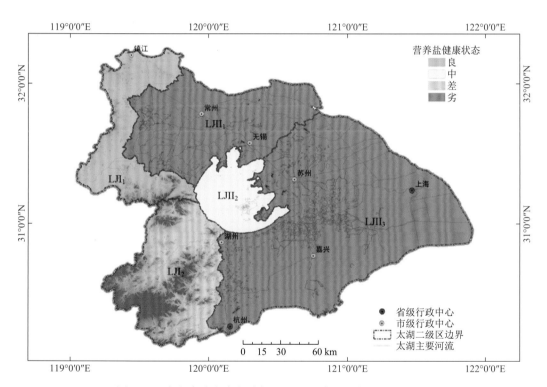

图 5-32 太湖流域水生态功能二级区营养盐健康状态评价结果

太湖流域五个水生态功能二级区（LJI$_1$、LJI$_2$、LJII$_1$、LJII$_2$、LJII$_3$）总氮得分分别为 0.36、0.11、0.01、0.69、0.02，健康状态分别为"差""劣""劣""良""劣"。"良"状态区域主要分布在太湖湖体区；"差"状态区域主要分布在流域西北部山丘区；"劣"状态区域主要分布在流域东部和北部平原区以及西南部山丘区。

太湖流域五个水生态功能二级区（LJI$_1$、LJI$_2$、LJII$_1$、LJII$_2$、LJII$_3$）总磷得分分别为 0.85、0.52、0.28、0.62、0.26，健康状态分别为"优""中""差""良""差"。"优"状态区域主要分布在流域西北部山丘区；"良"状态区域主要分布在太湖湖体区；"中"状态区域主要分布在流域西南部山丘区；"差"状态区域主要分布在流域东部和北部平原区。

此外，太湖湖体水生态区（LJII$_2$）叶绿素 a、高锰酸盐指数和透明度得分分别为 0.51、0.50、0.85，健康状态分别为"中""中""优"。

3）着生藻类/浮游植物评价

整体来说，太湖流域五个水生态功能二级区（LJI$_1$、LJI$_2$、LJII$_1$、LJII$_2$、LJII$_3$）着生藻类/浮游植物健康综合得分分别为 0.39、0.47、0.48、0.71、0.46，健康状态分别为"差""中""中""良""中"。"良"状态区域主要分布在太湖湖体区；"中"状态区域主要分布在流域东部和北部山丘区以及西南部山丘区；"差"状态区域主要分布在流域西北部山丘区（图 5-33）。

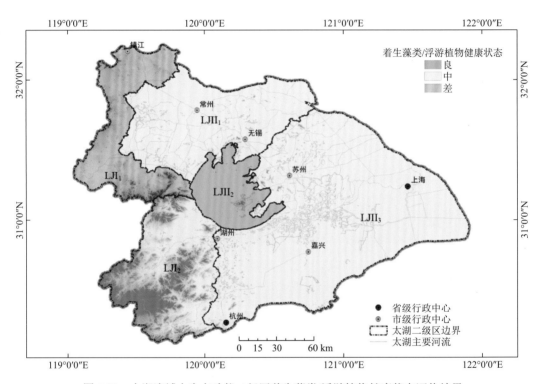

图 5-33　太湖流域水生态功能二级区着生藻类/浮游植物健康状态评价结果

太湖流域五个水生态功能二级区（LJI$_1$、LJI$_2$、LJII$_1$、LJII$_2$、LJII$_3$）着生藻类/浮游植物分类单元数得分分别为 0.45、0.36、0.52、0.81、0.24，健康状态分别为"中""差""中""优""差"。"优"状态区域主要分布在太湖湖体区；"中"状态区域主要分布在流域西北部山丘区和北部平原区；"差"状态区域主要分布在流域西南部山丘区和东部平原区。

太湖流域五个水生态功能二级区（LJI$_1$、LJI$_2$、LJII$_1$、LJII$_2$、LJII$_3$）着生藻类/浮游植物 BPI 得分分别为 0.34、0.59、0.45、0.71、0.69，健康状态分别为"差""中""中""良""良"。"良"状态区域主要分布在流域东部平原区和太湖湖体区；"中"状态区域主要分布在流域西南部山丘区和北部平原区；"差"状态区域主要分布在流域西北部山丘区。

太湖流域水生态功能二级区 $LJII_2$ 为太湖湖体，其浮游植物蓝藻门密度比例得分为 0.60，健康状态为"良"。

4）底栖动物评价

整体来说，太湖流域五个水生态功能二级区（LJI_1、LJI_2、$LJII_1$、$LJII_2$、$LJII_3$）底栖动物健康综合得分分别为 0.62、0.42、0.39、0.44、0.44，健康状态分别为"良""中""差""中""中"。"良"状态区域主要分布在流域西北部山丘区；"中"状态区域主要分布在流域西南部山丘区、东部平原区和太湖湖体区；"差"状态区域主要分布在流域北部平原区（图 5-34）。

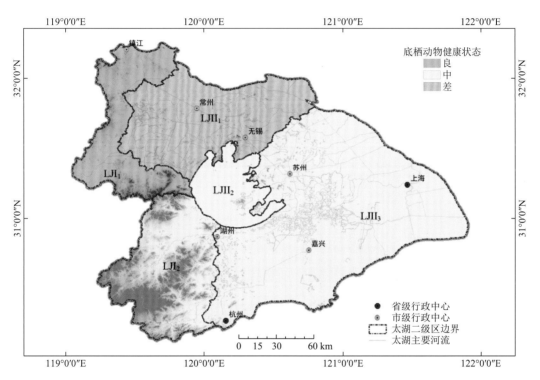

图 5-34　太湖流域水生态功能二级区底栖动物健康状态评价结果

太湖流域五个水生态功能二级区（LJI_1、LJI_2、$LJII_1$、$LJII_2$、$LJII_3$）底栖动物分类单元数得分分别为 0.55、0.34、0.36、0.39、0.31，健康状态分别为"中""差""差""差""差"。"中"状态区域主要分布在流域西北部山丘区；"差"状态区域主要分布在流域西南部山丘区、东部和北部平原区以及太湖湖体区。

太湖流域五个水生态功能二级区（LJI_1、LJI_2、$LJII_1$、$LJII_2$、$LJII_3$）底栖动物 BPI 得分分别为 0.81、0.28、0.41、0.58、0.53，健康状态分别为"优""差""中""中""中"。"优"状态区域主要分布在流域西北部山丘区；"中"状态区域主要分布在流域东部和北部平原区以及太湖湖体区；"差"状态区域主要分布在流域西南部山丘区。

太湖流域五个水生态功能二级区（LJI_1、LJI_2、$LJII_1$、$LJII_2$、$LJII_3$）底栖动物 FBI 得分分别为 0.50、0.62、0.41、0.29、0.48，健康状态分别为"中""良""中""差""中"。

"良"状态区域主要分布在流域西南部山丘区;"中"状态区域主要分布在流域西北部山丘区、东部和北部平原区;"差"状态区域主要分布在太湖湖体区。

5)鱼类评价

整体来说,除太湖湖体外,其他四个水生态功能二级区(LJI₁、LJI₂、LJII₁、LJII₃)鱼类健康综合得分分别为0.39、0.45、0.42、0.44,健康状态分别为"差""中""中""中"。"中"状态区域主要分布在流域西南部山丘区、东部和北部平原区以及太湖湖体区;"差"状态区域主要分布在流域西北部山丘区(图5-35)。

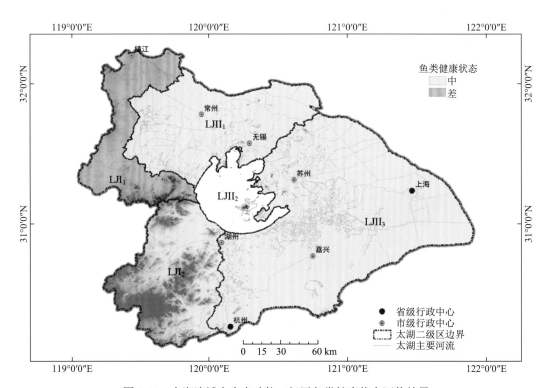

图 5-35　太湖流域水生态功能二级区鱼类健康状态评价结果

除太湖湖体外,其他四个水生态功能二级区(LJI₁、LJI₂、LJII₁、LJII₃)鱼类分类单元数得分分别为0.43、0.30、0.28、0.31,健康状态分别为"中""差""差""差"。"中"状态区域主要分布在流域西北部山丘区;"差"状态区域主要分布在流域西南部山丘区、东部和北部平原区以及太湖湖体区。

除太湖湖体外,其他四个水生态功能二级区(LJI₁、LJI₂、LJII₁、LJII₃)鱼类BPI得分分别为0.35、0.59、0.56、0.58,健康状态分别为"差""中""中""中"。"中"状态区域主要分布在流域西南部山丘区、东部和北部平原区以及太湖湖体区;"差"状态区域主要分布在流域西北部山丘区。

6)综合评价

通过对太湖流域水生态功能二级区水质理化、营养盐、着生藻类/浮游植物、底栖动物和鱼类的综合评价得出:太湖流域五个水生态功能二级区(LJI₁、LJI₂、LJII₁、LJII₂、

LJII₃）水生态健康综合得分分别为 0.50、0.47、0.39、0.60、0.39，健康状态分别为
"中""中""差""良""差"。"良"状态区域主要分布在太湖湖体区；"中"状
态区域主要分布在流域西部山丘区；"差"状态区域主要分布在流域东部和北部平原区
（图 5-36）。

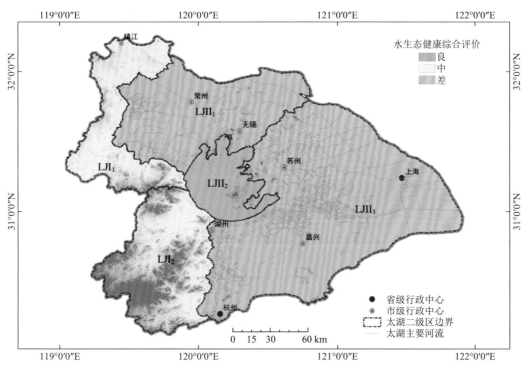

图 5-36　太湖流域水生态功能二级区水生态健康综合评价结果

3. 太湖流域水生态功能三级区水生态健康

1）水质理化评价

整体来说，太湖流域水生态功能三级区的水质理化健康平均得分为 0.58，其健康状态
处于"中"级别。其中，"优"和"良"状态区域的比例分别为 20.00%和 20.00%，该类
区域主要分布在流域西部山丘区、东部平原区及太湖湖体；"中"状态区域的比例为
50.00%，该类区域主要分布在流域西北部山丘区、东部和西北部平原区；"差"状态区域
的比例为 10.00%，该类区域主要分布在流域西南部山丘区和北部平原区（图 5-37）。

太湖流域水生态功能三级区的溶解氧平均得分为 0.75，其健康状态处于"良"级别。
其中，"优"和"良"状态区域的比例分别为 40.00%和 40.00%，该类区域主要分布在西
部山丘区、南部和北部平原区及太湖湖体区；"中"状态区域的比例为 15.00%，该类区域
主要分布在流域东部平原区；"差"状态区域的比例为 5.00%，该类区域主要分布在流域
北部平原区。

太湖流域水生态功能三级区的电导率平均得分为 0.49，其健康状态处于"中"级别。
其中，"良"状态区域的比例为 45.00%，该类区域主要分布在流域西南部山丘区、北部和

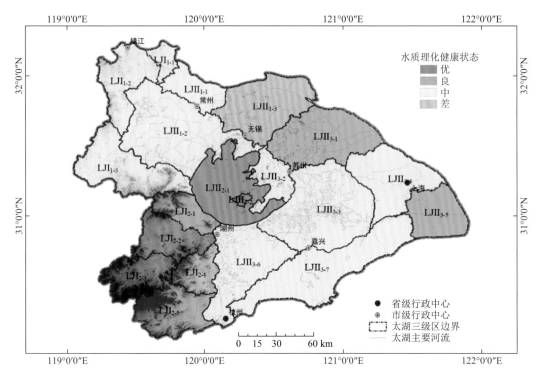

图 5-37　太湖流域水生态功能三级区水质理化健康状态评价结果

东南部平原区以及巢湖湖体区；"中"状态区域的比例为 25.00%，该类区域主要分布在流域东部平原区、西南部和西北部山丘；"差"和"劣"状态区域的比例分别为 20.00%和 10.00%，该类区域主要分布在流域西部山丘区、南部和北部平原区。

太湖流域水生态功能三级区（除太湖湖体外）的高锰酸盐指数平均得分为 0.45，其健康状态处于"中"级别。其中，"优"和"良"状态区域的比例分别为 11.11%和 11.11%，该类区域主要分布在流域西南部山丘区和北部平原区；"中"状态区域的比例为 38.89%，该类区域主要分布在流域东部北部平原区以及西北部山丘区；"差"和"劣"状态区域的比例分别为 27.78%和 11.11%，该类区域主要分布在流域东部和北部平原区、西部山丘区。

2）营养盐评价

整体来说，太湖流域水生态功能三级区的营养盐健康平均得分为 0.27，其健康状态处于"差"级别。其中，"优"和"良"状态区域的比例分别为 5.00%和 5.00%，该类区域主要分布在流域西北部山丘区；"中"状态区域的比例为 15.00%，该类区域主要分布在太湖湖体区和西部山丘区；"差"和"劣"状态区域的比例分别为 35.00%和 40.00%，该类区域主要分布在流域东部和北部平原区、西南部山丘区（图 5-38）。

太湖流域水生态功能三级区的总氮平均得分为 0.15，其健康状态处于"劣"级别。其中，"良"状态区域的比例为 15.00%，该类区域主要分布在太湖湖体区和西北部山丘区；"中"状态区域的比例为 5.00%，该类区域主要分布在流域西部山丘区；"劣"状态区域的比例为 80.00%，该类区域主要分布在流域东部和北部平原区、西南部和西北部山丘区。

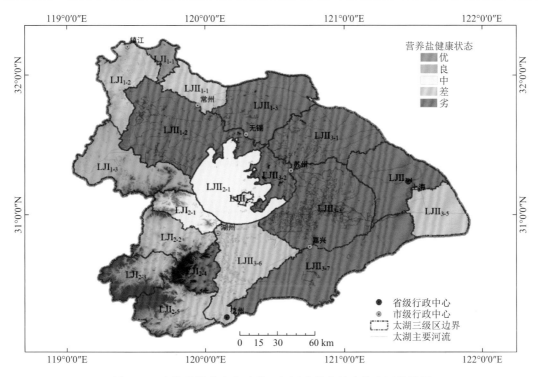

图 5-38　太湖流域水生态功能三级区营养盐健康状态评价结果

太湖流域水生态功能三级区总磷平均得分为 0.44，其健康状态处于"中"级别。其中，"优"和"良"状态区域的比例分别为 10.00%和 20.00%，该类区域主要分布在太湖湖体区及西南部山丘区；"中"状态区域的比例为 20.00%，该类区域主要分布在流域西北部山丘区、东部平原区；"差"和"劣"状态区域的比例分别为 30.00%和 20.00%，该类区域主要分布在流域东南部和西北部平原区以及西南部山丘区。

此外，太湖湖体水生态区（LJII₂₋₁）叶绿素 a、高锰酸盐指数和透明度得分分别为 0.51、0.50 和 0.85，健康状态分别为"中""中""优"。

3）着生藻类/浮游植物评价

整体来说，太湖流域水生态功能三级区的着生藻类/浮游植物健康平均得分为 0.48，其健康状态处于"中"级别。其中，"良"状态区域的比例为 15.00%，该类区域主要分布在太湖湖体区和北部平原区；"中"状态区域的比例为 70.00%，该类区域主要分布在流域东部、南部和北部平原区以及西部山丘区；"差"状态区域的比例为 15.00%，该类区域主要分布在流域西部山丘区和太湖东部平原区（图 5-39）。

太湖流域水生态功能三级区着生藻类/浮游植物总分类单元数平均得分为 0.39，其健康状态处于"差"级别。其中，"优"和"良"状态区域的比例分别为 10.00%和 10.00%，该类区域主要分布在太湖湖体区和北部平原区；"中"状态区域的比例为 35.00%，该类区域主要分布在流域西部山丘区和北部平原区；"差"和"劣"状态区域的比例分别为 15.00%和 30.00%，该类区域主要分布在流域南部平原区、西部山丘区和太湖东部平原区。

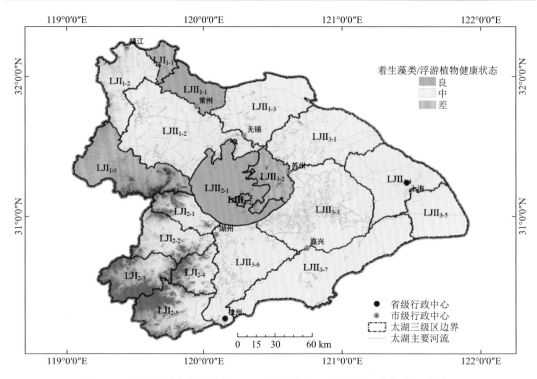

图 5-39　太湖流域水生态功能三级区着生藻类/浮游植物健康状态评价结果

太湖流域水生态功能三级区着生藻类/浮游植物 BPI 平均得分为 0.59，其健康状态处于"中"级别。其中，"优"和"良"状态区域的比例分别为 15.00%和 25.00%，该类区域主要分布在流域东部平原区、西南部山丘区以及太湖湖体区；"中"状态区域的比例为 40.00%，该类区域主要分布在流域南部和北部平原区、西南部山丘区；"差"状态区域的比例分别为 20.00%，该类区域主要分布在流域西部山丘区和太湖东北部平原区。

太湖流域水生态功能三级区 LJII$_{2-1}$ 为太湖湖体，其浮游植物蓝藻门密度比例得分为 0.60，健康状态为"良"。

4）底栖动物评价

整体来说，太湖流域水生态功能三级区的底栖动物健康平均得分为 0.46，其健康状态处于"中"级别。其中，"良"状态区域的比例为 20.00%，该类区域主要分布在流域西北部和西南部山丘区及太湖东部平原区；"中"状态区域的比例为 45.00%，该类区域主要分布在流域东南部和西北部平原区、西部山丘区以及巢湖湖体区；"差"状态区域的比例为 35.00%，该类区域主要分布在流域东部平原区和西南部山丘区（图 5-40）。

太湖流域水生态功能三级区底栖动物总分类单元数平均得分为 0.37，其健康状态处于"差"级别。其中，"优"状态区域的比例为 5.00%，该类区域主要分布在流域西北部山丘区；"中"状态区域的比例为 30.00%，该类区域主要分布在流域西北部山丘区和平原区；"差"和"劣"状态区域的比例分别为 45.00%和 20.00%，该类区域主要分布在流域东部和南部平原区以及太湖湖体区。

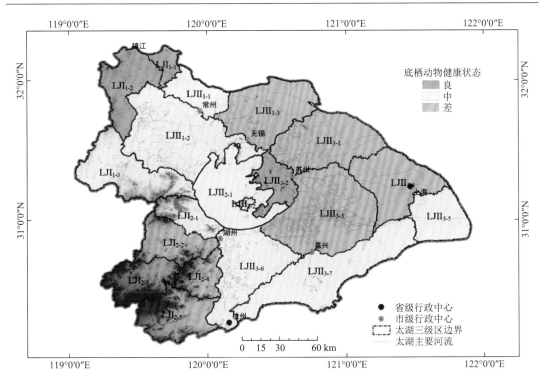

图 5-40　太湖流域水生态功能三级区底栖动物健康状态评价结果

　　太湖流域水生态功能三级区底栖动物 BPI 平均得分为 0.50，其健康状态处于“中”级别。其中，“优”和“良”状态区域的比例分别为 10.00% 和 25.00%，该类区域主要分布在流域西北部和西南部山丘区以及南部平原区；“中”状态区域的比例为 30.00%，该类区域主要分布在流域东部和北部平原区以及太湖湖体区；“差”和“劣”状态区域的比例分别为 25.00% 和 10.00%，该类区域主要分布在流域西南部山丘区和东北部平原区。

　　太湖流域水生态功能三级区底栖动物 FBI 平均得分为 0.51，其健康状态处于“中”级别。其中，“优”和“良”状态区域的比例分别为 5.00% 和 30.00%，该类区域主要分布在流域西南部和西北部山丘区以及太湖东部平原区；“中”状态区域的比例为 30.00%，该类区域主要分布在流域东部平原区和西部山丘区；“差”状态区域的比例为 35.00%，该类区域主要分布在流域北部和东部平原区以及太湖湖体区。

　　5）鱼类评价

　　整体来说，太湖流域水生态功能三级区的鱼类健康平均得分为 0.43，其健康状态处于“中”级别。其中，“良”状态区域的比例为 5.56%，该类区域主要分布在流域西北部山丘区；“中”状态区域的比例为 55.56%，该类区域主要分布在流域东部和北部平原区以及西南部山丘区；“差”和“劣”状态区域的比例分别为 33.32% 和 5.56%，该类区域主要分布在流域西部山丘区、南部和北部平原区（图 5-41）。

　　太湖流域水生态功能三级区鱼类总分类单元数平均得分为 0.31，其健康状态处于“差”级别。其中，“优”状态区域的比例为 5.56%，该类区域主要分布在流域西北部山丘

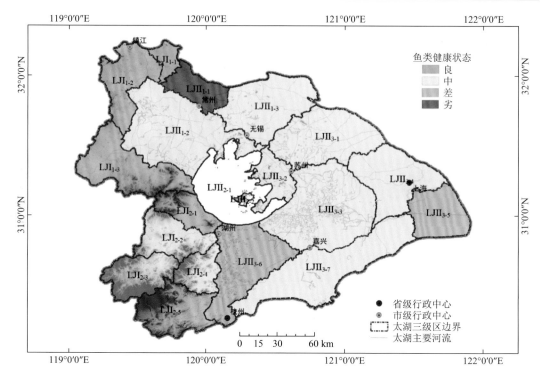

图 5-41　太湖流域水生态功能三级区鱼类健康状态评价结果

区；"中"状态区域的比例为 33.33%，该类区域主要分布在流域东南部和北部平原区以及西部山丘区；"差"和"劣"状态区域的比例分别为 27.78%和 33.33%，该类区域主要分布在流域北部和南部平原区。

太湖流域水生态功能三级区鱼类 BPI 平均得分为 0.56，其健康状态处于"中"级别。其中，"优"和"良"状态区域的比例分别为 11.10%和 16.67%，该类区域主要分布在流域东部平原区、西北部和西南部山丘区；"中"状态区域的比例为 50.00%，该类区域主要分布在流域北部和南部平原区、西南部和东北部山丘区；"差"和"劣"状态区域的比例分别为 16.67%和 5.56%，该类区域主要分布在流域东部平原区和西部山丘区。

6）综合评价

通过太湖流域水生态功能三级区水质理化、营养盐、着生藻类/浮游植物、底栖动物和鱼类的综合评价得出：太湖流域水生态功能三级区水生态健康综合平均得分为 0.45，其健康状态处于"中"级别。其中，"良"状态区域的比例为 10.00%，该类区域主要分布在太湖湖体区及西南部山丘区；"中"状态区域的比例为 65.00%，该类区域主要分布在流域东南部和北部平原区；"差"状态区域的比例为 25.00%，该类区域主要分布在流域东部和北部平原区（图 5-42）。

4. 太湖流域水生态功能四级区水生态健康

1）水质理化评价

整体来说，太湖流域水生态功能四级区的水质理化健康平均得分为 0.57，其健康状态

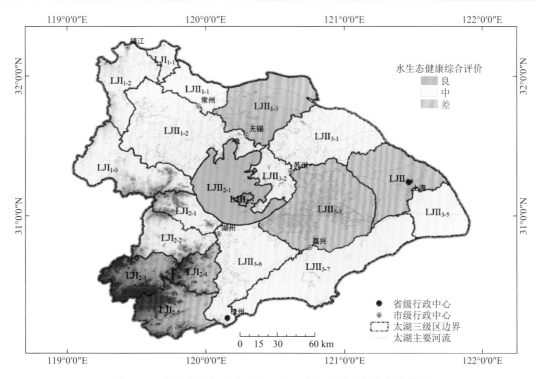

图 5-42 太湖流域水生态功能三级区水生态健康综合评价结果

处于"中"级别。其中,"优"和"良"状态区域的比例分别为 18.26%和 22.61%,该类区域主要分布在流域西南部山丘区和平原区以及太湖湖体区;"中"状态区域的比例为 42.61%,该类区域主要分布在流域西北部山丘区、东南部及西北部平原区;"差"和"劣"状态区域的比例分别为 14.78%和 1.74%,该类区域主要分布在流域西南部山丘区、东南部和北部平原区(图 5-43)。

太湖流域水生态功能四级区的溶解氧平均得分为 0.73,其健康状态处于"良"级别。其中,"优"和"良"状态区域的比例分别为 41.74%和 31.30%,该类区域主要分布在流域西部山丘区、北部平原区以及太湖湖体区;"中"状态区域的比例为 14.78%,该类区域主要分布在流域东部和北部平原区、西南部山丘区;"差"和"劣"状态区域的比例分别为 7.83%和 4.35%,该类区域主要分布在流域东部和北部平原区。

太湖流域水生态功能四级区的电导率平均得分为 0.5,其健康状态处于"中"级别。其中,"优"和"良"状态区域的比例分别为 7.83%和 38.26%,该类区域主要分布在流域东南部平原区、西南部山丘区、环太湖湖体区以及太湖东部平原区;"中"状态区域的比例为 20.00%,该类区域主要分布在流域东部、南部和西北部平原区以及太湖湖体区;"差"和"劣"状态区域的比例分别为 19.13%和 14.78%,该类区域主要分布在流域南部和北部平原区、西部山丘区。

太湖流域水生态功能四级区(除太湖湖体外)的高锰酸盐指数平均得分为 0.45,其健康状态处于"中"级别。其中,"优"和"良"状态区域的比例分别为 20.75%和 4.72%,该类区域主要分布在流域西南部山丘区、东部和北部平原区;"中"状态区域的比例为

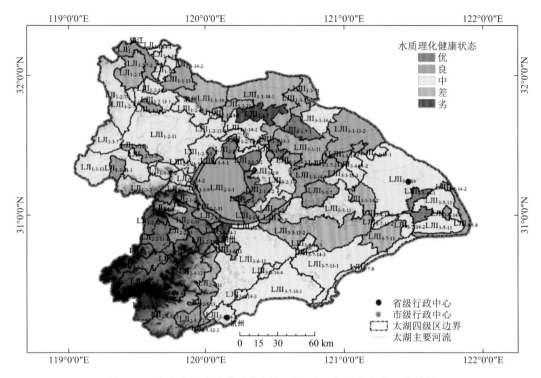

图 5-43　太湖流域水生态功能四级区水质理化健康状态评价结果

24.53%，该类区域主要分布在流域北部和南部平原区、西北部山丘区；"差"和"劣"状态区域的比例分别为 33.02%和 16.98%，该类区域主要分布在流域东部和南部平原区、西部山丘区。

2）营养盐评价

整体来说，太湖流域水生态功能四级区的营养盐健康平均得分为 0.28，其健康状态处于"差"级别。其中，"优"和"良"状态区域的比例分别为 6.09%和 6.09%，该类区域主要分布在流域西部山丘区和太湖湖体区；"中"状态区域的比例为 13.90%，该类区域主要分布在流域西部山丘区和东部环太湖湖体区；"差"和"劣"状态区域的比例分别为 26.96%和 46.96%，该类区域主要分布在流域东部、北部和南部平原区以及西北部和西南部山丘区（图 5-44）。

太湖流域水生态功能四级区的总氮平均得分为 0.15，其健康状态处于"劣"级别。其中，"优"和"良"状态区域的比例分别为 0.87%和 13.91%，该类区域主要分布在流域西部山丘区和太湖湖体区；"中"状态区域的比例为 5.22%，该类区域主要分布在流域西部山丘区；"差"和"劣"状态区域的比例分别为 0.87%和 79.13%，该类区域主要分布在流域东部、北部和南部平原区以及西南部和西北部山丘区。

太湖流域水生态功能四级区的总磷平均得分为 0.46，其健康状态处于"中"级别。其中，"优"和"良"状态区域的比例分别为 19.13%和 12.17%，该类区域主要分布在流域西部山丘区、东部平原区以及太湖湖体区；"中"状态区域的比例为 18.26%，该类区域主要分布在流域西北部山丘区、环太湖湖体区及北部平原区；"差"和"劣"状态区域的比

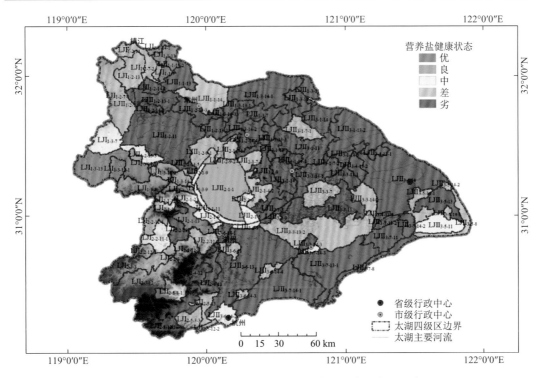

图 5-44　太湖流域水生态功能四级区营养盐健康状态评价结果

例分别为 25.22%和 25.22%，该类区域主要分布在流域南部和北部平原区、太湖东部平原区以及西南部山丘区。

此外，太湖湖体 9 个四级水生态区的叶绿素 a、高锰酸盐指数和透明度平均得分分别为 0.50、0.52 和 0.86，健康状态分别为"中""中""优"。

3）着生藻类/浮游植物评价

整体来说，太湖流域水生态功能四级区的着生藻类/浮游植物健康平均得分为 0.48，其健康状态处于"中"级别。其中，"优"和"良"状态区域的比例分别为 5.22%和 8.70%，该类区域主要分布在流域北部平原区和太湖湖体区；"中"状态区域的比例为 64.34%，该类区域主要分布在流域东部和南部平原区、西部山丘区；"差"和"劣"状态区域的比例分别为 18.26%和 3.48%，该类区域主要分布在流域北部平原区、太湖东部平原区及西部山丘区（图 5-45）。

太湖流域水生态功能四级区着生藻类/浮游植物总分类单元数平均得分为 0.37，其健康状态处于"差"级别。其中，"优"和"良"状态区域的比例分别为 9.57%和 14.78%，该类区域主要分布在太湖湖体区、北部平原区和西南部山丘区；"中"状态区域的比例为 26.09%，该类区域主要分布在流域西北部山丘区和平原区；"差"和"劣"状态区域的比例分别为 13.04%和 36.52%，该类区域主要分布在流域东部和南部平原区。

太湖流域水生态功能四级区着生藻类/浮游植物 BPI 平均得分为 0.59，其健康状态处于"中"级别。其中，"优"和"良"状态区域的比例分别为 31.3%和 15.66%，该类区域主要分布在流域东部和北部平原区、西部山丘区以及太湖湖体区；"中"状态区域的

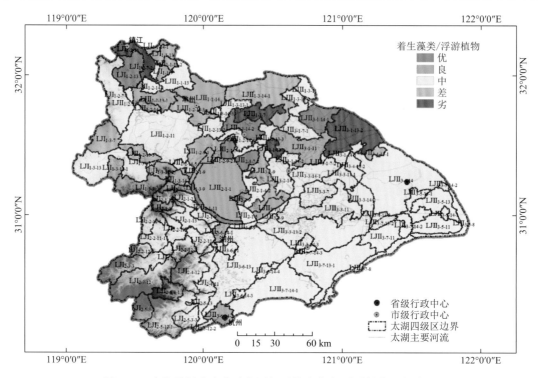

图 5-45　太湖流域水生态功能四级区着生藻类/浮游植物评价结果

比例为 21.74%，该类区域主要分布在流域西北部平原区和西南部山丘区；"差"和"劣"状态区域的比例分别为 20.87%和 10.43%，该类区域主要分布在流域北部平原区和西部山丘区。

太湖湖体 9 个四级水生态区的浮游植物蓝藻门密度比例平均得分为 0.60，健康状态为"良"。

4）底栖动物评价

整体来说，太湖流域水生态功能四级区的底栖动物健康平均得分为 0.43，其健康状态处于"中"级别。其中，"优"和"良"状态区域的比例分别为 0.87%和 14.78%，该类区域主要分布在流域西北部山丘区和东部平原区；"中"状态区域的比例为 41.74%，该类区域主要分布在流域东南部和西北部平原区以及太湖湖体区；"差"和"劣"状态区域的比例分别为 33.91%和 8.70%，该类区域主要分布在流域东北部平原区和西南部山丘区（图 5-46）。

太湖流域水生态功能四级区底栖动物总分类单元数平均得分为 0.36，其健康状态处于"差"级别。其中，"优"和"良"状态区域的比例分别为 9.57%和 3.48%，该类区域主要分布在流域西北部山丘区和东南部平原区；"中"状态区域的比例为 22.60%，该类区域主要分布在流域西部山丘区和太湖湖体区；"差"和"劣"状态区域的比例分别为 34.78%和 29.57%，该类区域主要分布在流域东部和南部平原区以及西南部山丘区。

太湖流域水生态功能四级区底栖动物 BPI 平均得分为 0.46，其健康状态处于"中"级

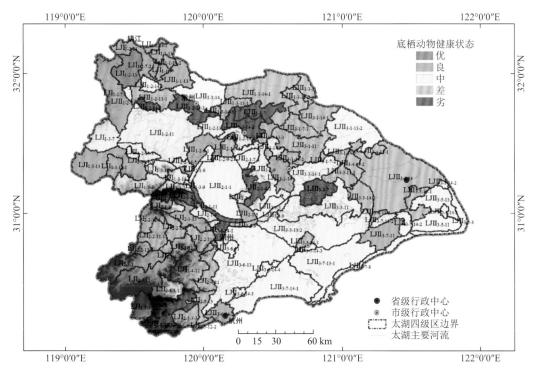

图 5-46　太湖流域水生态功能四级区底栖动物健康状态评价结果

别。其中，"优"和"良"状态区域的比例分别为 13.04%和 22.61%，该类区域主要分布在流域西北部山丘区、东南部平原区以及太湖湖体区；"中"状态区域的比例为 18.26%，该类区域主要分布在流域东部和北部平原区；"差"和"劣"状态区域的比例分别为 24.35%和 21.74%，该类区域主要分布在流域北部、东部和西部平原区以及西南部山丘区。

太湖流域水生态功能四级区底栖动物 FBI 平均得分为 0.47，其健康状态处于"中"级别。其中，"优"和"良"状态区域的比例分别为 9.57%和 16.52%，该类区域主要分布在流域西南部和东北部山丘区、东部和南部平原区；"中"状态区域的比例为 28.70%，该类区域主要分布在流域东部和西北部平原区；"差"和"劣"状态区域的比例分别为 35.64%和 9.57%，该类区域主要分布在流域西部山丘区、北部平原区及太湖湖体区。

5）鱼类评价

整体来说，太湖流域水生态功能四级区的鱼类健康平均得分为 0.44，其健康状态处于"中"级别。其中，"良"状态区域的比例为 11.32%，该类区域主要分布在流域南部和北部平原区；"中"状态区域的比例为 53.78%，该类区域主要分布在流域东部和西南部平原区、西部山丘区；"差"和"劣"状态区域的比例分别为 25.47%和 9.43%，该类区域主要分布在流域北部和南部平原区、西北部山丘区（图 5-47）。

太湖流域水生态功能四级区鱼类总分类单元数平均得分为 0.34，其健康状态处于"差"级别。其中，"优"和"良"状态区域的比例分别为 11.32%和 1.89%，该类区域

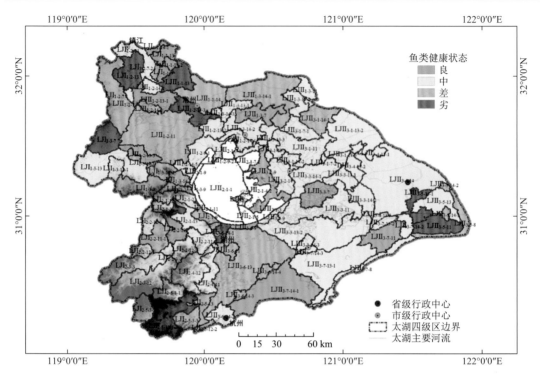

图 5-47　太湖流域水生态功能四级区鱼类健康状态评价结果

主要分布在流域东部平原区和西部山丘区；"中"状态区域的比例为 30.18%，该类区域主要分布在流域东南部和北部平原区、西部山丘区；"差"和"劣"状态区域的比例分别为 24.53% 和 32.08%，该类区域主要分布在流域东北部和北部平原区、流域西南部和西北部山丘区。

太湖流域水生态功能四级区鱼类 BPI 平均得分为 0.54，其健康状态处于"中"级别。其中，"优"和"良"状态区域的比例分别为 17.92% 和 13.21%，该类区域主要分布在流域东部和南部平原区、西北部山丘区；"中"状态区域的比例为 36.79%，该类区域主要分布在流域南部和北部平原区、西南部山丘区；"差"和"劣"状态区域的比例分别为 16.04% 和 16.04%，该类区域主要分布在流域西部山丘区、北部平原区以及太湖东部平原区。

6）综合评价

通过太湖流域水生态功能四级区水质理化、营养盐、着生藻类/浮游植物、底栖动物和鱼类的综合评价得出：太湖流域水生态功能四级区水生态健康综合平均得分为 0.44，其健康状态处于"中"级别。其中，"良"状态区域的比例为 9.57%，该类区域主要分布在流域西部山丘区和太湖湖体区；"中"状态区域的比例为 64.35%，该类区域主要分布在流域南部、北部平原区以及太湖东部平原区；"差"和"劣"状态区域的比例分别为 24.34% 和 1.74%，该类区域主要分布在流域东北部平原区和西南部山丘区（图 5-48）。

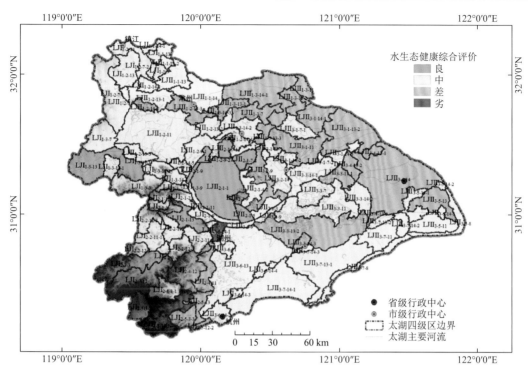

图 5-48 太湖流域水生态功能四级区水生态健康综合评价结果

参 考 文 献

蔡琨, 张杰, 徐兆安, 等. 2014. 应用底栖动物完整性指数评价太湖生态健康[J]. 湖泊科学, 26 (1): 74-82.

蔡其华. 2005. 维护健康长江促进人水和谐[C]. 天津: 2005 年新世纪水利工程科技前沿 (院士) 论坛.

程南宁. 2011. 健康太湖的概念内涵分析[J]. 中国水利, 13: 7-9.

崔保山, 杨志峰. 2001. 湿地生态系统健康研究进展[J]. 生态学杂志, 20: 31-36.

高俊峰, 蔡永久, 夏霆, 等. 2016. 巢湖流域水生态健康研究[M]. 北京: 科学出版社.

高俊峰, 张志明, 黄琪, 等. 2017. 巢湖流域水生态功能分区研究[M]. 北京: 科学出版社.

耿雷华, 刘恒, 钟华平, 等. 2006. 健康河流的评价指标和评价标准[J]. 水利学报, 37 (3): 253-258.

胡会峰, 徐福留, 赵臻彦, 等. 2003. 青海湖生态系统健康评价[J]. 城市环境与城市生态, 16 (3): 71-72.

胡志新, 胡维平, 谷孝鸿, 等. 2005. 太湖湖泊生态系统健康评价[J]. 湖泊科学, 17 (3): 256-262.

黄艺, 舒中亚. 2013. 基于浮游细菌生物完整性指数的河流生态系统健康评价——以滇池流域为例[J]. 环境科学, 34 (8): 3010-3018.

江源, 彭秋志, 廖剑宇, 等. 2013. 浮游藻类与河流生境关系研究进展与展望[J]. 资源科学, 35 (3): 461-472.

金相灿. 1995. 中国湖泊环境[M]. 北京: 海洋出版社.

金相灿, 王圣瑞, 席海燕. 2012. 湖泊生态安全及其评价方法框架[J]. 环境科学研究, 25 (4): 357-362.

李国英. 2004. 黄河治理的终极目标是 "维持黄河健康生命" [J]. 人民黄河, 26 (1): 1-2.

李强, 杨莲芳, 吴璟, 等. 2007. 底栖动物完整性指数评价西苕溪溪流健康[J]. 环境科学, 28 (9): 2141-2147.

林木隆, 李向阳, 杨明海. 2006. 珠江流域河流健康评价指标体系初探[J]. 人民珠江, (4): 1-4.

卢志娟, 裴洪平, 汪勇. 2008. 西湖生态系统健康评价初探[J]. 湖泊科学, 20 (6): 802-805.

马世骏, 王如松. 1984. 社会-经济-自然复合生态系统[J]. 生态学报, 4 (1): 1-9.

马陶武, 黄清辉, 王海, 等. 2008. 太湖水质评价中底栖动物综合生物指数的筛选及生物基准的确立[J]. 生态学报, 28 (3): 1192-1200.

水利部太湖流域管理局，江苏省水利厅，浙江省水利厅，等. 2013 太湖健康状况报告[R]. 上海：水利部太湖流域管理局.

王备新，杨莲芳，刘正文. 2008. 生物完整性指数与水生态系统健康评价[J]. 生态学杂志，25（6）：707-710.

王根绪，程国栋，钱鞠. 2003. 生态安全评价研究中的若干问题[J]. 应用生态学报，14（9）：1551-1556.

王建华，田景汉，吕宪国. 2010. 挠力河流域河流生境质量评价[J]. 生态学报，20（2）：481-486.

于如松. 2003. 资源、环境与产业转型的复合生态管理[J]. 系统工程理论与实践，23（2）：125-132.

徐菲，赵彦伟，杨志峰，等. 2013. 白洋淀生态系统健康评价[J]. 生态学报，33（21）：6904-6912.

杨文慧，严忠民，吴建华. 2005. 河流健康评价的研究进展[J]. 河海大学学报（自然科学版），33（6）：607-611.

张凤玲，刘静玲，杨志峰. 2005. 城市河湖生态系统健康评价——以北京市"六海"为例[J]. 生态学报，25（11）：3019-3027.

张艳会，杨桂山，万荣荣. 2014. 湖泊水生态系统健康评价指标研究[J]. 资源科学，36（6）：1306-1315.

赵臻彦，徐福留，詹巍，等. 2005. 湖泊生态系统健康定量评价方法[J]. 生态学报，25（6）：1466-1474.

郑丙辉，张远，李英博. 2007. 辽河流域河流栖息地评价指标与评价方法研究[J]. 环境科学学报，27（6）：928-936.

Bailey R C，Norris R H，Reynoldson T B. 2004. Bioassessment of Freshwater Ecosystems[M]. Boston：Springer.

Barbour M T，Gerritsen J，Snyder B D，et al. 1999. Rapid Bioassessment Protocols for Use in Streams and Wadeable Rivers：Periphyton，Benthic Macroin-vertebrates，and Fish. 2nd ed[M]. EPA 841-0B-99-002 U. S. Environmental Protection Agency，Office of Water：Washington D. C.

Beck M W，Hatch L K. 2009. A review of research on the development of lake indices of biotic integrity[J]. Environmental Reviews，17（NA）：21-44.

Bendoricchio G，Jorgensen S E. 1997. Exergy as goal function of ecosystems dynamic[J]. Ecological Modelling，102（1）：5-15.

Borja A，Ranasinghe A，Weisberg S B. 2009. Assessing ecological integrity in marine waters，using multiple indices and ecosystem components：challenges for the future[J]. Marine Pollution Bulletin，59（1）：1-4.

Bunn S，Abal E，Smith M，et al. 2010. Integration of science and monitoring of river ecosystem health to guide investments in catchment protection and rehabilitation[J]. Freshwater Biology，55（s1）：223-240.

Carlson R E. 1977. A trophic state index for lakes1[J]. Limnology and Oceanography，22（2）：361-369.

Connolly R M，Bunn S，Campbell M，et al. 2013. Review of the use of report cards for monitoring ecosystem and waterway health[R]. Queensland：Report to：Gladstone Healthy Harbour Partnership.

Costanza R，Norton B G，Haskell B D. 1992. Ecosystem Health：New Goals for Environmental Management[M]. Washington D.C.：Island Press.

Costanza R，d'Arge R，De Groot R，et al. 1997. The value of the world's ecosystem services and naturalcapital[J]. Nature，387（15）：253-260.

De Leo G A，Levin S. 1997. The multifaceted aspects of ecosystem integrity[J]. Conservation Ecology，1（1）：3.

Dolédec S，Statzner B. 2010. Responses of freshwater biota to human disturbances：contribution of J-NABS to developments in ecological integrity assessments[J]. Journal of North American Benthological Society，29（1）：286-311.

Griffith M B，Hill B H，McCormick F H，et al. 2005. Comparative application of indices of biotic integrity based on periphyton，macroinvertebrates，and fish to southern Rocky Mountain streams[J]. Ecological Indicators，5（2）：117-136.

Herlihy A T，Paulsen S G，Sickle J V，et al. 2008. Striving for consistency in a national assessment：the challenges of applying a reference-condition approach at a continental scale[J]. Journal of the North American Benthological Society，27（4）：860-877.

Huang Q，Gao J F，Cai Y J，et al. 2015. Development and application of benthic macroinvertebrate-based multimetric indices for the assessment of streams and rivers in the Taihu Basin，China[J]. Ecological Indicators，48：649-659.

Hynws H B N. 1960. The Biology of Polluted Waters [M]. Liverpool：Liverpool University Press.

Karr J R. 1991. Biological integrity：a long-neglected aspect of water resource management[J]. Ecological Applications，1（1）：66-84.

Kerans B L，Karr J R. 1994. A benthic index of biotic integrity（B-IBI）for rivers of the Tennessee Valley[J]. Ecological Applications，4（4）：768-785.

Ligeiro R，Hughes R M，Kaufmann P R，et al. 2013. Defining quantitative stream disturbance gradients and the additive role of habitat variation to explain macroinvertebrate taxa richness[J]. Ecological Indicators，25：45-57.

Lindeman R L. 1942. The trophic-dynamic aspect of ecology[J]. Ecology，23（4）：399-417.

Meyer J L. 1997. Stream health：incorporating the human dimension to advance stream ecology[J]. Journal of the North American Benthological Society，16（2）：439-447.

Muhar S，Jungwirth M. 1998. Habitat integrity of running waters—assessment criteria and their biological relevance[J]. Hydrobiologia，386（1-3）：195-202.

Odum E P. 2014. The Strategy of Ecosystem development[C]//Ndubisi F O：The Ecological Design and Planning Reader.

Odum H T. 1983. Systems Ecology：An Introduction[M]. New York：John Wiley and Sons Press.

Palmer C M. 1969. Composite rating of algae tolerating organic pollution[J]. Journal of Phycology，5：78-82.

Park S S，An K G，Shin J Y. 2002. An evaluation of a river health using the index of biological integrity along with relations to chemical and habitat conditions[J]. Environment International，28（5）：411-420.

Parsons M，Norris R. 1996. The effect of habitat-specific sampling on biological assessment of water quality using a predictive model[J]. Freshwater Biology，36（2）：419-434.

Rapport D J. 1979. Ecosystem medicine[J]. Bulletin of the Ecology Society of America，4：180-182.

Rapport D J，Costanza R，McMichael A J. 1998. Assessing ecosystem health[J]. Trends in Ecology & Evolution，13（10）：397-402.

Rapport D J，Gaudet C L，Calow P. 1995. Evaluating and Monitoring the Health of Large-scale Ecosystems[M]. Berlin：Springer.

Schaeffer D J，Herricks E E，Kerster H W. 1988. Ecosystem health：I. Measuring ecosystem health[J]. Environmental Management，12（4）：445-455.

Stoddard J L，Larsen D P，Hawkins C P，et al. 2006. Setting expectations for the ecological condition of streams：the concept of reference condition[J]. Ecological Applications，16（4）：1267-1276.

Tansley A G. 1935. The use and abuse of vegetational concepts and terms[J]. Ecology，16：284-307.

Wang B，Liu D，Liu S，et al. 2012. Impacts of urbanization on stream habitats and macroinvertebrate communities in the tributaries of Qiangtang River，China[J]. Hydrobiologia，680（1）：39-51.

Whittier T R，Stoddard J L，Laresn D P，et al. 2007. Selecting reference sites for stream biological assessments：best professional judgment or objective criteria[J]. Journal of the North American Benthological Society，26（2）：349-360.

Xu F L，Tao S，Dawson R W，et al. 2001. Lake ecosystem health assessment：indicators and methods[J]. Water Research，35（13）：3157-3167.

第 6 章　湖泊型流域水生生物状态的驱动机制

水生生物状态的驱动机制是一个非常复杂的问题。本章以太湖流域和巢湖流域为例，分析底栖动物与环境的关系，揭示不同水环境要素对底栖动物完整性的驱动机制。

6.1　底栖动物与环境因子的关系

6.1.1　巢湖流域

1. 巢湖流域水环境特征

本书采用主成分分析法（PCA）分析 17 个理化环境因子，解析 8 个水系环境因子的分布特征。因检验发现各水系环境因子方差非齐次，故选用非参数检验（Kruskal-Wallis 检验）来检验 8 个水系环境因子的差异。结果表明，8 个水系的环境特征差异较大（$P<0.001$）（表 6-1）。杭埠河、白石天河和兆河的生境多样性、河道变化、交通干扰程度、土地利用和底质异质性的得分均较高，说明这三个水系的生境质量较高。南淝河和十五里河的水体营养盐浓度较高，说明这两个水系污染较严重。主成分排序图显示各水系的环境因子梯度变化呈现显著空间差异（图 6-1）。前两个主成分的方差解释率分别为 54.1% 和 17.0%。第一主成分（PC1）主要与生境指标呈负相关关系，与水体营养指标呈正相关关系，表明 PC1 主要反映了生境质量和水体的营养状态。杭埠河、白石天河和兆河的点位主要位于左侧，而南淝河和十五里河的点位主要聚集在右侧且沿着营养盐的轴线分布，表明杭埠河、白石天河和兆河的生境质量较高，而南淝河和十五里河的水体营养盐浓度较高，这与理化特征分析结果一致（图 6-1）。

2. 河流及溪流底栖动物与环境因子的关系

本书采用典范对应分析（CCA）研究巢湖流域底栖动物群落结构与环境因子的关系。因湖泊与河流测定的环境因子参数不完全一致，故分别分析了其底栖动物群落结构与环境因子的关系。环境因子的筛选采用向前引入法（forward selection），保留能通过蒙特卡罗置换检验的显著因子（Monte Carlo test，9999 random permutations，$P<0.1$）。湖泊的分析结果中加入各采样点的经度值，使 CCA 排序图上可以直观展现出巢湖东西向的环境梯度。河流的分析结果采用 CCA 排序图将物种（适合范围 20%～100% 的物种）、样点（将 8 个水系的样点分别标注）和环境因子绘出，可以直观地呈现出种类组成、各水系的群落分布与环境因子之间的关系（表 6-1）。

表 6-1　巢湖流域各水系的水环境特征

项目	南淝河 (n=21)	十五里河 (n=2)	派河 (n=6)	杭埠河 (n=52)	白石天河 (n=5)	兆河 (n=16)	柘皋河 (n=8)	裕溪河 (n=37)	P值
pH	8.03 (7.11~9.28)	7.75 (7.4~8.09)	7.65 (7.1~8.35)	8.71 (7.31~18.56)	7.91 (7.67~8.24)	7.92 (7.23~9.71)	7.71 (6.93~9.1)	8.11 (7.04~9.94)	<0.05
DO/(mg/L)	7.5 (0.9~13.8)	6.5 (1.8~11.1)	7.4 (5.3~11.2)	11.5 (1.5~18.2)	9.8 (8.8~10.7)	8.8 (2.4~13.3)	6.7 (2~14.4)	10.1 (1.8~21.4)	<0.01
电导率 (EC)/(mS/cm)	0.36 (0.11~1.24)	0.49 (0.48~0.5)	0.22 (0.16~0.28)	0.14 (0.03~0.36)	0.2 (0.15~0.24)	0.37 (0.04~3.16)	0.27 (0.08~0.58)	0.2 (0.08~0.5)	<0.01
浊度 (NTU)	26.7 (3~54.5)	19.1 (16.7~21.5)	10.3 (2.6~18.6)	8.8 (0.1~38.8)	6.4 (3.8~12.1)	11.4 (0.4~101.2)	23.2 (0.9~116.1)	22.1 (0.3~108.6)	<0.01
COD_{Mn}/(mg/L)	9.53 (1.76~68.29)	6.54 (3.32~9.76)	7.32 (4.68~9.76)	4.57 (1.76~10.73)	5.54 (4.68~6.83)	4.56 (2.54~7.8)	6.68 (4.88~9.17)	5.33 (1.76~19.32)	<0.01
TP/(mg/L)	1.16 (0.04~8.81)	5.12 (3.4~6.84)	0.44 (0.07~1.1)	0.13 (0.02~1.44)	0.04 (0.02~0.07)	0.27 (0.02~3)	0.15 (0.03~0.47)	0.08 (0.01~6.84)	<0.01
PO_4^{3-}-P/(mg/L)	0.66 (0.01~5.73)	4.43 (2.77~6.09)	0.27 (0.01~0.7)	0.07 (0.01~0.83)	0.02 (0.01~0.04)	0.18 (0~2.19)	0.1 (0.02~0.3)	0.03 (0.01~6.09)	<0.01
TN/(mg/L)	10.99 (0.7~53.49)	25.86 (25.1~26.63)	5.51 (1.02~14.75)	1.73 (0.45~4.64)	1.53 (0.68~3.02)	3.26 (0.61~20.67)	1.43 (0.48~4.47)	1.44 (0.6~26.63)	<0.01
NH_4^+-N/(mg/L)	7.38 (0.28~31.6)	19.79 (15.93~23.64)	4.44 (0.41~16.14)	0.55 (0.06~3.83)	0.49 (0.17~1.08)	2.09 (0.32~19.06)	0.95 (0.26~3.66)	0.59 (0.16~23.64)	<0.01
NO_3^--N/(mg/L)	0.14 (0.05~1.49)	0.07 (0.05~0.09)	0.08 (0.04~0.16)	0.44 (0.04~2.74)	0.26 (0.07~0.73)	0.31 (0.05~1.35)	0.07 (0.05~0.09)	0.18 (0.05~0.66)	<0.01
Chl-a/(μg/L)	40.5 (0.5~288.9)	23.7 (14.0~33.3)	39.5 (3.0~82.6)	4.0 (0.1~21.9)	3.6 (1.1~6.9)	3.9 (0.1~17.2)	27.9 (0.4~105.2)	11.0 (0.2~128.0)	<0.01
DOC/(mg/L)	9.8 (5.48~18.33)	11.91 (10.7~13.11)	5.79 (3.93~6.49)	4.92 (1.99~18.59)	5.32 (3.58~7.35)	5.43 (2.35~8.54)	6.99 (3.13~10.81)	4.76 (1.45~13.11)	<0.01
生境多样性 (20分)	8.67 (1~15)	6 (1~11)	9.83 (3~13)	13.88 (9~18)	13 (12~16)	11.94 (4~18)	12 (8~15)	11.49 (1~18)	<0.01
河道变化 (20分)	8.43 (2~16)	6 (2~10)	9 (5~12)	13.71 (6~20)	11 (7~17)	13.31 (5~20)	9.38 (6~13)	11.35 (2~19)	<0.01
交通干扰程度 (20分)	6.81 (1~16)	2 (2~2)	6.17 (2~13)	12.13 (5~18)	11 (6~16)	11.38 (1~19)	8.25 (4~12)	10.08 (0~18)	<0.01
土地利用 (20分)	7.52 (2~16)	5 (3~7)	6.5 (2~11)	11.75 (5~18)	10.8 (6~16)	10.25 (4~18)	8.75 (6~10)	10.11 (3~18)	<0.01
底质异质性 (20分)	1.81 (0~4)	1 (1~1)	2.33 (1~3)	8.69 (1~19)	3.2 (1~7)	4.75 (1~14)	2.5 (2~3)	3.89 (0~18)	<0.01

注：n 表示样点数量；表中数值为均值（范围）。

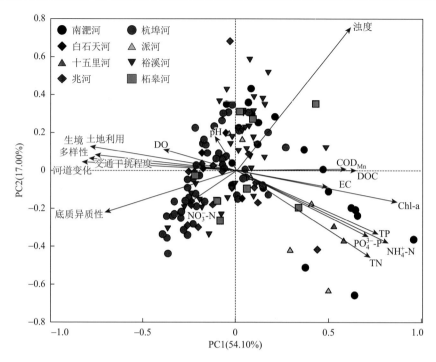

图 6-1　巢湖流域各水系样点的理化因子主成分分析

巢湖流域河流的 CCA 筛选出电导率（EC）、总氮（TN）、铵态氮（NH_4^+-N）、硝态氮（NO_3^--N）、叶绿素 a（Chl-a）、底质异质性（substrate）与底栖动物群落关系较显著（图 6-2）。第 1 轴和第 2 轴的特征值较大，分别为 0.610 和 0.297，各解释了 4.7%和

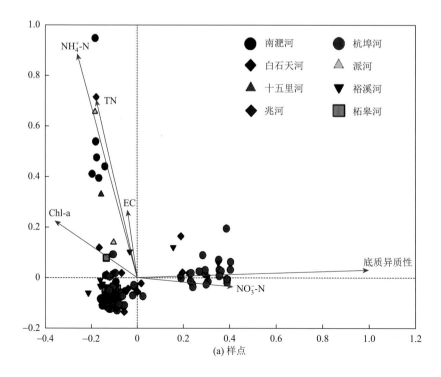

(a) 样点

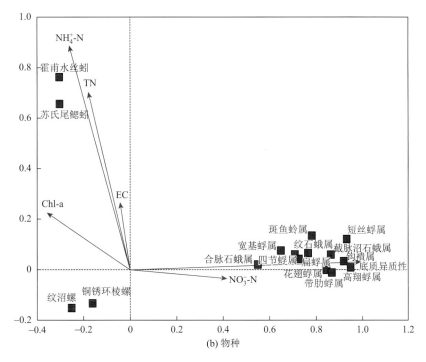

图 6-2　巢湖流域河流底栖动物群落结构与环境因子的 CCA 排序图

2.3%的物种数据方差变异以及 37.4%和 18.3%的物种-环境关系变异（表 6-2）。第 3 轴和第 4 轴分别解释了 1.6%和 1.6%的物种数据方差变异以及 12.6%和 12.6%的物种-环境关系变异。第 1 轴与底质异质性（$R = 0.92$）的相关性较高，第 2 轴与 NH_4^+-N（$R = 0.74$）、TN（$R = 0.59$）的相关性较高。从各因子进入 CCA 的顺序及其解释量可以看出，底质异质性、NH_4^+-N 和 TN 的解释量相对较高，而 EC、NO_3^--N 和 Chl-a 的解释量相对较低。

表 6-2　巢湖底栖动物群落结构与环境因子的 CCA 结果

项目	第 1 轴	第 2 轴	第 3 轴	第 4 轴	总惯量
特征值	0.610	0.297	0.206	0.205	
物种-环境关系	0.924	0.838	0.899	0.918	
物种数据方差变异累计百分比/%	4.7	7.0	8.6	10.2	
物种-环境关系变异累计百分比/%	37.4	55.7	68.3	80.9	
EC	−0.04	0.22	0.37	0.76	
TN	−0.16	0.59	0.50	0.04	12.862
NH_4^+-N	−0.24	0.74	0.22	0.004	
NO_3^--N	0.38	−0.03	0.18	0.20	
Chl-a	−0.33	0.19	0.60	−0.21	
底质异质性	0.92	0.02	0.002	−0.07	

从图 6-2（a）中可以看出，杭埠河的样点主要沿底质异质性分布，而南淝河、派河和

十五里河的点位主要沿 NH_4^+-N 和 TN 分布，其他的点位主要分布在 NH_4^+-N、TN 及底质异质性的反方向。这说明营养盐浓度和底质异质性是影响巢湖流域大型底栖动物群落结构的主要因素。高营养盐浓度是决定南淝河、派河和十五里河这三个水系大型底栖动物结构的主要因素，底质异质性是决定杭埠河水系大型底栖动物结构的主要因素。

如图 6-2（b）所示，CCA 还揭示了 16 种底栖动物（响应范围 20%～100%的物种）与环境因子的关系。寡毛纲的霍甫水丝蚓和苏氏尾鳃蚓的分布与 NH_4^+-N 和 TN 的浓度呈正相关。12 种水生昆虫与底质异质性呈正相关，而腹足纲的铜锈环棱螺和纹沼螺与底质异质性及营养盐浓度呈负相关。

3. 巢湖湖体底栖动物与环境因子的关系

巢湖湖体的 CCA 筛选出 6 个环境因子与底栖动物群落关系显著（图 6-3），即水体的浊度（NTU）、总磷（TP）、总氮（TN）、硝态氮（NO_3^--N）、叶绿素 a（Chl-a）和沉积物总磷（sed-TP）。第 1 轴和第 2 轴的特征值较大，分别为 0.229 和 0.165，分别解释了 9.9%和 7.1%的物种数据方差变异以及 33.2%和 24.0%的物种-环境关系变异（表 6-3）；第 3 轴和第 4 轴分别解释了 5.2%和 3.0%的物种数据方差变异以及 17.8%和 9.9%的物种-环境关系变异（表 6-3）。第 1 轴与 TP（$R = 0.79$）、TN（$R = 0.74$）和浊度（$R = 0.48$）的相关性较高，第 2 轴与 NO_3^--N（$R = 0.65$）的相关性较高，表明巢湖水体营养盐及沉积物营养盐浓度是影响底栖动物群落结构的主要因素。从 CCA 排序图（图 6-3）可以看出，巢湖湖体的营养盐浓度自西向东有逐渐减小的趋势。

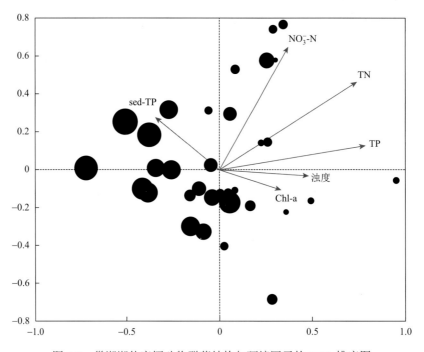

图 6-3　巢湖湖体底栖动物群落结构与环境因子的 CCA 排序图

黑点的大小代表样点纬度值大小（高俊峰等，2016）

表 6-3　巢湖湖体底栖动物群落结构与环境因子的 CCA 结果

项目	第 1 轴	第 2 轴	第 3 轴	第 4 轴	总惯量
特征值	0.229	0.165	0.122	0.068	
物种-环境关系	0.872	0.731	0.718	0.679	
物种数据方差变异累计百分比/%	9.9	17.0	22.2	25.2	
物种-环境关系变异累计百分比/%	33.2	57.2	75.0	84.9	
浊度	0.48	−0.03	−0.50	−0.66	
TP	0.79	0.13	−0.01	0.38	2.322
TN	0.74	0.46	0.19	0.08	
NO_3^--N	0.37	0.65	0.22	−0.43	
Chl-a	0.33	−0.10	0.68	−0.51	
sed-TP	−0.34	0.28	−0.26	−0.22	

4. 影响因素分析

研究结果表明，巢湖流域主要河流及溪流、水体营养盐浓度和底质异质性共同影响巢湖流域底栖动物群落结构。杭埠河水系的源头溪流的底质异质性较高，但下游的河流中底质异质性逐渐降低，底质异质性与巢湖流域的底栖动物多样性呈负相关。典范对应分析结果显示，12 种水生昆虫与底质异质性呈正相关，这 12 种水生昆虫均为清洁型物种 EPT昆虫（蜉蝣目、襀翅目、毛翅目合称）和广翅目昆虫，而水生昆虫主要分布在底质异质性较高的源头溪流中。这是因为 EPT 昆虫等水生昆虫喜好粗砂砾底质，它们喜欢黏在小石头上生存，并且在底质为粗砂砾和卵石的生境中，蜉蝣目的密度可达到最大。砂砾和卵石的底质除了为底栖动物提供栖息场所外，还为其躲避其他水生昆虫的捕食提供庇护。同时，巢湖流域的砂砾和卵石底质主要分布在巢湖流域上游，其水体流速和溶解氧均较高，且水深较小，更适宜水生昆虫的生存。底质的粒径大小对大型底栖动物影响较大，有研究表明，卵石河床是鳌江流域下游大型底栖动物物种更丰富、密度也较高的主要原因之一（张玉珍等，2015）。此外，若沉积物粒径较小，则会减少间隙空间，水体溶解氧及沉积物氧气渗透深度均会降低，不利于底栖动物的生物扰动过程。

对巢湖流域的研究结果表明，霍甫水丝蚓和苏氏尾鳃蚓这两种寡毛纲物种与水体营养盐浓度呈显著正相关，这与之前的研究结果一致。本书研究结果还表明，氮的浓度对巢湖流域河流及溪流的底栖动物分布特征影响要大于磷，这可能是农业主导型流域的一个典型特征。有研究表明，每公顷农田每年施用 550～600kg 氮肥与减少 30%～60% 的施用量相比，氮素向环境中的流失加倍，而产量没有明显增加（Ju et al.，2009）。氮素通过径流流向接收的河流（Wetzel，2001），从而使巢湖流域的河流及溪流中的氮浓度升高。

研究人为干扰对巢湖流域河流底栖动物群落的影响，需排除自然梯度差异的影响。将环境因子分为两组：一组为自然环境因素，包括高度和水体当前流速 2 个指标；一组为干扰环境因素，包括测定的水体理化因子及生境指标，共 17 个指标。用偏 CCA（partial CCA）研究干扰环境因素和自然环境因素对底栖动物群落的影响，分析时分别用干扰环境因素矩阵[A]和自然环境因素矩阵[N]作为解释变量进行分析。根据 Borcard 等（1992）的方法，将物种数据矩阵的总变异分解成不同组分：①总解释量[A＋N]，即将干扰环境因素和自然环境因素一起进行 CCA；②干扰环境因素的独立解释量[A/N]，即 CCA 研究时将干扰环境因素作为解释变量，自然环境因素作为协变量；③自然环境因素的独立解释量[N/A]，即 CCA 研究时将自然环境因素作为解释变量，干扰环境因素作为协变量；④干扰环境因素和自然环境因素的共同解释量[A∩N]则为[A＋N]-[A/N]-[N/A]。偏 CCA 的分析结果表明，干扰环境因子与自然环境因子底栖动物方差变异的总解释量为 15.2%，其中，干扰环境因子独立解释量为 10.16%，远大于自然环境因子的独立解释量 4.39%，由干扰环境因子与自然环境因子两者组成的共同解释量最小，仅 0.65%。方差分解结果表明，巢湖流域河流底栖动物干扰环境因子对底栖动物群落结构的影响远大于自然环境因子。

6.1.2　太湖流域

1. 太湖流域水环境特征

本书采用一维方差分析（oneway ANOVA）检验两个生态区的环境差异显著性，结果表明，两个生态区的环境质量差异较大（$P < 0.05$）（表 6-4），东部平原区的营养盐浓度明显高于西部丘陵区，而 DO 浓度低于西部丘陵区。此外，西部丘陵区的各生境指标值明显优于东部平原区。

表 6-4　西部丘陵区和东部平原区的理化特征及一维方差分析结果

参数	西部丘陵区	东部平原区	P 值
pH	7.92（7.14～8.73）	7.87（7.3～8.83）	0.701
DO/(mg/L)	7.03（2.3～12.01）	4.96（0.42～9.44）	<0.001
EC/(mS/cm)	0.35（0.15～1.12）	0.63（0.34～1.08）	<0.001
TN/(mg/L)	2.13（0.98～4.51）	3.74（1.08～8.13）	<0.001
NH_4^+-N/(mg/L)	0.04（0～0.99）	0.65（0～4.51）	<0.001
NO_3^--N/(mg/L)	0.89（0.02～3.24）	1.48（0.02～4.21）	0.010
TP/(mg/L)	0.04（0.02～0.26）	0.15（0.04～0.94）	<0.001
PO_4^{3-}-P/(µg/L)	16.95（5.01～129.17）	39.29（2.08～252.11）	0.009
COD_{Mn}/(mg/L)	3.23（1.19～8.64）	4.31（1.71～6.91）	0.152
TSS/(mg/L)	29.5（5.5～428）	56（4.5～652）	0.777
Chl-a/(µg/L)	6.3（1.4～913）	7.4（1.9～27.4）	0.046
F^-/(mg/L)	0.75（0.49～2.45）	1.3（0.11～3.57）	<0.001
Cl^-/(mg/L)	28.78（4.36～141.09）	77.01（2.62～207.36）	<0.001
SO_4^{2-}/(mg/L)	33.06（14.61～137.37）	88.74（6.54～358.62）	<0.001
$CaCO_3$/(mg/L)	69.74（41.02～98.46）	90.25（53.33～141.54）	0.001

续表

参数	西部丘陵区	东部平原区	P 值
盐度/%	0.17（0.07～0.87）	0.31（0.16～0.57）	<0.001
浊度（NTU）	23.25（0.01～1217.6）	70.2（10～1139.1）	0.250
生境多样性（20分）	10（1～17）	3（1～12）	<0.001
河道变化（20分）	10（2～18）	3（1～14）	<0.001
河道植被/%	20（0～90）	0（0～70）	<0.001
交通干扰程度（20分）	9（2～13）	5（1～12）	<0.001
河岸带土地利用（20分）	8.5（3～14）	4（1～9）	<0.001
底质异质性	1.25（1～3.9）	1（1～2）	<0.001

注：表中数值为两生态区内采样点理化参数的均值（范围）；TSS 表示总悬浮固体。

理化数据采用 PCA，将 23 个环境指标重新组合，从而提取出能够尽可能多地反映原有变量信息的综合变量，寻找各采样点环境因子的潜在梯度。PCA 排序图显示了 93 个采样点环境因子梯度变化的空间分布格局（图 6-4）。第 1 主成分（PC1）与 TN、TP、PO_4^{3-}-P、NH_4^+-N、NO_3^--N、F^-、Cl^-、SO_4^{2-}、$CaCO_3$、COD_{Mn}、盐度、EC 呈显著负相关，与河岸带土地利用、河道变化、生境多样性、交通干扰程度和河道植被呈显著正相关。

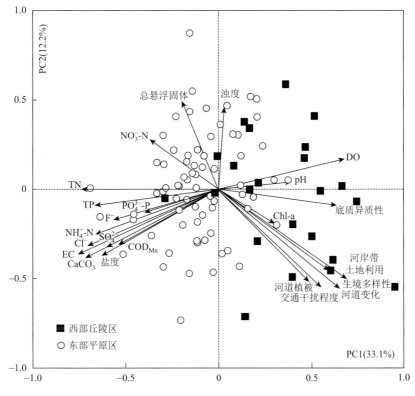

图 6-4 太湖流域各采样点理化因子 PCA 排序图

这一结果说明 PC1 主要反映水体的营养状态及生境质量。第 2 主成分（PC2）与总悬浮固体和浊度具有显著相关性。前两个主成分的方差解释率分别为 33.1% 和 12.2%。从排序图（图 6-4）可以看出，西部丘陵区的采样点主要分布于右侧，而东部平原区的采样点主要分布于左侧，这一分布特征反映了营养盐浓度及生境退化程度从西向东呈逐渐升高的趋势。

2. 太湖流域底栖动物与环境因子的关系

DCA 结果显示，第 1 轴的梯度长度为 12.12，远大于 3，故选用单峰模型 CCA 进行研究。分析时，物种数据进行平方根转换，环境因子进行 $\lg(x+1)$ 转换（pH 除外）。环境因子的筛选采用向前引入法（forward selection procedure），保留能通过蒙特卡罗置换检验的显著因子（$P<0.1$）。向前引入法最终筛选出 5 个与底栖动物群落结构显著相关的环境因子，用 CCA 排序图将物种、样点和环境因子绘出，直观地呈现出种类组成及群落分布与环境因子之间的关系（图 6-5）。仅出现次数大于 5 的物种参与 CCA，即有 32 个物种参与了 CCA。

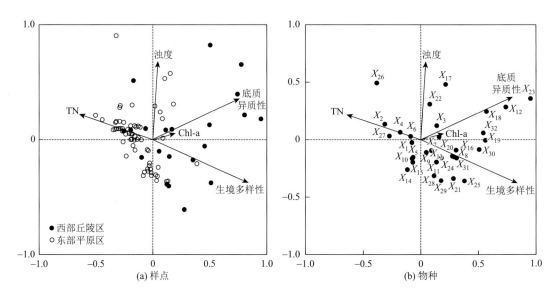

图 6-5 太湖流域底栖动物群落与环境因子的 CCA 排序图

X_1：铜锈环棱螺；X_2：霍甫水丝蚓；X_3：河蚬；X_4：苏氏尾鳃蚓；X_5：大沼螺；X_6：秀丽白虾；X_7：方格短沟蜷；X_8：锯齿新米虾；X_9：椭圆背角无齿蚌；X_{10}：中国尖崎蚌；X_{11}：纹沼螺；X_{12}：椭圆萝卜螺；X_{13}：圆顶珠蚌；X_{14}：长角涵螺；X_{15}：圆背角无齿蚌；X_{16}：扁舌蛭；X_{17}：淡水壳菜；X_{18}：光滑狭口螺；X_{19}：梯形多足摇蚊；X_{20}：羽摇蚊；X_{21}：舌蛭属；X_{22}：叶二叉摇蚊；X_{23}：前突摇蚊属；X_{24}：日本沼虾；X_{25}：细蜷属；X_{26}：寡鳃齿吻沙蚕；X_{27}：日本刺沙蚕；X_{28}：泽蛭属；X_{29}：林间环足摇蚊；X_{30}：德永雕翅摇蚊；X_{31}：尖口圆扁螺；X_{32}：膀胱螺属

第 1 轴和第 2 轴的特征值分别为 0.261 和 0.111，前两轴解释的物种数据方差变异百分数为 11.6%，解释的物种-环境关系变异百分比为 74.7%（表 6-5）。第 1 轴与生境多样性（$R=0.69$）和底质异质性（$R=0.66$）呈显著正相关，而与 TN 呈负相关（$R=-0.53$）；第 2 轴与浊度呈正相关（$R=0.43$）。

表 6-5　太湖流域底栖动物群落与环境因子的典范对应分析结果项目

项目	第 1 轴	第 2 轴	第 3 轴	第 4 轴	总惯量
特征值	0.261	0.111	0.067	0.033	
物种-环境关系	0.822	0.627	0.512	0.468	
物种数据方差变异累计百分比/%	8.2	11.6	13.7	14.7	
物种-环境关系变异累计百分比/%	52.4	74.7	88.2	94.8	
TN	−0.53	0.14	0.29	−0.10	3.202
Chl-a	0.16	0.04	−0.06	0.37	
浊度	0.04	0.43	−0.28	−0.19	
生境多样性	0.69	−0.24	−0.02	−0.07	
底质异质性	0.66	0.23	0.14	0.16	

　　从太湖流域底栖动物群落与环境因子的 CCA 样点排序图［图 6-5（a）］可以看出，两个生态区的采样点分别在排序图的不同区域相对集中。西部丘陵区的采样点多集中在排序图右侧，而排序图左侧以东部平原区的采样点为主，这样的分布特征表明两生态区沿着第 1 轴有不同的环境条件：西部丘陵区的生境多样性和底质异质性高于东部平原区，而东部平原区的水体 TN 浓度高于西部丘陵区。物种排序图［图 6-5（b）］揭示了太湖流域 32 种底栖动物种类与环境因子的相对关系。两种寡毛纲（霍甫水丝蚓和苏氏尾鳃蚓）和两种多毛纲（寡鳃齿吻沙蚕和日本刺沙蚕）主要分布在 TN 浓度高但生境多样性低的采样点，而蜻蜓目物种（细螅属）主要分布在 TN 浓度低、生境多样性高的采样点。双壳纲（淡水壳菜）主要分布在水体浊度高的采样点。摇蚊科幼虫（前突摇蚊属）和两种腹足纲（椭圆萝卜螺和光滑狭口螺）主要分布在底质异质性高的采样点。

　　太湖流域西部丘陵区和东部平原区的底栖动物群落结构存在显著差异，而两个生态区的自然环境、底质和地理特征同样差异明显，这些差异可能成为对大型底栖动物群落结构产生影响的重要因素。两生态区之间的地理差异，可能导致人类活动和土地利用方式的不同，进而作用于两生态区，使差异进一步体现在底栖动物群落结构上。基于以上考虑，分别分析了两个生态区的底栖动物群落与环境因子的关系（图 6-6）。DCA 结果显示西部丘陵区的第 1 轴的梯度长度为 6.05，表明更宜使用单峰模型 CCA 排序；而东部平原区的第 1 轴的梯度长度为 2.9，表明更宜使用线性模型 RDA 排序。

　　西部丘陵区的 CCA 排序结果表明，3 个环境因子与底栖动物群落结构显著相关，分别为水生植被覆盖、河道变化和底质异质性。前三轴的特征值分别为 0.368、0.249 和 0.180，共解释了 22.1% 的物种数据方差变异和 100% 的物种-环境关系变异。

　　东部平原区的 RDA 排序结果表明，5 个环境因子与底栖动物群落结构显著相关，分别为水生植被覆盖、河岸带土地利用、TP、浊度和 COD_{Mn}。第 1 轴、第 2 轴和第 3 轴的特征值分别为 0.145、0.055 和 0.025，前三轴共解释了 22.6% 的物种数据方差变异和 94.6% 的物种-环境关系变异。

　　整个太湖流域的 CCA 显示 5 个环境因子与底栖动物群落结构显著相关。分别对两个生态区进行的底栖动物群落结构与环境因子相关性分析结果表明：应用 CCA 筛选出

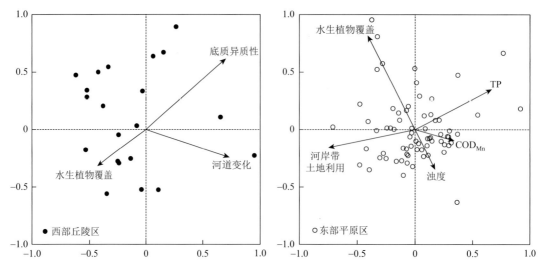

图 6-6　两个水生态功能区底栖动物群落与环境因子的关系排序图

对西部丘陵区的底栖动物群落结构影响较大的影响因子，包括水生植被覆盖、河道变化和底质异质性；对于东部平原区，应用冗余分析筛选出 5 个环境因子对底栖动物群落结构影响较大。根据这些因子所代表的意义，可以将其划分为两类因素：生境质量（生境多样性、水生植被覆盖、河岸带土地利用、河道变化和底质异质性）和营养状态（TN、TP、Chl-a 和 COD_{Mn}）。

3. 生境质量对底栖动物的影响

本书共选择生境多样性、河道变化、水生植被覆盖、交通干扰程度、河岸带土地利用和底质异质性 6 个反映生境条件的参数参与分析，结果筛选出 5 个因素与底栖动物群落结构显著相关，说明生境条件对太湖流域底栖动物影响较大。

研究结果表明，太湖流域底栖动物群落结构与生境多样性密切相关，且生境多样化程度越高，底栖动物多样性也越高。该结果符合空间异质性理论（Tews et al.，2004；Huston，1979），即生境多样性与生境异质性、生物多样性均呈正相关关系。这是因为区域的生境多样性高，可以为底栖动物提供的生存空间多，相应地，底栖动物的密度、多样性也较高。

在西部丘陵区的 CCA 中，水生植被覆盖与第 1 轴显著相关；在东部平原区的 RDA 中，水生植被与第 2 轴显著相关。这一结果说明水生植被对太湖流域河流的底栖动物群落结构和多样性具有重要作用。

西部丘陵区生境多样性程度高，存在水生植物区、无水生植物区、多种不同类型底质等多种类型的生境，在源头区的溪流中，还有激流生境。相比之下，东部平原区河道底质以淤泥为主，河道高度硬质化，基本无水生植物，生境单一。河道硬质化会对底栖动物的密度和多样性产生不良影响，这是因为硬质化的河道河岸带连续性较差，河流与沿岸带分离并阻隔了河道水生带和沿岸带的联系，在一定程度上对生态结构完整性造成了破坏。

沉积物粒径及底质异质性是影响太湖流域底栖动物群落结构和多样性的重要因素。西部丘陵区底质异质性较东部平原区高，两者差异十分显著，该区的颤蚓类（霍甫水丝蚓和苏氏尾鳃蚓）密度则小于东部平原区。同时，研究还发现太湖流域的腹足纲主要分布在底质异质性高的采样点。该结果主要受不同类群底栖动物对底质的喜好差异影响：颤蚓类喜欢生活在粒径小于 $63\mu m$ 的淤泥底质中，砂质底质则是软体动物的良好环境。

4. 水体营养盐浓度对底栖动物的影响

无论是对全流域的 CCA，还是对东部平原区的 RDA，其结果都显示水体营养状态与底栖动物群落结构显著相关；而对西部丘陵区的 CCA 结果表明水体营养状态与其底栖动物群落结构相关关系不明显。此外，霍甫水丝蚓和苏氏尾鳃蚓这两种寡毛纲物种多分布在营养盐浓度高的河流中，而蜻蜓目的细蟌属主要出现在营养盐浓度低的样点。

水体营养状态是影响太湖流域底栖动物群落特征的重要因子。流域内大城市多位于城市化程度较高的东部平原区，该区水体营养盐浓度较高，检测到的底栖动物主要为耐污性物种，且种类数少。个别城市河道的采样点物种单一，霍甫水丝蚓大量富集，说明其富营养化程度较高，这与理化特征结果是一致的。西部丘陵区多为源头溪流，受人为干扰较小，监测到的水体营养盐浓度相对较低，而底栖动物种类相对丰富，甚至包括一些蜻蜓目、蜉蝣目等敏感型物种。

6.2　B-IBI 对理化环境因子的响应

6.2.1　巢湖流域

1. B-IBI 评价结果

应用已构建的底栖动物完整性评价指标体系，对巢湖流域平原区的 69 个样点进行评价，评价结果表明：巢湖流域平原区河流的 B-IBI 均值为 2.27（对应"中"等级），指标得分范围在 0～4.39，五个等级均有一定的样点比例。参照样点和受损样点处于"中"等级的分别占 43% 和 37%，比例较大。参照样点中处于"优"和"良"等级的分别占 21% 和 29%，极少部分样点（7%）处于"差"等级；而受损样点中处于"差"和"劣"等级的分别占 41% 和 17%，极少部分样点（5%）处于"良"等级。整体来看，有 6 个样点（占比 8.7%）处于"优"等级，10 个样点（占比 14.5%）处于"良"等级，27 个样点（占比 39.1%）处于"中"等级，19 个样点（占比 27.5%）处于"差"等级，7 个样点（占比 10.2%）处于"劣"等级。

2. B-IBI 空间分布特征

巢湖流域平原区河流的健康状况具有明显的空间差异。从评价结果的空间分布图（图 6-7）可以看出，巢湖西南部入湖河流的健康状况较好，而西北部入湖河流的健康状况最差，东部入湖河流和出湖河流的健康状况基本处于"良""中"和"差"等级。评价等级为"优"的样点为是杭埠河（5 个）和白石天河（1 个），均为参照样点。评价等级为"劣"的样点分别为南淝河（2 个）、十五里河（2 个）、兆河（2 个）和派河（1 个），这一结果与第 4 章的结果基本一致。这些样点多为城市河道，污染较为严重，寡毛纲（特别是霍甫水丝蚓）大量富集，底栖动物种类单一。

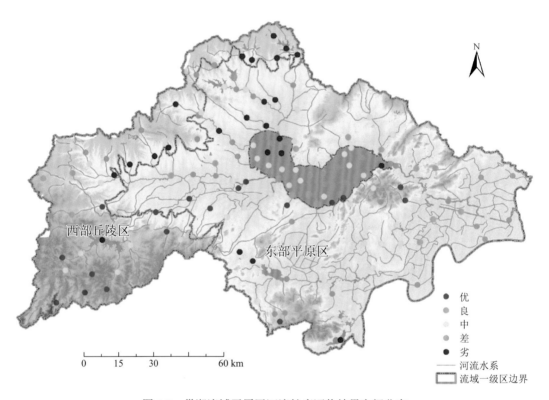

图 6-7　巢湖流域平原区河流健康评价结果空间分布

3. B-IBI 与理化环境因子的相关分析

B-IBI 与理化环境因子的 Pearson 相关分析结果表明：TP、PO_4^{3-}-P、TN、NH_4^+-N、Chl-a、COD_{Mn} 与 B-IBI 显著负相关，而 DO、生境多样性、河道变化、交通干扰程度、河岸带土地利用、底质异质性与 B-IBI 显著正相关（表 6-6）。

表 6-6　B-IBI 与环境因子的相关分析

项目	TP	PO_4^{3-}-P	TN	NH_4^+-N	Chl-a	COD_{Mn}
B-IBI	−0.525**	−0.505**	−0.461**	−0.588**	−0.382**	−0.266*

项目	DO	生境多样性	河道变化	交通干扰程度	河岸带土地利用	底质异质性
B-IBI	0.254*	0.587**	0.366**	0.355**	0.368**	0.519**

注：不相关水质参数表中未列出（**$P<0.01$；*$P<0.05$）。

从 B-IBI 与生境多样性、DO、TP 和 NH_4^+-N 的相关关系图（图 6-8）可以看出，B-IBI

得分较高的点位对应的生境多样性和 DO 浓度也较高,而相应的 TP 浓度和 NH_4^+-N 浓度相对较低。从图中还可以看出,参照样点和受损样点在图上可明显分离为不同的两组,说明该评价结果的敏感性相对较高,结果相对可靠。

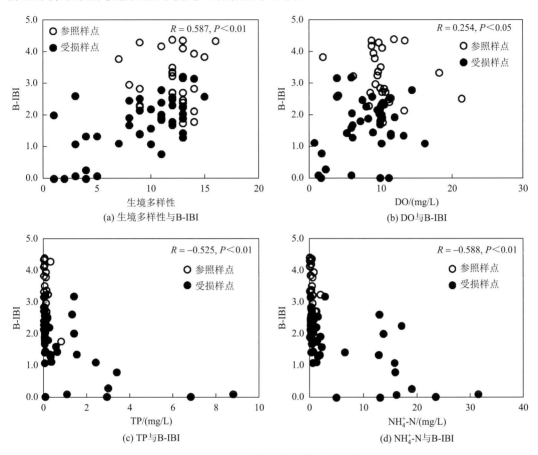

图 6-8　B-IBI 与关键环境梯度的相关性分析

6.2.2　太湖流域

1. B-IBI 评价结果

1）河流 B-IBI 评价结果

分别应用西部丘陵区和东部平原区大型底栖动物完整性评价指标对西部丘陵区和东部平原区进行评价。结果表明,流域河流总体健康状况不佳,"优"和"良"等级的点位共 22 个,占样点总数的 18.33%;"中"等级的点位 19 个,占 15.83%;"差"和"劣"等级的点位 79 个,占 65.84%。

在西部丘陵区,河流 B-IBI 指标范围为 0～4.41,平均值为 2.71（对应"中"等级）,有 10 个（占比 33.33%）河段样点处于"优"或"良"等级,4 个（占比 13.33%）河段样点处于"中"等级,16 个（占比 53.34%）河段样点处于"差"或"劣"等级（图 6-9）。

在东部平原区,河流 B-IBI 指标的范围为 0～4.17,平均值为 1.52（对应"差"等级）,

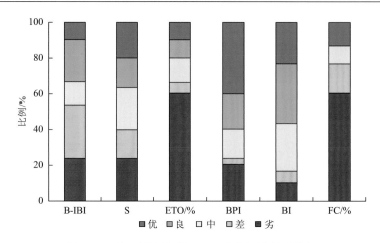

图 6-9 西部丘陵区河流 B-IBI 指标评价结果等级

S 为分类单元数；ETO 为蜉蝣目（Ephemeroptera）、毛翅目（Trichoptera）和蜻蜓目（Odonata）三种底栖动物个体数
占总个体数比例；BPI 为伯格帕克（Berger-Parke）优势度指数；BI 为 biotic index，指大型底栖动物耐污指数；
FC 为滤食者个体数占总个体数百分比。纵坐标表示等级所占比例

有 12 个（占比 13.33%）河段样点处于"优"（3 个）或者"良"（9 个）等级，15 个（占比 16.67%）河段样点处于"中"等级，63 个样点（占比 70%）处于"差"（36 个）或"劣"（37 个）等级（图 6-10）。

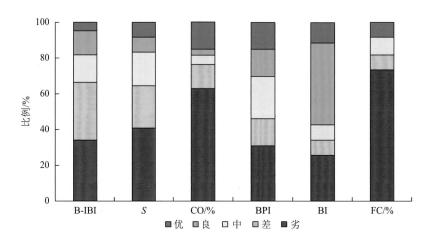

图 6-10 东部平原区河流 B-IBI 指标评价结果等级

CO 为甲壳类（Crustacea）和蜻蜓目两种底栖动物个体数占总个体数的比例；FC 为滤食者个体数占总个体数比例。
纵坐标表示等级所占比例

总体而言，通过太湖流域河流 B-IBI 可以将西部丘陵区和东部平原区河段样点分别综合评定为"中"和"差"等级。此评价结果表明太湖流域河流生物完整性状况较差，受人类干扰较严重。

2）湖泊 B-IBI 评价结果

太湖大型底栖动物评估结果表明，湖泊 B-IBI 指标的范围为 0.22～3.41，平均值为 1.74（对应"中"等级），有 4 个（占比 30.77%）样点处于"良"等级，3 个（占比 23.08%）

样点处于"中"等级，6 个样点（占比 46.15%）处于"差"等级。太湖湖体底栖动物指标健康评价等级如图 6-11 所示。

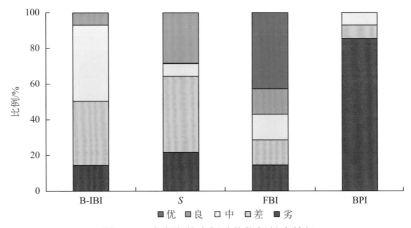

图 6-11　太湖湖体底栖动物指标健康等级

FBI 为科级生物指数；纵坐标表示等级所占比例

2. B-IBI 空间分布特征

1）河流 B-IBI 空间分布特征

从河流点位评价结果分布区域来看，健康点位分布状况具有明显的空间差异。从空间分布来看，上游苕溪水系、南河水系上游点位健康状况较好，其中，西苕溪中上游点位健康状况均达到"良"水平，画溪河、屋溪河、合溪河上游点位以及黄土桥、贡湖湾东部、东太湖南部点位健康状况较好，评价结果为"优"或"良"的点位主要分布于西部丘陵区苕溪流域西苕溪上游、南河流域屋溪河、洮滆水系茅山东部洛阳河上游，这些区域人类活动干扰较少，溪流状况最接近于自然状况，生物完整性得以维持，也是参考点位主要分布的区域；而东部平原区相应点位主要分布于太湖湖体沿岸的东部太浦河上游、沿江水系德胜河（太湖与长江水系调水通道）和太湖东部沿岸河流，这些区域河流水体流动性较好，而且周边有相对清洁的来水，河流自净能力较强。而流域下游随着人类活动增加，农业耕作、城镇化和工业化活动加强，流域下游黄浦江水系（包括吴淞江）、北部沿江水系和南部沿长江口、杭州湾水系总体处于"差"和"劣"水平（图 6-12）。

2）湖泊 B-IBI 空间分布特征

湖泊 B-IBI 主要空间分布特征为：太湖北部和东南部湖湾评价结果为"中"，西北沿岸和东北沿岸为"差"，西南沿岸为"劣"（图 6-13）。

3. B-IBI 与理化环境因子的相关分析

以太湖流域河流建立的 B-IBI 为例，基于 Pearson 相关分析的结果表明（表 6-7）：高锰酸盐指数（COD_{Mn}）、电导率（EC）、总氮（TN）、总磷（TP）、氨氮（NH_4^+-N）与西部丘陵区 B-IBI 显著负相关（$P < 0.05$）；相反，DO（$R = 0.578$，$P < 0.01$）与西部丘陵区 B-IBI 显著正相关；在东部平原区，总氮（TN）、总磷（TP）、氨氮（NH_4^+-N）和电导率（EC）与 B-IBI 显著负相关，DO（$R = 0.541$，$P < 0.01$）与 B-IBI 显著正相关。

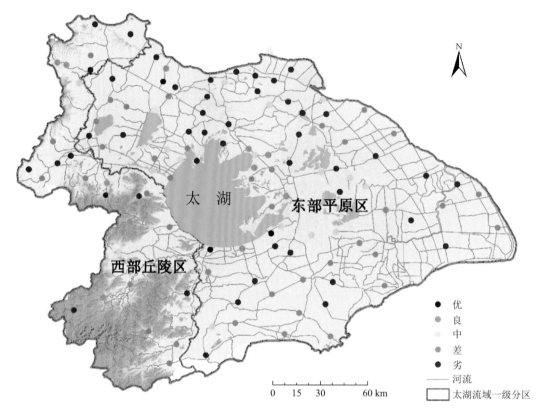

图 6-12　基于底栖动物完整性的太湖流域河流健康状况评价结果

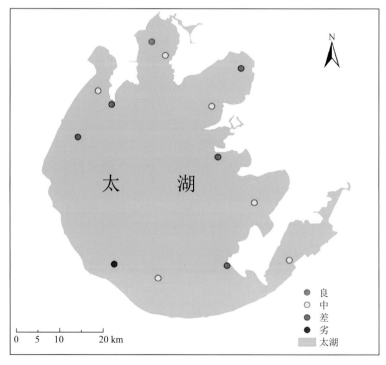

图 6-13　太湖底栖动物指标健康状况空间分布

表 6-7　B-IBI 与环境因子相关分析

项目	TN	TP	COD$_{Mn}$	NH$_4^+$-N	DO	EC
B-IBI$_W$	-0.436^*	-0.460^*	-0.519^{**}	-0.439^*	0.578^{**}	-0.506^{**}
B-IBI$_E$	-0.514^{**}	-0.379^{**}	-0.152	-0.397^{**}	0.541^{**}	-0.431^{**}

注：不相关的水质参数未列出（$**P<0.01$；$*P<0.05$）；B-IBI$_W$ 为西部丘陵区 B-IBI；B-IBI$_E$ 为东部平原区 B-IBI。

6.3　B-IBI 与水质理化因子分类回归树分析

分类回归树（classification and regression tree，CART）分析是 Breiman 于 1984 年提出的一种决策树构建算法，其基本原理是通过由测试变量和目标变量构成的训练数据集的循环二分形成二叉树形式的决策树结构。该算法具有以下优点：结构清晰，易于理解；实现简单，运行速度快，准确性高；可以有效地处理大量数据和高维数据；可以处理非线性关系；对输入数据没有任何统计分布要求；输入数据可以是连续变量也可以是离散值；包容数据的缺失和错误；可以给出测试变量的重要性。

CART 的构建原理可看作数据分析的非参数统计的过程，其特点是在计算过程中充分利用二叉树的结构（binary tree-stuctured），即根节点包含所用样本，一定的分割规则下根节点被分割为两个子节点，这个过程又在子节点上重复进行，成为一个回归过程，直至不可再分为叶节点为止（梁彦龄，1964），相应分析在萨尔福德预测模型（Salford predictive model，SPM v7.0）中完成。以下分别以太湖流域和巢湖流域为例，基于 CART 模型确定各样点健康评价等级对应的水质理化指标数值。

6.3.1　巢湖流域

1. 西部山丘区

将样点分为等级达到"优"（B-IBI≥4）和未达到"优"两类，进行关键环境因子建模识别，结果显示 pH<7.61 或 pH>9.03 时，所有点位都未达到"优"等级（分别有 7 个和 16 个，100%），而当 pH 在 7.61～9.03，且悬浮物≤40.14mg/L 时，有 10 个点位达到"优"等级，21 个点位未达到"优"等级（图 6-14）。因此，影响"优"等级的关键水体理化因素为 pH 和悬浮物指标。

若将样点分为等级达到"良"（B-IBI≥3）和未达到"良"两类，进行关键环境因子建模识别，结果显示 EC≤72.50μS/cm 时，有 80.0%的样点都达到"良"状态（12/15），而 EC>72.50μS/cm 时，只有 20.5%的样点达到"良"状态（图 6-15）。因此，影响"良"等级的关键水体理化因素为 EC。

若将样点分为等级达到"中"（B-IBI≥2）和未达到"中"两类，进行关键环境因子建模识别，结果显示 EC≤107.50μS/cm 时，有 95.2%的点位达到"中"状态（20/21），而 EC>107.50μS/cm 时，有 60.6%的样点达不到"中"状态（图 6-16）。因此，影响"中"等级的关键水体理化因素为 EC。

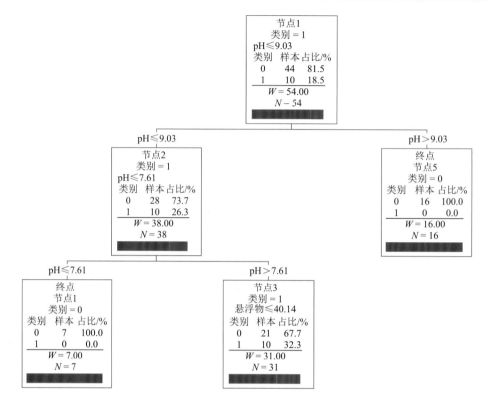

图 6-14　基于 CART 的点位环境因子预测 B-IBI 是否达到"优"等级的结果图（西部丘陵区）

每个节点表示样点集中是否达到"优"等级的点位数量及比例。图中符号：W 为权数；N 为总样本量

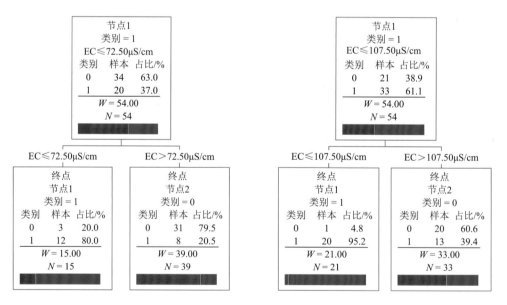

图 6-15　基于 CART 的点位环境因子预测 B-IBI 是否达到"良"等级的结果图（西部丘陵区）

图 6-16　基于 CART 的点位环境因子预测 B-IBI 是否达到"中"等级的结果图（西部丘陵区）

若将样点分为等级为"劣"（B-IBI＜1）和优于"劣"（即达到差或以上）两类，进行

关键环境因子建模识别，结果显示悬浮物≤38.58mg/L 时，所有点位都优于"劣"等级（28/28）；若悬浮物＞38.58mg/L，但碱度≤32.51mg/L，所有点位优于"劣"等级（7/7）；若碱度＞32.51mg/L，则点位优于"劣"等级和"劣"的百分比分别为 47.4%和 52.6%（9 个和 10 个点位），95.7%的样点优于"劣"（22/23）（图 6-17）。

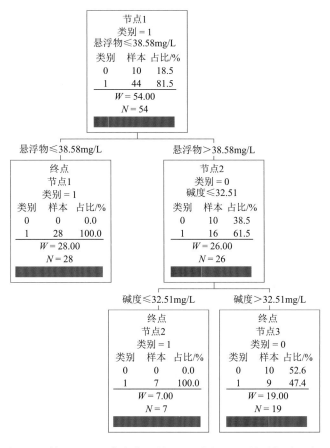

图 6-17 基于 CART 的点位环境因子预测 B-IBI 是否超过"劣"
等级的结果图（西部丘陵区）

总结以上分析得到西部丘陵区底栖动物完整性的主要控制环境参数，B-IBI 等级划分如表 6-8 所示。

表 6-8 影响西部丘陵区 B-IBI 等级的水质参数及阈值

等级	条件	比例/%	样点数
优或以下	7.61≤pH≤9.03，达到"优"	32.3	10/31
	pH＜7.61 或 pH＞9.03，未达到"优"	100.0	23/23
良或以上	EC≤72.50μS/cm，达到"良"或以上	80.0	12/15
	EC＞72.50μS/cm，未达到"良"	79.5	31/39

等级	条件	比例/%	样点数
中或以上	EC≤107.50μS/cm，达到"中"或以上	95.2	20/21
	EC＞107.50μS/cm，未达到"中"	60.6	20/33
劣或以上	悬浮物≤38.58mg/L，优于"劣"	100.0	28/28
	悬浮物＞38.58mg/L，且碱度≤32.51mg/L，优于"劣"	100.0	7/7
	悬浮物＞38.58mg/L，且碱度＞32.51mg/L，优于"劣"	52.6	10/19

2. 东部平原区

将样点分为等级达到"优"（B-IBI≥4）和未达到"优"两类，进行关键环境因子建模识别，结果显示 COD_{Mn}≤4.20mg/L 时，仅有 27.8%的样点能达到"优"等级（5/18），而 COD_{Mn}＞4.20mg/L 时，98.0%的样点都达不到"优"（图 6-18），因此，影响"优"等级的关键水体理化因素为 COD_{Mn}。

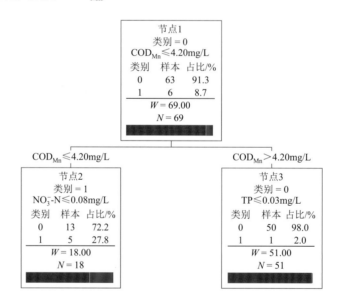

图 6-18　基于 CART 的点位环境因子预测 B-IBI 是否达到"优"等级的结果图（东部平原区）

若将样点分为等级达到"良"（B-IBI≥3）和未达到"良"两类，进行关键环境因子建模识别，结果显示 TN≤1.69mg/L 时，仅有 37.1%的样点（13/35）达到"良"等级，TN＞1.69mg/L 时，有 91.2%的样点（31/34）达不到"良"（图 6-19）。因此，影响"良"等级的关键水体理化因素为 TN。

若将样点分为等级达到"中"（B-IBI≥2）和未达到"中"两类，进行关键环境因子建模识别，结果显示 TP≤0.28mg/L 时，76.5%的样点（39/51）都达到"中"等级，TP＞0.28mg/L 时，77.8%的样点（14/18）都达不到"中"（图 6-20）。因此，影响"中"等级的关键水体理化因素为 TP。

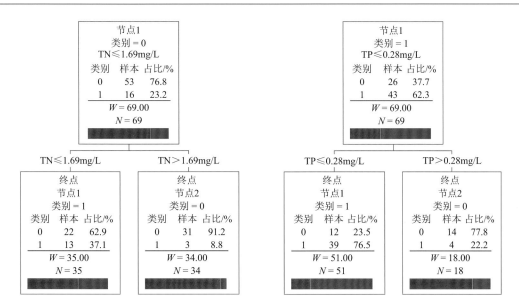

图 6-19　基于 CART 的点位环境因子预测 B-IBI
是否达到"良"等级的结果图（东部平原区）
图 6-20　基于 CART 的点位环境因子预测 B-IBI
是否达到"中"等级的结果图（东部平原区）

若将样点分为等级为"劣"（B-IBI＜1）和优于"劣"两类，进行关键环境因子建模识别，结果显示 TN≤5.08mg/L 时，100%的样点（56/56）等级优于"劣"，而 TN＞5.08mg/L时，仅有 46.2%的样点优于"劣"等级（6/13）（图 6-21）。

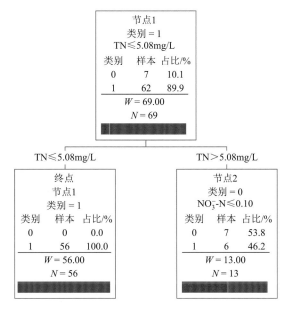

图 6-21　基于 CART 的点位环境因子预测 B-IBI 是否优于"劣"等级的结果图（东部平原区）

总结以上分析得到东部平原区底栖动物完整性的主要控制环境参数，B-IBI 等级划分如表 6-9 所示。

表 6-9　影响东部平原区 B-IBI 等级的水质参数及阈值

等级	条件	比例/%	样点数
优或以下	COD_{Mn}≤4.20mg/L，达到"优"	27.8	5/18
	COD_{Mn}>4.20mg/L，未达到"优"	98.0	50/51
达到或优于良	TN≤1.69mg/L，达到"良"	37.1	13/35
	TN>1.69mg/L，未达到"良"	91.2	31/34
达到或优于中	TP≤0.28mg/L，达到"中"	76.5	39/51
	TP>0.28mg/L，未达到"中"	77.8	14/18
劣或以上	TN≤5.08mg/L，优于"劣"	100.0	56/56
	TN>5.08mg/L，优于"劣"	46.2	6/13

6.3.2　太湖流域

通过采用 CART 方法识别影响 B-IBI 的关键控制因素，根据评价状况，按照评价得到的优、良、中、差、劣，分别在这些等级条件下，将样点分为处于该等级的状态和不处于该等级的状态，将环境变量作为解释变量进行分析，得到以下结果。

1. 西部丘陵区

将样点分为等级达到"优"（B-IBI≥4）和未达到"优"两类，进行关键环境因子建模识别，结果显示 DO≤8.97mg/L 时，20 个样点都达不到"优"等级（100%），DO>8.97mg/L，且 NTU≤3.45 时，有 60%的样点达到"优"（3/5），而 NTU>3.45 时，均达不到"优"等级（图 6-22）。因此，影响"优"等级的关键水体理化因素为 DO 和 NTU。

若将样点分为等级达到"良"（B-IBI≥3）和未达到"良"两类，进行关键环境因子建模识别，结果显示 COD_{Mn}≤2.72mg/L 时，85.7%的样点（6/7）都达到"良"等级，COD_{Mn}>2.72mg/L，且 TN>1.52mg/L 时，100%的样点达不到"良"（14/14），而 TN≤1.52mg/L 时，有 55.6%的样点（5/9）达不到"良"（图 6-23）。因此，影响"良"等级的关键水体理化因素为 COD_{Mn} 和 TN（COD_{Mn} 为Ⅰ类，总氮为Ⅲ类）。

若将样点分为等级达到"中"（B-IBI≥2）和未达到"中"两类，进行关键环境因子建模识别，结果显示 NH_4^+-N≤0.08mg/L 时，83.3%的样点（10/12）都达到"中"等级，NH_4^+-N>0.08mg/L，且 NTU>0.45 时，87.5%的样点达不到"中"（14/16），而 NH_4^+-N>0.08mg/L，且 NTU≤0.45 时 100%的样点（2/2）达到"中"等级（图 6-24）。因此，影响"中"等级的关键水体理化因素为 NH_4^+-N 和 NTU（COD_{Mn} 为Ⅰ类，TN 为Ⅲ类）。

若将样点分为等级为"劣"（B-IBI≥1）和优于"劣"（即达到差或以上）两类，进行关键环境因子建模识别，结果显示 DO≤6.84mg/L 时，85.7%的样点（6/7）都达到"劣"等级，DO>6.84mg/L 时，95.7%的样点优于"劣"（22/23）（图 6-25）。因此，影响"劣"等级的关键水体理化因素为 DO。

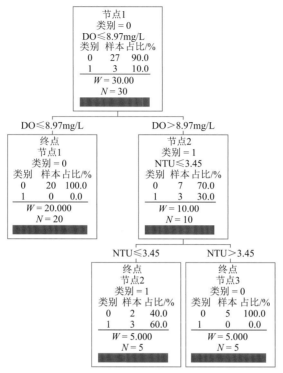

图 6-22 基于 CART 的点位环境因子预测 B-IBI 是否达到"优"等级的结果图（西部丘陵区）

每个节点表示样点集中是否达到"优"等级的点位数量及比例

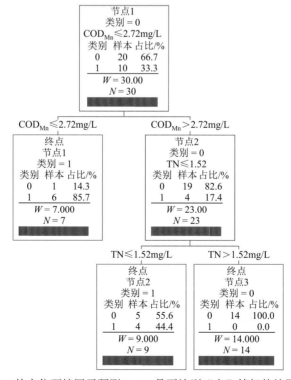

图 6-23 基于 CART 的点位环境因子预测 B-IBI 是否达到"良"等级的结果图（西部丘陵区）

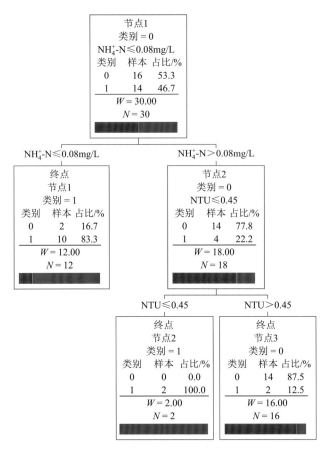

图 6-24　基于 CART 的点位环境因子预测 B-IBI 是否达到"中"等级的结果图（西部丘陵区）

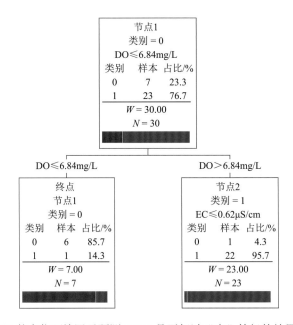

图 6-25　基于 CART 的点位环境因子预测 B-IBI 是否超过"劣"等级的结果图（西部丘陵区）

总结以上分析得到西部丘陵区底栖动物完整性的主要控制环境参数，B-IBI 等级划分如表 6-10 所示。

表 6-10　影响西部丘陵区 B-IBI 等级的水质参数及阈值

等级	条件	比例/%	样点数
优或以下	DO>8.97mg/L，NTU≤3.45，达到"优"	60	3/5
	DO≤8.97mg/L，未达到"优"	100.0	20/20
	DO>8.97mg/L，NTU>3.45，未达到"优"	100.0	5/5
达到或优于良	COD_{Mn}≤2.72mg/L，达到"良"	85.7	6/7
	COD_{Mn}>2.72mg/L，同时 TN≤1.52mg/L，未达到"良"	55.6	5/9
	COD_{Mn}>2.72mg/L，同时 TN>1.52mg/L，未达到"良"	100.0	14/14
达到或优于中	NH_4^+-N≤0.08mg/L 达到"中"	83.3	10/12
	NH_4^+-N>0.08mg/L，同时 NTU≤0.45，达到"中"	100.0	2/2
	NH_4^+-N>0.08mg/L，同时 NTU>0.45，未达到"中"	87.5	14/16
劣或以上	DO>6.84mg/L，优于"劣"	95.7	22/23
	DO≤6.84mg/L，达到"劣"	85.7	6/7

2. 东部平原区

将样点分为等级达到"优"（B-IBI≥4）和未达到"优"两类，进行关键环境因子建模识别，结果显示 EC≤0.35μS/cm 时，44.4%的样点都达到"优"等级（4/9），EC>0.35μS/cm 时，所有样点都达不到"优"（图 6-26）。因此，"优"等级的首要水体理化因素为 EC。

若将样点分为等级达到"良"（B-IBI≥3）和未达到"良"两类，进行关键环境因子建模识别，结果显示 DO≤6.19mg/L 时，100%的样点（60/60）都未达到"良"等级；DO>6.19mg/L，且 TN>3.28mg/L 时，88.9%的样点未达到"良"（8/9）；DO>6.19mg/L，且 TN≤0.92mg/L 时，有 66.7%的样点（12/18）达到"良"（图 6-27）。因此，"良"等级的首要水体理化因素为 DO 和 TN（DO 为Ⅱ类以上，TN 为Ⅲ类以下）。

若将样点分为等级达到"中"（B-IBI≥2）和未达到"中"两类，进行关键环境因子建模识别，结果显示 DO≤6.02mg/L 时，88.9%

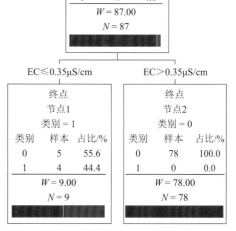

图 6-26　基于 CART 的点位环境因子预测 B-IBI 是否达到"优"等级的结果图（东部平原区）

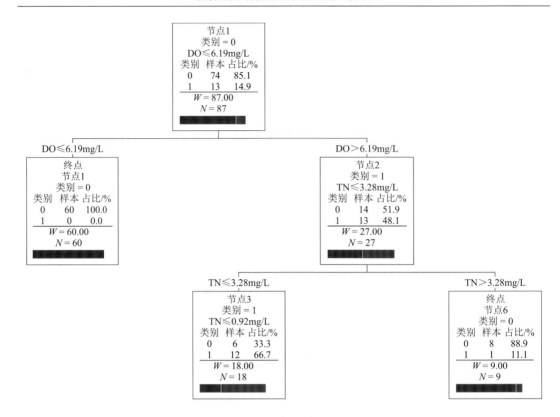

图 6-27 基于 CART 的点位环境因子预测 B-IBI 是否
达到"良"等级的结果图（东部平原区）

的样点（48/54）都达不到"中"等级，DO＞6.02mg/L 且 TP＞0.19mg/L 时，85.7%的样点达不到"中"等级（6/7），而 DO＞6.02mg/L，且 TP≤0.19mg/L 时，有 76.9%的样点（20/26）达到"中"等级（图 6-28）。因此，"中"等级的首要水体理化因素为 DO 和 TP（DO 为 Ⅱ 类以上，TP 为 Ⅴ 类以下）。

若将样点分为等级为"劣"（B-IBI≥2）和优于"劣"两类，进行关键环境因子建模识别，结果显示 TN＞5.37mg/L 时，88.2%的样点（15/17）处于"劣"等级，TN≤5.37mg/L 且 TP≤0.07mg/L 时，100%的样点优于"劣"（11/11），而 TN≤5.37mg/L 且 TP＞0.07mg/L 时，62.7%的样点优于"劣"（37/59）（图 6-29）。

总结以上分析得到东部平原区底栖动物完整性的主要控制环境参数，B-IBI 等级划分如表 6-11 所示。

表 6-11 影响东部平原区 B-IBI 等级的水质参数及阈值

等级	条件	比例/%	样点数
优或以下	EC≤0.35μS/cm，达到"优"	44.4	4/9
	EC＞0.35μS/cm，未达到"优"	100.0	78/78
达到或优于良	DO＞6.19mg/L，且 TN≤0.92mg/L，达到"良"	66.7	12/18

续表

等级	条件	比例/%	样点数
达到或优于良	DO≤6.19mg/L，未达到"良"	100.0	60/60
	DO>6.19mg/L，且 TN>3.28mg/L，未达到"良"	88.9	8/9
达到或优于中	DO>6.02mg/L，且 TP≤0.19mg/L，达到"中"	76.9	20/26
	DO≤6.02mg/L，低于"中"	88.9	48/54
	DO>6.02mg/L，且 TP>0.19mg/L，低于"中"	85.7	6/7
劣或以上	TN≤5.37mg/L，TP≤0.07mg/L，优于"劣"	100.0	11/11
	TN>5.37mg/L，处于"劣"	88.2	15/17
	TN≤5.37mg/L，TP>0.07mg/L，优于"劣"	62.7	37/59

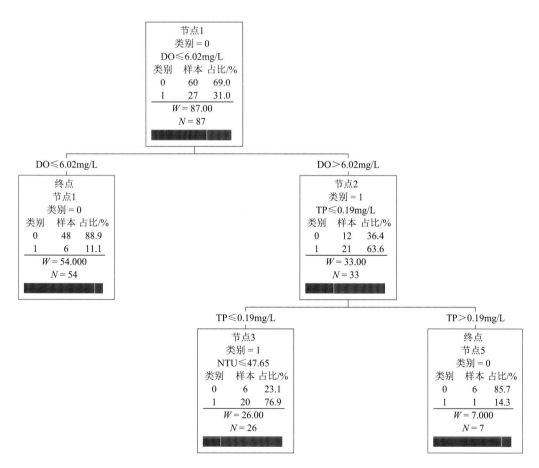

图 6-28　基于 CART 的点位环境因子预测 B-IBI 是否
达到"中"等级的结果图（东部平原区）

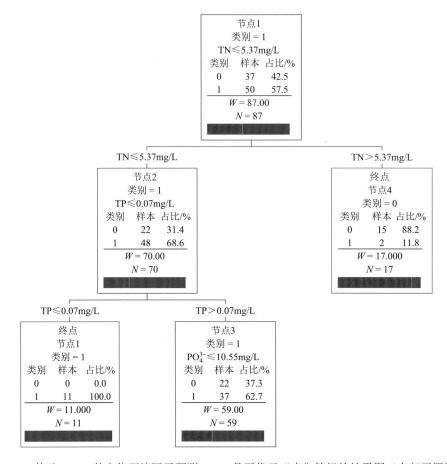

图 6-29　基于 CART 的点位环境因子预测 B-IBI 是否优于"劣"等级的结果图（东部平原区）

参 考 文 献

高俊峰，蔡永久，夏霆，等. 2016. 巢湖流域水生态健康研究[M]. 北京：科学出版社.

梁彦龄. 1964. 中国水栖寡毛类的研究Ⅱ. 新疆的仙女虫类[J]. 动物学报，16（4）：643-652.

张玉珍，黄文丹，王智苑，等. 2015. 福建敖江流域水域生态系统健康评估[J]. 湖泊科学，27（6）：1079-1086.

Borcard D，Legendre P，Drapeau P. 1992. Partialling out the spatial component of ecological variation[J]. Ecology，73（3）：1045-1055.

Huston M A. 1979. General hypothesis of species diversity[J]. The American Naturalist，113（1）：81-101.

Ju X T，Xing G X，Chen X P，et al. 2009. Reducing environmental risk by improving N management in intensive Chinese agricultural systems[J]. Proceedings of the National Academy of Sciences of the United States of America，106（9）：3041-3046.

Tews J，Brose U，Grimm V，et al. 2004. Animal species diversity driven by habitat heterogeneity/diversity：the importance of keystone structures[J]. Journal of Biogeography，31（1）：79-92.

Wetzel R G. 2001. Limnology：Lake and River Ecosystems[M]. New York：Academic Press.

第7章 湖泊型流域水生态管理

基于湖泊型流域分区，在水生态健康评价的基础上进行水生态管理是科学提升水生态状态的有效手段。本章通过潼湖流域的案例，说明进行水生态管理的具体方法。潼湖流域的人类活动影响强烈，流域过程复杂，水生态管理面临诸多挑战。本章从水生态现状分析、目标确定、方案设计和管理技术几方面阐述水生态管理的实践。

7.1 流 域 概 况

7.1.1 自然地理

潼湖流域位于中国广东省惠州市惠城区境内，地处东江下游潼湖盆地与东江支流石马河的交合处，横跨惠州、东莞两市。

潼湖流域属典型南亚热带季风气候，光照充足，热量丰富，雨热同季，降水充沛，空气湿润，分干湿两季，干季短、湿季长，植物生长期长，无霜期达 350～360d。年平均气温 21.2～22.2℃，极端最低气温为–1.9℃（1955 年），年平均降水量为 1946.2～1989.4mm，多年平均空气湿度为 80%，以东风、东南风居多，平均风速 1.6～2.4m/s，最大风速 34m/s，台风频繁，年平均出现 10 次。根据气温和空气相对湿度计算分析得知，区内舒适期长达 231d，具有开展生态旅游的良好气候条件（王雁等，2016）。

潼湖盆地四周高中间低，百溪汇流，水网密集且流向多变。潼湖流域总长 58km，流域面积为 494km²，其中惠州境内面积约 443km²，占总面积近 90%。流域内东、南、北三面环山，南面为海拔 400m 以上的山岭，与淡水河分界；东部和北部为 400m 以下的丘陵，与惠州西湖和东江干流分水；西部与东江支流石马河相邻。

潼湖水系主河网发源于惠州惠阳区燕子岩山地，潼湖流域内有社溪河、陈江河、马过渡河、梧村河、甲子河、埔仔河等支流汇入潼湖干流，并经谢岗涌再排入石马河及由东岸涌注入珠江口和东江。潼湖流域总人口约 52.03 万，流域范围包括惠州市仲恺高新技术开发区管辖的潼湖镇、潼侨镇、沥林镇、陈江街道、惠环街道（含原仲恺高新区）以及部队军垦农场，惠阳区管辖的镇隆镇部分地区以及东莞市的谢岗镇、桥头镇的一部分。

潼湖湿地为河-湖成冲积平原，南北两侧侵蚀剥蚀中低山丘陵发育，形成南北高、中间低的狭长形河湖冲积平原，长约 22km，平均宽约 7km，20 世纪 70 年代以前面积达 155km²，由于 20 世纪 70 年代以来的过度开垦，湿地面积已严重萎缩、退化，当前湿地面积已不足当年的 1/5。潼湖是潼湖湿地内的唯一湖泊。潼湖由两部分组成，东面为滩涂湿地，西面为湖泊水面。潼湖整体呈"⌐"形，总水域面积为 6.7km²，水深 1～2.5m，有效容积约为 1400 万 m³。潼湖主体部分呈东西向，宽 800～1200m，长约 7km。湖底地貌呈现东部及中部高，西部及中心周边低的形态。湖水主要由东侧的社溪河、甲子河、水围河、梧村河和埔仔河入水，根据旱涝情况不同由西侧的东岸涌或谢岗涌出水。潼湖流域水系图见图7-1。

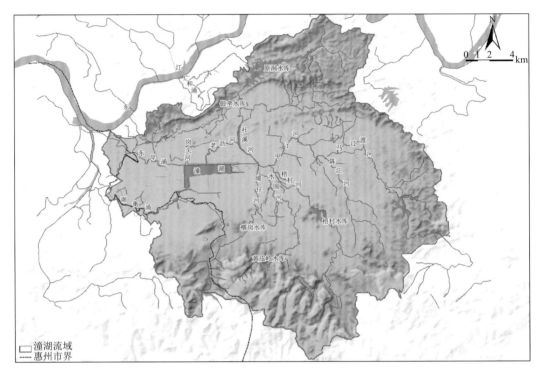

图7-1　潼湖流域水系图

土壤主要为砂页岩赤红壤，其次为砂页岩红泥田，土层较浅，多含砾石，保水保肥差，肥力不高。湿地周边中低山丘陵低矮植被发育，局部见少量针叶林，湿地范围内湖心沙洲发育，局部分布小型湖泊，堤围低矮植被发育，湖岸局部见水浮莲。

流域内植被受地形、气候等自然因素与人为因素等的综合影响，地带性代表植被常绿季雨林或季雨性常绿阔叶林等原始植被已消失，只有局部谷地或村庄旁边的风水林等少量残存的次生林及丘陵台地分布的少量人工林，其他均以稀树灌丛和草灌丛为主，农田零星分布，条件较好的丘陵台地多已开辟为农田和果园，种植水稻、旱田作物及多种果树。植被类型总的来说以马尾松为主，乔木主要有松科、杉科、樟科、木麻黄科等。植物以芒萁为主，蕨类次之，常见芒萁群和马尾松、岗松、小叶樟、大叶樟、鸭脚木、乌桕、荷木、桃金娘、野牡丹和算盘子等。而主要的人工植被包括多种类型的果园、绿化植物和各种农作物等，农作物主要有水稻、甘蔗、花生、蔬菜、荔枝、龙眼、橙、柑、橘等。

潼湖湿地共有维管植物64科155属203种，其中包括栽培植物8科19属24种。有蕨类植物6科6属9种（全为野生）；裸子植物3科4属4种（全为人工栽培引种）；被子植物55科145属190种，其中，人工栽培引种5科15属20种。在科级水平上，潼湖湿地野生植物包含种类较多的几个科为：禾本科（20属26种）、蝶形花科（10属12种）、菊科（11 属 12 种）、莎草科（4 属 12 种）和大戟科（5 属 6 种），它们都是自然界中种类较多的大科，其中一部分种类更是适应力较强的杂草型种类。在 40 个野生的本地种子植物科中，热带分布的科为 22 个（占 55.0%）；其次为世界性分布的科 13 个（占 32.5%）和温带分布的科 5 个（占 12.5%）。在属级水平上，该处 95 个野生本地种子植物属中，热带分布的属为 75 个（占 78.9%）；其次为世界性分布的属 13 个（占 13.7%）和温带分布的属 7 个（占 7.4%）。湿地植物群落可以分为陆生植物群落和水生植物群落两类，其中，陆生植物群落可分为旱生植物与湿生植物，水生植物群落可分为浮水植物和挺水植物。旱生植物在本区分布最为广泛，现有陆地植物群落大多为常见的杂草，分布于堤岸、路旁、荒地以及农田，仅在宝塔山残留着极少数的天然植被，主要为潺槁木姜子 [*Litsea glutinosa* (Lour.) C.B.Rob.]、笔管榕（*Ficus subpisocarpa* Gagnep）、玉叶金花（*Mussaenda pubescens* W.T.Aiton）、山菅兰 [*Dianella ensifolia* (L.) DC.] 组成的稀疏的次生林，面积极小。湿生植物主要分布于河滩、湖滩、沟渠河涌的边缘地带，群落面积不大，分布范围受水位、滩地高程、水质以及人为活动的限制，常见的植物有铺地黍（*Panicum repens* L.）、高秆莎草（*Cyperus exaltatus* Retz.）、水龙 [*Ludwigia adscendens* (L.) H.Hara]、萤蔺 [*Schoenoplectus juncoides* (Roxb.) Palla] 等。浮水植物在本区水域有着广泛分布，面积较大，主要由雍菜、凤眼莲、空心莲子草组成。挺水植物主要分布在河湖滩地周边，水流平缓、水深较小的地段，主要有高秆莎草、象草，数量和面积均较小。

另有鱼类、爬行类、两栖类、水生植物等野生动植物资源，潼湖湿地常见鱼类有 30 多种。目前掌握定名的鸟类共有 7 目 23 科 81 种，国家二级保护动物有褐翅鸦鹃、虎纹蛙，广东省重点保护陆生野生动物有 10 种，分别是黑水鸡、白翅浮鸥、苍鹭、大白鹭、中白鹭、牛背鹭、夜鹭、黄苇鳽、栗苇鳽、大麻鳽。

潼湖生态智慧区内生态系统包括陆地生态系统和水生态系统。陆地生态系统主要包括林地、农田等生态系统。水生态系统主要包括河流、湿地等。

此外，在潼湖湿地存在的植物中，有部分属于外来物种，包括：①薇甘菊，在潼湖湿地周边广泛分布，影响了植被的正常演替，其覆盖之处没有其他植物生长，大大降低了植物和生境多样性，对周围动物的栖息环境保护极为不利；②凤眼莲，在潼湖湿地水体中大量分布，造成河道堵塞，导致水生态系统被破坏，生物多样性降低；③其他外来植物包括空心莲子草、飞扬草、含羞草、阔叶丰花草、胜红蓟、鬼针草、加拿大蓬、假臭草、牵牛、马缨丹、山香和蟛蜞草等，它们分布广泛，适应多种生境，成为潼湖湿地范围内难以清除的杂草。

潼湖主湖区和出入湖河道中均有大面积的凤眼莲覆盖，其中，主湖区覆盖度为 30%～40%，东岸涌覆盖度超过 80%，谢岗涌覆盖度超过 60%，一些入湖河道上游地势较高，导致凤眼莲主要分布在河流的入湖附近（图 7-2）。

7.1.2　社会经济

潼湖流域属惠州市惠城区管辖的有潼湖镇、沥林镇、潼侨镇、陈江街道、惠环街道、部队军垦农场以及惠阳区管辖的镇隆镇部分，详见图 7-3。根据 2012 年统计年鉴，各行政区域社会经济概况如表 7-1 所示。

图 7-2　入湖河流与潼湖水葫芦泛滥

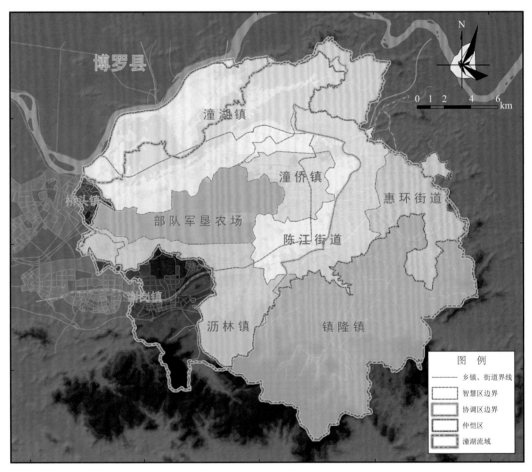

图 7-3　潼湖流域行政区划图

表 7-1　潼湖流域各行政区域社会经济概况

区域	面积/km²	人口总数/人	GDP/亿元	工业总产值/亿元	农业总产值/亿元	支柱产业
潼湖镇	113	45221	5.7	12.56	2.28	建材、化工、服装
沥林镇	49	45401	11.3	38.15	1.66	五金、机械、运动器材、电子、化工

续表

区域	面积/km²	人口总数/人	GDP/亿元	工业总产值/亿元	农业总产值/亿元	支柱产业
潼侨镇	31	33924	6.86	14.99	1.41	电子、化工、纺织、灯饰、五金、新能源
陈江街道	89.5	224085	166.91	752.21	3.75	电子、机械、化工、五金
惠环街道	39.5	132340	106.78	449.19	0.66	电子信息、新能源、光机电一体化为主导的高新技术产业
部队军垦农场	30	2200	0.45	0.59	0.89	
镇隆镇	91	37170	8.98	22.66	1.19	
合计	443	520341	306.98	1290.35	11.84	

7.1.3　水环境和水生态

2015 年调查时，潼湖流域河流和主湖区水质均处于劣 V 类状态，污染十分严重，主要水污染指标为 DO、COD_{Mn}、COD_{Cr}、BOD_5、NH_4^+-N、TP、TN 等，特别是 NH_4^+-N 和 TN，在多数情况下超标倍数大于 10 倍。在流经工业发达区域的支流断面个别重金属指标超标，重金属镉、铅、铬、铜、锌和镍等含量偏高。潼湖流域作为惠州市的主要工业分布区，集聚了大量人口和工业，污染负荷大，是水质较差的主要原因。

潼湖流域植物多样性较高，但存在很多外来物种，包括薇甘菊、凤眼莲、空心莲子草、飞扬草、含羞草等，它们对智慧区本土植物生长产生负面影响，并对生态系统产生直接或间接的危害。其中，凤眼莲由于缺乏管理和水体富营养化而迅速生长，潼湖流域部分河段已经被凤眼莲密密麻麻地覆盖，严重影响了水体交换和自净功能，并对防洪、排灌产生了一定影响。

20 世纪 70 年代以前潼湖湿地物种丰富，每年有大量的珍稀候鸟在此栖息。由于农业的大规模开发，特别是 20 世纪 70 年代以后大面积的围湖造地等活动改变了湿地的环境结构，许多大小湖泊、滩涂被围垦为农田，大量天然湿生和水生植物被清除；大量湖泊水体被排干辟为耕地，周边入湖水道被人为沟化以及周边大小水库的建设，使得进入湖泊水体的水量急剧减少，加之洪水期间湿地周边的内涝水体排入湖泊再抽排至东江，导致湿地水陆空间突变，加速了湿地物质迁移和沉积空间的改变，导致湖泊水体面积急剧萎缩，当前湖泊面积不及以前的 1/5。近年来，工业化进程的不断推进和大量工矿企业的兴建，造成湿地景观格局的不断变化，破坏了湿地自然生态环境的平衡，尤其是周边企业大量污水未经处理直接排入湖泊，湿地内种植业大量使用农药和施用化肥、养殖业大量使用饲料和其他化学制剂，导致湿地水体污染严重，水质恶化，水体明显富营养化，使得湿地植物、鸟类和鱼类的生物多样性显著降低，外来物种增加，湿地生态功能（如削减污染物、维持生物多样性等）退化严重。潼湖流域的河道及湿地水体污染和生态系统退化严重，湿地生态服务功能丧失。

7.2 污染负荷

根据潼湖流域环境和经济发展现状，从工业污染、城镇生活污染、农业面源污染、农村生活污染、畜禽养殖污染和水产养殖污染等污染来源统计潼湖流域污染源排放量及入河量。排放量指污染源排放至源区外部环境的污染物量，入河量指排放量扣除污水处理厂处理及输移至目标水体过程时降解后所剩余的污染物量（王雁等，2016；黄国如等，2014；余晖等，2014；王寿兵等，2013；汤洁等，2012；刘爱萍等，2011）。

7.2.1 工业污染

工业污染物入河量指排放到外部环境的污染物量扣除污水处理厂处理和输移至目标水体过程时降解后所剩余的污染物量，计算公式如下：

$$W_{\text{工}} = (W_{\text{工}p} + \theta_{\text{工}}) \times \beta_{\text{工}} \tag{7-1}$$

式中，$W_{\text{工}}$ 为工业污染物入河量；$W_{\text{工}p}$ 为工业污染物直接排放量；$\theta_{\text{工}}$ 为污水处理厂排放的工业污染物部分的量；$\beta_{\text{工}}$ 为工业污染物入河系数（一般取值为 0.8～1.0），入河系数与企业排放口和城市污水处理设施排放口到入河排污口的距离密切相关。

7.2.2 城市生活污染

城市生活污染物排放量由城市生活污染物直接排放量（$W_{\text{生城}p}$）和经污水处理厂处理后排放的城市生活污染物部分的量（$\theta_{\text{生城}}$）组成：

$$W_{\text{生城}p} = N_{\text{城}} \times \alpha_{\text{生城}} \tag{7-2}$$

式中，$N_{\text{城}}$ 为未接入城市生活污水的管网部分的城市人均生活用水量，根据城市生活废水接管率获得；$\alpha_{\text{生城}}$ 为排污系数，取值参考珠江三角洲地区城镇生活污染源调查及其排污总量核算的研究，生活废水中各类污染物排放量预测采用经验浓度值。

$$W_{\text{生城}} = (W_{\text{生城}p} + \theta_{\text{生城}}) \times \beta_{\text{生城}} \tag{7-3}$$

式中，$W_{\text{生城}}$ 为城市生活污染物入河量；$\beta_{\text{生城}}$ 为城市生活污染物入河系数（取值为 0.6～1.0）。

7.2.3 农业面源污染

农业面源污染排放量估算公式为

$$P_j = 10^{-3} \sum_{i=1}^{m} K_{ij} A_i + P \tag{7-4}$$

式中，P_j 为 j 污染物的面源产污量（t/a）；A_i 为 i 种类型下垫面的面积（km²）；K_{ij} 为 j 污

染物在 i 下垫面的产污系数[kg/(km²·a)]; i 为下垫面的类型,如耕地、城镇等,共 m 种; j 为污染物种类; P 为由降水输入的污染物总量[kg/(km²·a)]。

农田污染物入河量($W_农$)为农田污染物排放量($W_{农p}$)乘以农田入河系数($\beta_农$)和化肥修正系数($\gamma_{化肥}$):

$$W_农 = W_{农p} \times \beta_农 \times \gamma_{化肥} \tag{7-5}$$

式中, $\beta_农$ 取值为 0.1~0.3;当农田化肥亩施用量在 25kg 以下时, $\gamma_{化肥}$ 取 0.8~1.0;当农田化肥亩施用量在 25~35kg 时, $\gamma_{化肥}$ 取 1.0~1.2;当农田化肥亩施用量在 35kg 以上时, $\gamma_{化肥}$ 取 1.2~1.5。

7.2.4 农村生活污染

农村生活污染物排放量($W_{生农p}$)计算公式为

$$W_{生农p} = N_农 \times \alpha_{生农} \tag{7-6}$$

式中, $N_农$ 为农村人口数; $\alpha_{生农}$ 为农村生活污染排放系数,取值按照珠三角流域农村生活居民排放当量系数。

农村生活污染物入河量($W_{生农}$)为农村生活污染排放量($W_{生农p}$)乘以农村生活入河系数($\beta_{生农}$),一般取值为 0.2~0.5:

$$W_{生农} = W_{生农p} \times \beta_{生农} \tag{7-7}$$

7.2.5 养殖业污染

养殖业污染物分为畜禽养殖污染物和水产养殖污染物,潼湖流域内畜禽养殖主要特点是鸡、鸭、白鸽等禽类养殖量大,养殖面积广,牛、羊畜类养殖量小,养猪场已清理完毕,主要是分散的农户散养。畜禽养殖业产生的水污染物主要来源于畜禽粪便及冲洗粪便产生的废水。其中,牛的粪尿排泄量高于其他畜禽粪尿排泄量,禽类粪尿混合排出,其总氮、总磷较高。除畜禽粪便外,畜禽养殖的废水还主要包括清理粪便的冲洗水和少量工人生活生产过程中产生的废水。潼湖流域所在的仲恺高新技术产业开发区虽然已经禁养畜禽,但是 2014 年,流域内三鸟养殖数量超过 100 万头,出栏肉猪 1 万头左右,牛养殖量约 800 头。其中三鸟养殖主要是规模化养殖,在规模化养殖场,粪便多去水后出售,因此其污染主要来自生产过程中的冲洗水。

畜禽养殖污染物排放量($W_{畜禽p}$)计算公式为

$$W_{畜禽p} = (\delta_粪 \times \alpha_粪 + \delta_尿 \times \alpha_尿) \times t \times N_{畜禽} \tag{7-8}$$

式中, $\delta_粪$ 为畜禽个体日产粪量; $\alpha_粪$ 为畜禽粪中污染物平均含量; $\delta_尿$ 为畜禽个体日产尿量; $\alpha_尿$ 为畜禽尿中污染物平均含量; t 为饲养周期; $N_{畜禽}$ 为饲养数。

$$N_{畜禽} = 0.5 \times 年末存栏数 + 年内出栏数 \tag{7-9}$$

上述参数取值见表 7-2 和表 7-3。

表7-2　畜禽粪便排泄系数

项目	单位	牛	猪	鸡/鸭
粪	kg/d	20.0	2.0	0.1
	kg/a	7300.0	300.0	6
尿	kg/d	10.0	3.3	—
	kg/a	3650.0	495	—
饲养周期	d	365	150	60

表7-3　畜禽粪便中污染物平均含量　　　　　　　　　（单位：kg/t）

项目	COD_{Cr}	COD_{Mn}	NH_4^+-N	TN	TP
牛粪	31.0	6.9	1.7	4.4	1.2
牛尿	6.0	1.3	3.5	8.0	0.40
猪粪	52.0	11.6	3.1	5.9	3.4
猪尿	9.0	2.0	1.4	3.3	0.5
鸡粪	45.0	10.0	4.8	9.8	5.4

畜禽养殖污染物入河量（$W_{畜禽}$）为畜禽养殖污染物排放量（$W_{畜禽p}$）乘以畜禽养殖入河系数（$\beta_{畜禽}$），取值为 0.1～0.6：

$$W_{畜禽} = W_{畜禽p} \times \beta_{畜禽} \tag{7-10}$$

潼湖流域内水产养殖面积大，其中，潼湖镇有鱼塘 6500 多亩（1 亩≈666.7m²），潼侨镇水产养殖面积为 2235 亩，加上沥林镇的水产养殖规模，水塘总面积超过 10000 亩。水产养殖产生的污染物主要有两类：一类是养殖生产投入品，主要为饵料、渔药和肥料的溶失，淡水养殖饵料投入较多，平均投放 32.25t/hm²，渔药的使用方法主要为泼洒；另一类是养殖生物的排泄物、残饵和养殖生物的死亡尸体等。其污染产生的主要表现为：残余饵料、肥料或各种养殖生物的排泄物及残骸等在分解过程中，消耗水体中的 DO，并释放出 NH_4^+-N、NO_2^--N、NO_3^--N 等产物，从而增加水体中 COD、TN、TP、NH_4^+-N 等的含量，造成水体富营养化，水体 DO 含量降低，水质恶化等；残饵、各类代谢物等的非溶解部分会沉积池底，增加底质耗氧量，降低底质的氧化还原能力，释放出硫化氢、甲烷等，增加水体中氮、磷等的含量，最终导致底栖生物的组成与数量发生改变，养殖废水直接排入周边河道的现象普遍，进而影响养殖水域的生态环境，是河道外来污染的主要因素之一，也造成了潼湖湿地水质的恶化。

水产养殖污染物排放量（$W_{水产p}$）计算公式为

$$W_{水产p} = 排污系数 \times 养殖增产量 \tag{7-11}$$

式中，养殖增产量 = 产量−投放量。

依据广东省水产养殖调查分析报告（2012～2014 年），按常规鱼类产量大约是投放量的 6 倍估算养殖增产量。潼湖流域水产养殖方式为淡水池塘养殖，排污系数参考 2007 年

《第一次全国污染源普查 水产养殖业污染源产排污系数手册》(广东鲫鱼淡水池塘养殖排污系数)。

水产养殖污染物入河量($W_{水产}$)为水产养殖污染物排放量($W_{水产p}$)乘以水产养殖入河系数($\beta_{水产}$),一般取值为 0.1~0.6:

$$W_{水产} = W_{水产p} \times \beta_{水产} \tag{7-12}$$

7.2.6　污染物入河量及入湖量

潼湖流域污染物入河量如表 7-4 所示。入湖量为各入湖支流的污染物通量之和,见表 7-5。

表 7-4　2014 年潼湖流域各行政区污染物入河量计算结果　　(单位:t/a)

区域	COD_{Cr}	COD_{Mn}	NH_4^+-N	TN	TP
潼湖镇	512.65	113.93	64.56	112.71	9.14
沥林镇	524.87	116.64	62.74	109.16	7.98
潼侨镇	547.53	121.67	43.19	86.40	7.95
陈江街道	2152.84	478.41	192.00	402.66	25.36
惠环街道	709.70	157.71	69.68	154.87	8.59
部队军垦农场	217.06	48.24	32.28	38.95	2.59
镇隆镇	433.68	96.38	55.42	106.67	4.63
合计	5098.33	1132.98	519.87	1011.42	66.24

表 7-5　2014 年潼湖流域入湖河流及潼湖污染负荷计算结果　　(单位:t/a)

河流	COD_{Cr}	COD_{Mn}	NH_4^+-N	TN	TP
社溪河	858.52	190.79	82.12	158.25	11.96
甲子河	763.31	169.62	63.45	132.11	10.06
水围河	486.34	108.08	45.55	97.20	5.98
埔仔河	191.72	42.61	23.84	45.27	2.66
梧村河	444.73	98.83	48.65	94.79	4.93
潼湖湿地	31.20	6.93	4.65	4.10	0.43
入湖量	2775.82	616.86	268.26	531.72	36.02

7.3　水环境治理目标和削减方案

7.3.1　规划目标

潼湖流域水环境污染整治和水生态修复的目标是:

（1）通过实施水环境综合整治，潼湖生态智慧区污染负荷削减 50% 以上；

（2）流域内主要水体水质由现状劣 V 类分阶段逐步改善到满足功能要求的地表水 IV 类和 III 类目标；入潼湖支流河口水质稳定达到地表 III 类水标准；潼湖核心保护区水质中远期（2025 年）达到地表水 III 类目标；

（3）恢复和重建受损的潼湖湿地生态系统结构，逐步恢复湿地生态功能，最终实现湿地生态系统的自我持续状态。

根据潼湖流域水质目标要求和惠州城市规划中对污水处理厂排放标准和处理率的要求，2020 年和预计 2025 年通湖流域污染负荷，如表 7-6 所示。

表 7-6　潼湖流域近期和中远期污染负荷估算　　（单位：t/a）

河流	年份	COD_{Cr}	COD_{Mn}	NH_4^+ -N	TN	TP
社溪河	2020	984.55	218.79	94.58	203.75	12.80
	2025	1150.67	255.71	111.81	256.07	13.87
甲子河	2020	819.28	182.06	68.93	159.38	10.04
	2025	957.47	212.77	83.65	204.66	10.99
水围河	2020	527.48	117.22	49.51	116.91	6.11
	2025	608.01	135.11	57.82	142.46	6.74
埔仔河	2020	238.81	53.07	28.52	60.45	3.07
	2025	280.39	62.31	32.70	72.84	3.37
梧村河	2020	438.79	97.51	47.94	99.32	4.65
	2025	477.73	106.17	52.05	112.49	4.98
潼湖湿地	2020	30.88	6.86	4.62	4.13	0.42
	2025	31.15	6.92	4.64	4.22	0.42
入湖量	2020	3039.79	675.51	294.10	643.94	37.09
	2025	3505.42	778.99	342.67	792.74	40.37

目前潼湖水系各断面水质状况多数为劣 V 类，水体受到中度至重度污染，远超过水体纳污限额，根据规划期对不同类型水体的达标要求，预估流域内河流和湖泊的环境容量。

7.3.2　河流水环境容量

河流纳污能力计算采用河流一维模型，该模型适用于污染物在横断面上均匀混合的中小型河段。污染物浓度计算公式（杨喆等，2015；李响等，2014；杨杰军等，2009）为

$$C_x = C_0 \exp\left(-K\frac{x}{u}\right) \tag{7-13}$$

相应的水域纳污能力计算公式为

$$M = (C_s - C_x)(Q + Q_P) \tag{7-14}$$

当 $x = L/2$ 时，即入河排污口位于计算河段的中部时，水功能区下断面的污染物浓度按下式计算：

$$C_{x-L} = C_0 \exp(-KL/u) + \frac{m}{Q}\exp(-KL/u) \tag{7-15}$$

相应的水域纳污能力计算公式为

$$M = (C_s - C_{x-L})(Q + Q_P) \tag{7-16}$$

综合自净系数计算公式为

$$K = \frac{U}{X}\ln\frac{C_A}{C_B} \tag{7-17}$$

式中，C_x 为流经 x 距离后的污染物浓度（mg/L）；C_{x-L} 为水功能区下断面污染物浓度（mg/L）；C_0 为水功能区或计算河段起始断面的某种污染物浓度（mg/L）；C_s 为与水功能区水质目标对应的某种污染物浓度（mg/L）；C_A 为上断面污染物浓度（mg/L）；C_B 为下断面污染物浓度（mg/L）；Q 为设计流量（m³/s）；Q_P 为污染物流量（m³/s）；x 为沿河段的纵向距离（m）；u 为设计流量下河道断面的平均流速（m/s）；K 为污染物综合衰减系数（1/s）；U 为断面平均流速（m/s）；X 为上下断面之间距离（m）；m 为污染物入河速率（g/s）；L 为计算河段长（m）。

参考《潼湖流域水污染综合整治规划》，选取参数和计算单元，根据生态规划要求，潼湖流域主要河流的水质要求在 2020 年达到《地表水环境质量标准》（GB3838—2002）河流Ⅳ类水，2025 年达到并维持Ⅲ类水标准，为保障实现水质目标，还需考虑 5%的安全余量。根据水质控制目标确定水环境容量，计算结果见表 7-7。

表 7-7　潼湖流域主要河流水环境容量　　　　　　　（单位：t/a）

河流	2020 年					2025 年				
	COD_{Cr}	COD_{Mn}	NH_4^+-N	TN	TP	COD_{Cr}	COD_{Mn}	NH_4^+-N	TN	TP
社溪河	212.37	44.83	12.64	22.21	1.78	163.31	36.29	11.69	18.41	1.47
甲子河	188.41	41.87	10.74	16.03	1.28	134.62	29.91	8.71	11.76	0.94
水围河	147.92	32.87	8.75	14.25	1.14	113.62	25.25	7.69	11.4	0.91
埔仔河	127.1	28.24	7.76	13.06	1.05	99.75	22.17	6.94	10.57	0.85
梧村河	135.52	30.12	8.28	14.01	1.12	107.16	23.81	7.47	11.4	0.91
谢岗涌	358.56	79.68	21.85	34.44	2.76	248.05	55.12	17.01	24.11	1.93
东岸涌	478.36	106.3	27.84	41.68	3.33	331.46	73.66	21.76	29.33	2.35
马过渡河	507.31	112.74	32.97	59.73	4.78	421.52	93.67	30.97	50.23	4.02
陈江河	228.11	50.69	14.82	27.19	2.18	191.62	42.58	14.16	23.04	1.84
总计	2383.66	527.34	145.65	242.60	19.42	1811.11	402.46	126.40	190.25	15.22

7.3.3　湖泊水环境容量

湖泊有机物水环境容量计算采用方程：

$$V \frac{\mathrm{d}c}{\mathrm{d}t} = Q_{\mathrm{in}}C_{\mathrm{in}} - KCV - C_{\mathrm{out}}q_{\mathrm{out}} \tag{7-18}$$

式中，V 为湖泊中水的体积（m^3）；Q_{in} 为平衡时流入湖泊、流出湖泊的流量（m^3/a）；C_{in} 为流入湖泊的水量中污染物浓度（mg/L）；C 为湖泊中污染物浓度（mg/L）；C_{out} 为出湖污染物浓度（mg/L）；q_{out} 为出湖流量（m^3/a）；K 为污染物自净系数（d^{-1}）。

当水质处于稳定状态时，$\mathrm{d}c/\mathrm{d}t = 0$，则

$$Q_{\mathrm{in}}C_{\mathrm{in}} = KCV + C_{\mathrm{out}}q_{\mathrm{out}} \tag{7-19}$$

当 $C_s = C_{\mathrm{out}} = C$ 时，即湖泊的污染物浓度达到规定的水质标准时，则湖泊的最大允许纳污量即湖泊的水环境容量（W）为

$$W = Q_{\mathrm{in}}C_{\mathrm{in}} = KC_sV + C_sq_{\mathrm{out}} \tag{7-20}$$

式中，C_s 为水质标准（mg/L）。

TN、TP 水环境容量计算采用 Dillon 模型：

$$W = \frac{C_s \times S \times H \times \dfrac{Q_{\mathrm{in}}}{V}}{1-R} \tag{7-21}$$

式中，W 为 TP 或 TN 的水环境容量（t/a）；C_s 为 TP 或 TN 的水环境质量标准（mg/L）；S 为湖泊水面面积（m^2）；H 为湖泊的平均水深（m），$H = V/S$；R 为湖泊 TP 或 TN 的滞流系数，$R = 1 - W_{\mathrm{出}}/W_{\mathrm{入}}$，$W_{\mathrm{入}}$ 为 TP 或 TN 的年入湖总量（t/a），$W_{\mathrm{出}}$ 为 TP 或 TN 的年出湖总量（t/a）；式（7-21）可简化为 $W = \dfrac{C_s \times Q_{\mathrm{in}}}{1-R}$。

衰减系数和径流量的估算参考《惠州市水资源综合规划》（2005）和《惠州仲恺区潼湖流域水污染综合整治规划》（2005），TN、TP 出入湖总量根据出入湖断面水质监测结果估算。根据生态规划目标，确定潼湖湖体在 2025 年和 2030 年的水质控制目标，即 2025 年达到湖泊Ⅳ类水水质标准，COD_{Cr}、$NH_4^+\text{-}N$、TN 和 TP 的浓度分别为 30mg/L、1.5mg/L、1.5mg/L 和 0.1mg/L；2030 年达到湖泊Ⅲ类水水质标准，COD_{Cr}、$NH_4^+\text{-}N$、TN 和 TP 的浓度分别为 20mg/L、1.0mg/L、1.0mg/L 和 0.2mg/L。潼湖湖体的纳污功能主要在深水区实现，湖泊水面积为 4.1km^2，水深为 1.75m，水环境容量见表 7-8。

表 7-8 潼湖湖体水环境容量 （单位：t/a）

年份	COD_{Cr}	COD_{Mn}	$NH_4^+\text{-}N$	TN	TP
2025	1242.27	414.09	437.63	448.81	17.01
2030	828.18	248.45	291.76	299.21	8.51

7.3.4 污染物削减量预测

根据潼湖流域的纳污能力和规划水平年污染物入河量，确定污染物控制量，预测主要河道需要削减的污染物的量，入湖污染物削减量见表 7-9。

表 7-9　入湖污染物削减量预测表　　　（单位：t/a）

年份	河流	COD$_{Cr}$	COD$_{Mn}$	NH$_4^+$-N	TN	TP
2025	社溪河	772.18	173.96	81.94	181.54	11.02
	甲子河	630.87	140.19	58.19	143.35	8.76
	水围河	379.56	84.35	40.76	102.66	4.97
	埔仔河	111.71	24.83	20.76	47.39	2.02
	梧村河	303.27	67.39	39.66	85.31	3.53
	谢岗涌	0.00	0.00	23.24	31.06	2.20
	东岸涌	0.00	0.00	18.63	46.97	2.42
	马过渡河	549.00	122.00	72.08	191.30	6.91
	陈江河	392.85	87.30	45.19	106.99	4.82
2030	社溪河	987.36	219.42	100.12	237.66	12.40
	甲子河	822.85	182.86	74.94	192.90	10.05
	水围河	494.39	109.86	50.13	131.06	5.83
	埔仔河	180.64	40.14	25.76	62.27	2.52
	梧村河	370.57	82.36	44.58	101.09	4.07
	谢岗涌	135.08	30.02	32.28	53.82	3.33
	东岸涌	89.50	19.89	30.84	77.87	3.81
	马过渡河	753.36	167.42	86.36	240.14	8.80
	陈江河	502.03	111.56	53.57	135.77	5.78
2035	社溪河	1259.42	279.87	126.12	319.75	14.46
	甲子河	1069.11	237.58	97.96	264.97	12.02
	水围河	619.12	137.58	62.00	169.49	6.76
	埔仔河	238.42	52.98	31.45	80.60	2.92
	梧村河	437.53	97.23	50.77	121.19	4.60
	谢岗涌	192.94	42.88	37.97	72.20	3.73
	东岸涌	176.51	39.23	39.46	105.90	4.40
	马过渡河	918.09	204.02	101.95	294.44	9.87
	陈江河	630.10	140.02	65.39	173.84	6.81

7.3.5　水生态功能区划

为治理潼湖湿地环境污染，恢复流域生态系统健康，在潼湖流域中心潼湖生态智慧区（包括潼湖、潼侨、沥林三镇以及陈江街道的部分区域，面积约 128km^2，协调区范围为

263km²）进行水生态功能分区，根据不同水生态功能分区制定发展政策，实现生态与社会的协调发展，将全区划分为如下区域（表 7-10 和图 7-4）。

（1）生态基质维护和水源涵养区；

（2）污染控制区；

（3）湿地净化缓冲区；

（4）湿地核心保护区。

表 7-10　潼湖生态智慧区水生态功能分区方案

一级分区		二级分区		主导功能	限制（禁止）内容	适宜产业与服务	生态建设主要内容
编号	名称	编号	名称				
1	生态基质维护和水源涵养区	1-1	水源地保护区	水土保持、水源涵养、森林保护、多样性保育	禁止任何污染排放和开发	供水	水源地保护、外来种控制
		1-2	林地保护区	森林保护、多样性保育	禁止破坏植被的开发等	生态旅游	森林保护、外来种控制
2	污染控制区	2-1	入湖河流污染控制区	点源和面源污染控制	高污染、难降解污染（重金属、有机污染物等）企业	低污染、高效益的产业和生态农业	点源污染治理
		2-2	出湖河流污染控制区	点源和面源污染控制	高污染、难降解污染（重金属、有机污染物等）企业（由于在潼湖湿地下游，对湿地的影响相对较小）	低污染、高效益的产业和生态农业	点源污染治理
		2-3	入江污染控制区	点源和农业面源污染控制	高污染、难降解污染（重金属、有机污染物等）企业	低污染、高效益的产业和生态农业	点源与农业面源污染治理
3	湿地净化缓冲区	3-1	湿地净化区	点源尾水和农业面源净化	禁止任何形式的排放	生态旅游（芦苇、荷花观赏等）、生态农业	退渔还湿、构造湿地建设、湿地生态修复
		3-2	湿地缓冲区	污染净化、多样性保育	禁止任何形式的排放	生态旅游（观鸟、芦苇、荷花观赏等）、生态农业	退渔还湿、湿地生态修复
4	湿地核心保护区	4-1	河口沼泽湿地区	净化、多样性保育	禁止任何形式的排放；禁止破坏植被和动物多样性的活动	生态旅游（观鸟、芦苇观赏等）	内源控制、生态修复
		4-2	湖泊湿地区	多样性保育、清水态维持	禁止任何形式的排放；禁止破坏植被和动物多样性的活动	生态旅游（捕鱼、观鸟等）	内源控制、生态修复

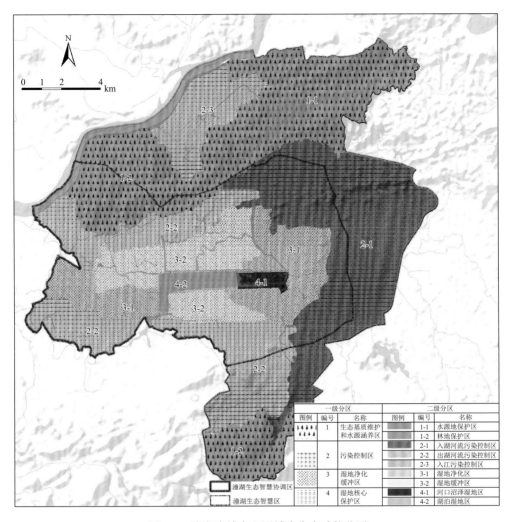

图 7-4　潼湖流域中心区域水生态功能分区

7.4　水生态管理

生态环境体系建设分为两部分：污染治理和生态修复。生态修复是核心，污染治理是基础。在实施点源治理和面源削减的基础上，利用湿地核心保护区周围的净化缓冲湿地对污染源进行深度处理，进一步削减污染负荷；经过河流和河口湿地的净化与拦截，使进入湿地核心区的负荷满足生态修复的阈值。在此基础上实施内源治理、生境修复、生物群落修复和生态系统修复等工程，建立健康的潼湖湿地生态系统（图 7-5）。

7.4.1　点源污染治理

1. 工业污水治理

根据生态功能区划布局，严禁任何工业进入生态核，产业园中的工业排放污水标准为

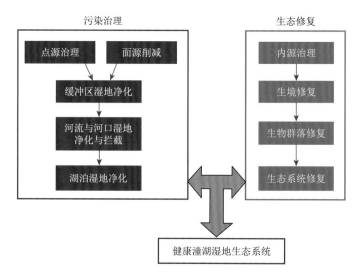

图 7-5　生态环境体系建设技术路线图

《地表水环境质量标准》(GB 3838—2002),近期(2020 年)Ⅳ类,中期(2025 年)Ⅲ类,潼湖流域远期(2030 年)目标要求水体保持地表水体Ⅲ类水的标准。总体上,需要对含氮磷营养元素和高毒难降解有机物的废水特别关注,不达标的一定要进行深度处理再排入潼湖流域,对流域内产业园中所有工业有如下要求。

(1)严格执行各产业园区的环境管理、审批政策和行业准入制度,禁止高能耗高污染企业进入,限制产能过剩行业,鼓励高科技低消耗企业,倡导清洁生产循环经济。严格实施排污许可证制度,严禁无证或超标排放。对流域实行污染物总量控制和污水处理达标排放。整治、淘汰区内原有重污染企业,尤其是近期确定优先治理污染物质企业清单,包括汞、铅、氮、磷和难降解有机物等,进行重点监控和生态风险评估。中期淘汰国家产能过剩企业,远期淘汰低科技企业。

(2)污水集中处理。对企业处理过的达标水,采用独立管网收集进行集中深度处理,如惠州市第七污水处理厂的管网已覆盖仲恺高新技术产业开发区、惠台工业区等地,污水虽然经处理达到《城镇污水处理厂污染物排放标准》(GB 18918—2002)一级标准 A 标准水质(总氮为 15mg/L,总磷为 0.5mg/L),但是与地表水体的Ⅳ类标准(总氮为 1.5mg/L,总磷为 0.3mg/L)和Ⅲ类标准(总氮为 1mg/L,总磷为 0.2mg/L)相差甚远,而潼湖流域湿地面积只能对面源污染负荷进行深度处理达到地表水体Ⅲ类标准,需要增加污水处理厂深度处理工艺,建议使用专属生物-活性物质絮凝-聚合物吸附-超级净化技术联用工艺,使水质达到规划目标后再进入潼湖流域。

(3)企业自行处理。鼓励企业在自行处理使污水达到国家环保部门的工业废水排放标准基础上进行深度治理后再排入地表水体,推行清洁生产,循环经济,并建立清洁生产审核制。鼓励企业重复使用处理达标的水体,提高工业用水的循环利用,减少水资源耗费。建立深度处理基地,使其在进入潼湖之前达到地表Ⅲ类水标准。

此外,产业园中的大数据产业园、科教园、深莞惠产业合作示范区、国际合作产业园、工业设计与创意产业园中的企业可根据企业类别进行预处理。例如,储能与动力电池项目在生产过程中产生的含有重金属汞、铅、镉、镍、钴、锰、锌等的废水，一定要先进行分级沉淀预处理，对不同类别的重金属污泥进行回收或分别处理；对汽车关键部件研发项目产生的含氰废水采用电解氧化法、活性炭吸附法、离子交换法、臭氧法等，含有酸碱污染物的废水，要进行中和预处理，废水中含有的大量有毒有害气体（二氧化碳、硫化氢、氨气、二硫化碳等）要进行吹脱技术预处理，对重金属尤其是铬采用沉淀预处理和活性炭、电解氧化等回收利用，对颜料、填料、助溶剂等有毒废水要进行高级氧化技术预处理等；对芯片研发项目中产生的酸碱废水进行中和、有机废水采用生化处理和高级氧化技术深度处理等。由于企业在生产中一定会有污染物产生，建议潼湖生态智慧区在产业布局上应在生态核最外围布局深莞惠产业合作示范区、国际合作产业园及大数据产业园。

2. 生活污水控制

潼湖流域的甲子河、马过渡河、陈江河等众多河流流域范围内的所有村镇生活污水均为潼湖湿地集污区域的生活污染源。污染物主要是氮、磷等营养元素和 COD。为了保证潼湖流域地表水体保持在III类水的水质标准，生活污水的排放标准也应该按照《地表水环境质量标准》（GB 3838—2002）III类水的水质标准执行。

（1）流域内的村庄分为保护型村庄、置换型村庄、整治型村庄、搬迁型村庄。前三种村庄的生活废水采用管网收集集中处理的方式，如建立潼湖镇生活污水处理厂和沥林生活污水处理厂（首期建成运营）等，采用厌氧生物处理、好氧生物处理（活性污泥法和生物膜法）等成熟工艺处理污水。但是，由于氮磷、病毒和病菌这些物质一般在工艺上要经过深度处理（如凝集沉淀、离子交换、电渗析等）才能去除，因此使用专属生物-活性物质絮凝-聚合物吸附-超级净化技术联用工艺，污水经湿地深度处理后达到III类水体标准后排入潼湖流域水体。

（2）对搬迁型村庄临时采用小型人工湿地、稳定塘或小型生化反应器等小型污水处理设施处理生活污水。

（3）生活污水回用。处理过的生活污水达到回用标准（《城市污水再生利用　城市杂用水水质》（GB/T 18920—2020）、《城市污水再生利用　景观环境用水水质》（GB/T 18921—2019）等）后可以不进行深度处理，直接用于农田灌溉、畜牧养殖、区内绿化、道路清扫、车辆冲洗、建筑施工等。

7.4.2　农业污染治理

1. 种植业污染治理

目前，潼湖流域中心的潼湖镇、沥林镇、潼侨镇、陈江街道主要种植水稻、蔬菜、甜玉米、花卉、荔枝等农业产品。

种植业排水污染主要来自化肥污染、农药污染、农膜污染以及农作物秸秆燃烧和腐烂。2014 年，潼湖生态智慧区范围内农业生产使用化肥量为6452t。其中，潼湖镇使用量最大，为4016t；其次为沥林镇（1160t）；陈江街道和潼侨镇使用化肥量分别为530t 和746t。速溶性化学肥料有效利用率不到一半，其他以挥发、径流、淋溶等形式进入大气、周边水体和地下水，灌溉时随水流失污染水源，造成富营养化。同时，有机肥料的不当使用也会对种植业造成不良影响。

农田施用农药后，除一部分作用于靶标之外，大部分通过降水、灌溉和耕作进入土壤，造成农田污染，再随着降水和灌溉进入周边水体。2014 年，潼湖生态智慧区范围内农业生产使用农药量143t。潼湖镇使用量占大部分，为 135t，另外 8t 来自潼侨镇。

污染治理措施主要包括：

（1）近期推广测土配方施肥技术，适度发展生态农业，远期取消化肥使用。

推广配方施肥技术，改进施肥方法。根据作物需肥规律、土壤供肥性能与肥料效应，在以有机肥为主的前提下，配合配方施肥技术和深施技术，提高化肥利用率，减少化肥残留，降低对水土的污染风险，深入研究作物吸收。

根据潼湖流域农业发展要求和水质改善要求，农业种植远期将取消化肥使用，发展有机农业，提高农产品销量和产品品质。

在农业生产中，近期普及推广应用易降解的农地膜，远期将取消农地膜的使用。

（2）转变农村农业发展模式，发展特色产业名村和休闲观光农业，降低环境风险。

2. 养殖业污染治理

1）水产养殖业污染治理措施

（1）大力发展循环渔业经济，实现池塘养殖污染零排放。

目前，潼湖流域渔业养殖鱼塘较多，养殖废水多直接排入旁边河道，进入下游潼湖湿地，这是污染的重要来源之一。

以生态养殖和净水渔业理论为基础，在划定的禁养区域内必须彻底清理养殖业污染源，并恢复其生态环境。科学设计不同养殖模式和品种组合，养殖尾水经生态处理作为养殖水源，实现养殖废水的内部循环，从而达到养殖污染的零排放。

通过建造人工湿地或氧化塘等后处理设施，对水产养殖废水进行处理后循环利用。在鱼塘旁边选取较为平坦地块作为尾水处理池，适合水质较好，氮、磷浓度较低的鱼塘。处理池分为沉淀池、一级湿地处理和二级生物净化处理。养殖尾水经沉淀池沉淀粪便、颗粒物后，用泵将沉淀后较为清澈的水泵入潜流湿地，对于有机质较高的水体可在沉淀池增加曝气设备，加快沉淀和加速有机质降解，同时提高水体溶氧。潜流湿地是滤料和植物组成的过滤系统，具有极强的吸附、过滤作用。滤料主要由沸石、碎石、卵石、活性炭组成，能有效去除氨氮、有机质、重金属离子等溶解态污染物。同时以滤料为载体的生物膜通过微生物作用进一步分解水体中的有机物质。潜流湿地上层覆盖少量土，栽种具有较强吸收能力的挺水植物，如芦苇、鸢尾等，进一步净化水质。之后进入二级生物净化，二级净化池主要由沉水植物与河蚌、螺等水生动物组成，利用沉水植物的吸收、根部矿化作用和水生动物的过滤、絮凝作用达到生态净水的目的。其中，水生植物覆盖度建议在80%以上，可以选择四季常绿的水生植物如刺苦草、黑藻等，减少季节变化对处理效果的影响。收获的水草可以成为鱼、虾、蟹等水产品很好的饵料。定期收割也能维持净化池较高的净化效率。处理达到养殖标准的水可以循环利用，或者达到目标水质（近期IV类水，中远期III类水）方可排放。

（2）发展高附加值渔业，提高资源利用率，削减养殖污染负荷。

积极打造观光渔业园区。结合潼湖湿地水质改善和湿地生态系统修复，努力建造生态休闲观光渔业景观，打造生态休闲观光平台，增加市民活动空间。潼湖流域建立健康生态系统后，垂钓条件得天独厚。紧紧围绕河流和潼湖湿地，建立以天然增殖为主的生态渔业，迎合游客垂钓、猎奇、玩水、观景、享受丰收等方面的需求，供人们垂钓游玩、旅游活动，住"渔家屋"、吃"渔家饭"、干"渔家活"等。

在潼湖生态智慧区农业园内设立鸟、花、虫、观赏鱼等交易市场，带动与观赏鱼相关产业，如水族器皿、饲料、药品、水草等产业的发展。

渔产品加工。渔产品加工是渔业生产的延续。惠州市渔产品加工业尚处于起步状态，未来随着湿地生态修复、水质的改善，水产品质量大幅改善，宜发展以有机鱼、虾、蟹、鳖等为主的食品深加工业务，提升食品加工链。

2）畜禽养殖污染及治理

畜禽养殖已经成为潼湖生态智慧区环境污染的重要来源。在严格执行禁养政策的前提下，对目前已有的规模化养殖和农户散养畜禽，也要采取加强畜禽养殖场管理和废水治理的措施。

对规模化畜禽养殖业的污染防治主要采取两种措施：第一种措施是污染预防技术；第二种措施是末端治理技术。

污染预防技术的目的是减少粪尿中有机物的含量，因为动物摄入饲料时并不能完全吸收饲料中的各种营养成分，吸收不了的将随粪便排出。因此，应采取科学的饲料配方，这样不仅可以满足畜禽的生产效率和产量，还可以最大限度降低畜禽粪便氮的排放，减少对环境的污染。

目前，我国规模化养殖场采用的清粪工艺主要有 3 种，即水冲粪、水泡粪和干清粪，前两种方式虽然劳动效率高，但是耗水量大，污染物浓度高。因此，建议取缔水冲式清粪，改为干清粪工艺，这种工艺固粪含水量低，粪中营养成分损失小，肥料价值高，产生的污水量小，其中，BOD 和 COD 与水冲式清粪工艺相比减少 90%左右，且污水易于处理。针对这种处理工艺产生的污水，可以通过沉淀池沉淀、生物处理等多种方式实现达标排放。

对于农户散养的畜禽，建议收集后肥田或者与农村生活污水一起处理。

7.4.3　河流污染治理与生态修复

1. 河道内源污染治理工程

内源污染是水体沉积物中污染物、营养盐物质通过扩散的方式向水体中释放，其释放程度是影响水体水质的一个重要因素。影响内源污染释放的因素众多，包括温度、pH、扰动、溶解氧以及微生物活动等因素。沉积物是城市河流生态与环境系统中重要的组成部分之一，对物质具有容纳、储存能力，又是表层物质转化与交替的重要场所。然而，受人类活动影响，与沉积物直接接触的受污染水体不断接纳超过其自身净化能力的污染物，并通过吸附、分解及物理、化学和生物的沉积使上层沉积物具有污染特征。在外源污染逐步得到控制的情况下，沉积物向上覆水中释放的氮、磷等营养物质成为城市河道污染的重要来源。对水体来说，沉积物犹如一个营养储存库，在一定环境条件下，沉积物间隙水中营养盐通过扩散、对流、沉积物再悬浮等过程向水体释放营养物，产生二次污染，沉积物厌氧时还可能释放出异臭气体。当外源污染得到控制后，内源污染就是水体水质的决定性因素。因此，针对河道内源污染对水体环境的不利影响，必须对河道内源污染进行治理。治理河道污染必须采取"内外兼治"的措施，不仅要严格控制外源性污染物和营养物质的输入，还要通过沉积物疏浚、曝气等技术措施达到治理内源污染的目的。

河道内源污染治理包括以下几个方面。

（1）河道漂浮植物的清除。

河道正常的流速可有效地减缓悬浮物的沉积，但漂浮植物的存在降低了河水正常的流速。目前，潼湖湿地几条入水和出水河道中均有大面积的飘浮植物，主要种类是水葫芦，水葫芦的存在影响了河水的正常流动，水中污染物很容易沉积，形成内源污染。因此，河道内源治理必须清除包括水葫芦、水花生、雍菜、大藻等在内的漂浮植物，使水流通畅，减少污染物沉降，具体做法：一是在较狭窄河道采取人工方法打捞去除；二是在较宽河道采取机械收割的方法去除。水葫芦等漂浮植物必须全河道清除，尤其是上游河道，否则会因为流水作用，上游河道内的漂浮植物流至下游。

（2）河道曝气。

对于无大量资金投入或者河道综合整治前期，可采取曝气的方式削减黑臭河道的内源污染。目前曝气技术广泛应用于受污染河道的治理，尤其对黑臭河道的治理效果明显，通过曝气，可以达到消除黑臭、减少水体污染负荷、促进河流生态系统恢复等目的。

（3）河道沉积物疏浚。

河道的沉积物含有大量的水分及有机质、营养物（氮、磷等营养盐）和一些对生态环境产生危害的重金属、病原菌、病毒微生物和毒性有机物等有毒有害物，并且容易发臭、易于腐烂，引起河道水质恶化。因此，通过疏浚沉积物，可有效地降低沉积物中污染物质对水质的影响。潼湖流域河道沉积物疏浚的目的主要包括：①清除内源污染，为进一步修复污染河道创造条件；②恢复河道的景观功能，改善河道的行洪能力，提高河流调蓄能力。

2. 生态保护与修复

根据潼湖生态智慧区内河流水系不同河段的污染状况、地理位置和功能定位，流域内潼湖水系的 8 条河流需分河段有针对性地进行恢复，即对生态现状较好的河流（河段）生态系统进行保护，同时对受损的生态系统进行修复，提高河流的生物多样性和对污染物的自净、滞留能力，以及河流生态系统的服务价值，进行适度的生态开发，削减进入潼湖湿地核心保护区的污染负荷，为潼湖湿地的修复提供保障。分上游、中游和下游对河流进行保护与修复。

（1）河流上游河段的修复。

潼湖湿地 5 条入水河流均发源于山地，上游水流较急，河床较窄。但上游土地充足，可以利用。依据潼湖湿地河流自然条件，在上游进行河床拓宽和改弯，尽量延长上游水道并减缓水流。

（2）河流中游河段的修复。

潼湖流域部分河流中游都进行了堤岸的硬质化处理，不能进行河床拓宽和构建自然驳岸以及河漫滩湿地。因此，在中游进行河床改造工程。在原有河床上，构建弯曲的河道，铺设有强化净化水质功能的基质，并适当堆放石块；其余河床部分，构建表流人工湿地和侧渗墙，采取强化净化的措施协助净化河流水质。

在河道防洪建设中限制河岸和河床硬质化，对硬质化比例进行限制，推广防洪安全的生态护坡，恢复岸带土著植被。堤岸及河滨带是河道生态建设的重要部分，也能美化河道景观，同样可以通过河道的堤岸建设，提高河道的生态自净能力，恢复河道的生态护坡，增加河道的生态元素，可减少河流面源污染的输入。生态堤岸的建设可以有多种方式，但是，最经济、美观且具生态效应的是生态水泥（植生混凝土）堤岸。植生混凝土是将河道清淤疏浚的沉积物采用现代技术制造的可以生长植物的一种新型材料，用于建设河道的堤岸，有稳固河堤、形成植被和恢复生态功能的作用。可以根据河道的具体情况，设计合适的生态水泥堤岸，形成河道的工程性生态景观。

（3）河流下游河段的修复。

潼湖湿地入湖 5 条河流的下游是沼泽湿地，可以利用沼泽湿地构建河漫滩湿地。通过河漫滩湿地的构建，对水质进行深入的强化净化，提高入潼湖水质。

7.4.4　湿地生态保护与修复

1. 湿地内源污染治理

1）沉积物控制

沉积物疏浚是治理湖泊（湿地）内源污染的根本方法。

湿地的沉积物含有大量的水分及有机质、营养物（氮、磷等营养盐）和一些对生态环境产生危害的重金属、病原菌、病毒微生物和毒性有机物等有毒有害物，并且沉积物容易再悬浮、增加水体中营养盐的浓度，造成藻类大量生长、透明度降低，引起水质恶化，由于长期的沉积作用，蓄积在沉积物中的营养物质作为湿地的内源污染，大部分只是在湿地系统内循环，很难离开系统，造成系统水平上营养盐浓度的升高。因此，疏浚沉积物可有效降低沉积物中污染物质对水质的影响。

根据对潼湖主要湿地的调查，湿地沉积物具有疏松，河道区较薄、主湖区较厚等特点，因此，湿地内疏浚后沉积物可被用于土壤化农用、填方用和填埋。土壤农用化包括农田返回土、生态护岸用土、绿化用土、农用堆肥等。

2）养殖污染治理

潼湖鱼类中罗非鱼占有的比例较大。罗非鱼食性广泛，大多为以植物性为主的杂食性鱼类，甚贪食，摄食量大；生长迅速，以幼鱼期生长更快。罗非鱼生长与温度有密切关系，生长温度为 16～38℃，适温为 22～35℃。罗非鱼对低氧环境具有较强的适应能力，一般栖息在水的底层，通常随水温度变化或鱼体大小改变栖息水层。

相关实验和调查均表明，高密度罗非鱼的存在对水质有负面影响，具体表现在：

（1）罗非鱼通过排泄为浮游植物（藻类）提供大量的营养，促进藻类的生长；

（2）罗非鱼通过摄食大型藻类，促进小型藻类大量繁殖，提高叶绿素 a 浓度；

（3）罗非鱼对大型浮游动物的摄食，削弱了浮游动物对藻类的控制。

罗非鱼具有挖窝的习性，这减少了水体中悬浮物质的沉降，使得水体浑浊，透明度低。鉴于罗非鱼对水质的负面影响，在广东惠州西湖，通过清除罗非鱼等鱼类，总磷下降了58.8%，藻类密度下降明显，透明度明显提高，水体富营养化程度有所改善，营养化指数下降28.7%。因此，潼湖现有鱼类通过自身生理（排泄）和行为（捕食和沉积物扰动）等，增加了水体的内源污染。养殖内源污染主要与鱼类种类和数量有关，鱼类通过排泄、捕食浮游动物和促进沉积物再悬浮等方式影响水质。因此，养殖内源污染治理主要通过鱼类调控措施完成的，主要包括：

（1）建立潼湖渔业管理模式。建立由政府主导的部门管理模式，加强对潼湖渔业和渔民的管理。

（2）控制鱼类总量。由调查可知，潼湖水体中目前存在大量的对水质有负面影响的鱼类，包括罗非鱼、鲤和鲫等，由于罗非鱼、鲫等在热带水体中一年能繁殖多代，因此必须通过定期捕捞和投放肉食性鱼类的方式减少对水质有负面影响的鱼类。

（3）肉食性鱼类的放养。通过放养大口鲶、河鲶、斑鳢等肉食性鱼类控制水库中的小杂鱼，提高浮游动物的数量，增强浮游动物对浮游植物的抑制作用。

2. 潼湖核心保护区湿地生态修复

1）生态修复总体布局

潼湖湿地生态退化严重，在对水污染进行控制，水质得到改善后，必须对生态系统进行恢复重建，这样才能较快建立健康的湿地生态系统，为潼湖生态智慧区提供生态服务，确保总体目标的实现。根据潼湖流域环境生态现状，制定出以"外源治理＋内源治理＋生境修复＋生态修复"为主线的潼湖流域水环境保护与湿地生态修复、功能重建对策。基于潼湖流域的现场调研结果，结合潼湖湿地生态修复的目标，潼湖湿地生态保护与修复主要包括两部分：河口沼泽湿地构建工程和湖泊湿地清水态生态系统构建工程。针对不同区域的状况及目标采取不同的工程措施。其中，河口沼泽湿地通过生境修复和生物群落恢复工程等，提高河口沼泽湿地对从河流进入的污染物的净化与拦截，改善水质，在为成功修复湖泊湿地提供保证的同时，为鸟类等生物多样性的恢复创造条件。潼湖湖泊湿地修复主要是构建以沉水植物为优势的清水态生态系统。通过水葫芦清除工程、光补偿点调控工程、滤食底栖动物恢复工程、沉水植物群落恢复工程、鱼类群落结构调控工程等，实现潼湖库区生态系统由浊水态向清水态的转变，其总体技术路线如图7-6所示。

环湖退渔还湿区域分布在潼湖湿地四周。目前该区域主要以军垦鱼塘及部分未利用土地为主。军垦鱼塘分布在南北两个湖区，总面积约55km²。环湖退渔还湿工程主要包括湿地缓冲区建设工程和湿地净化区建设工程两部分。

湿地缓冲区主要作为生态旅游、观光、观鸟和科普用途（图7-7），次要功能是对面源污染进行净化，面积约22km²。另外，一部分湿地用作智慧区内污水处理厂尾水净化区域，即湿地净化区（图7-7），面积约23km²，以减少进入潼湖核心区的污染物负荷。湿地设计平均水深约1m。

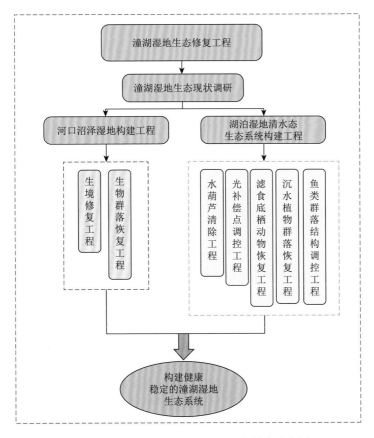

图 7-6　潼湖湿地生态修复工程总体技术路线图

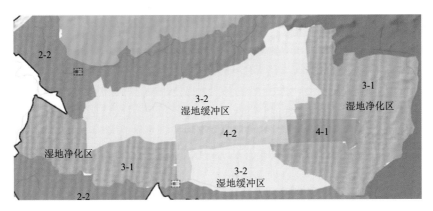

图 7-7　环湖退渔还湿工程区域图

图中数字含义同表 7-10

　　环湖退渔还湿工程的实施首先应截断上游点源污染,可能进入湿地的面源污染建议集中处理达到排放要求后再进入湿地。同时建议对现有鱼塘进行开发改造,拆除现有鱼塘塘埂,恢复为自然湿地,打造成一个开阔的、底部有高低起伏的水体。为了创造多样的生境系统,对部分区域进行下挖处理,打造湿地深水区,种植适合此区域水位的沉水植物,土方在另一部分进行上填处理，打造浅水区和浅滩，为挺水植物和漂浮植物提供生活环境，同时为鸟类的捕食和繁衍提供栖息地，湿地水系打造以萦回曲折的溪流和小尺度水面为主。

开挖后的湿地根据水生植物对水位的要求种植适合惠州气候和底质的挺水植物、浮叶植物和沉水植物，引入湿地水生动物，重建湿地生态系统。鱼塘丰富的沉积物为退渔后湿地打造提供了良好的底质，有利于水生植物的生长繁殖，从而为水生动物和禽鸟的引入打下基础。完善湿地生态建设和生态旅游，通过湿地植物吸收、微生物降解等作用净化水质，降低水体中营养物质含量，使进入潼湖的污染负荷得到有效控制和消除，同时极大提高潼湖湿地的科普价值和生态旅游价值。

通过以上改造，在潼湖湿地内将增加 $45km^2$ 自然湿地，预计增加 45 万 m^3 湿地水容量，同时提高潼湖湿地水体的环境容量和自净能力，改善规划区内水域的水环境，提高湿地生物多样性，为鸟类栖息、生态科普、文化展示提供环境。

2）湿地缓冲区建设

湿地缓冲区目前多为鱼塘和自然水域，湿地缓冲区的建设需要全面清理鱼塘之间的圩埂，根据植物生长对环境的要求，分别种植荷花、香蒲、芦苇、菖蒲、芦竹、莎草等适合惠州地区生长及观赏价值较高的水生植物。湿地缓冲区一方面用于拦截面源污染，减少进入水体的污染物负荷；另一方面也可以改善区域水质状况。

在规划休闲设施时，首先要平衡野生动物栖息地条件和人类活动的需要。人们参观湿地的目的主要是观鸟、休闲散步和徒步旅行、科普教育（主要面对中小学生的）和自然风景观光。规划休闲设施时必须保证其不对自然景观造成破坏，并能控制游客流量以防止对野生动物造成干扰。在距离很远时，噪声和视觉干扰就会惊吓鸟类，因此应尽可能将参观者控制在离主要栖息地至少 100m 远的地方。另外，在规划小径和观景平台时，应将其隐藏在鸟类和其他野生动物视野之外，例如，可将小径专门修建在厚实的芦苇床中，这样可在少数关键点提供广阔的观景空间，同时又可用观鸟隐棚将小径隐藏起来。

鸟类栖息地保护区。为打造良好的鸟类、禽类栖息地保护区，提高生境多样性，规划将现有鱼塘塘坝打断，利用塘坝土方进行原地回填，塑造缓坡，形成水系连通，整体相对平整、局部高程有起伏的地形，为湿地生物制造不同生境，以利于湿地生态系统的恢复，形成中部深水区和两侧浅水区的自然湿地。根据惠州潼湖流域自然演替规律，对湿地区域内植物、动物与水禽进行原生恢复，适当引种和放养，增加湿地生物及生境多样性，形成一个完全原生态且具有良好自我维持功能的湿地生态系统，为鸟类、禽类提供栖息和觅食场所。整个鸟类栖息地保护区以浅水域为主，并保留深水区，以适应小䴙䴘、野鸭等游禽的生存。同时，为吸引白鹭等涉禽觅食，区域内可以营造缓坡（有一定的裸露滩涂区域）和软坡（泥岸，且着生灌丛和芦苇等植物）。在后期管理中，要严格控制单一优势种群高度扩张而导致的湿地陆化；更要选择部分相对开阔的浅水区，种植莲、睡莲等浮叶植物，这一方面有利于冬季的野鸭和夏季的白鹭等大群水鸟的栖息，另一方面也能大大提升观鸟区的湿地景观效果。此外，还应在水面上设置一定数量的木桩，以供翠鸟、夜鹭等水鸟停息，并结合植被改造与维护，种植鸟类喜食的有果植物。

观鸟区。在缓冲湿地中设置观鸟台、观鸟游步道及远眺高台。观鸟游步道建设应远离鸟禽栖息地至少100m，最好建设在高大植物如芦苇等草丛中，以减少对鸟禽的干扰。吸引鸟类栖息的环境因子主要有丰富的食物来源、合适的觅食场所、安全的育雏地三个，应尽量避免人为干扰。所有工程都要严谨地遵循生态学原理，在尊重鸟禽栖息地结构的基础上，通过以局部修复提升整体的质量和效果为原则，调整、观察，再调整、再观察，循序渐进地改善观鸟区鸟类的栖息环境和生态功能，尽量发挥观鸟楼和观鸟亭的功能。

湿地环境监测工程。准确、及时、全面地了解湿地环境的健康状况，预测湿地生态系统的发展趋势，应加强对湿地生态系统环境的监测，以便制定有针对性的保护和恢复措施，更好地保护湿地生物资源，达到有效的动态管理湿地的目的。常规监测项目主要反映所监测湿地生态系统的一般变化，并可以在不同的监测站点间做比较，主要的常规监测指标有：自然环境监测、湿地面积变化监测、湿地水文系统监测、水质变化监测、土壤监测、生物监测、湿地利用状况监测、周边社会经济状况监测、湿地威胁因子监测。

3）湿地净化区建设

潼湖生态智慧区未来共有 5 座污水处理厂，其中，惠州市第六污水处理厂（现状规模 5 万 m³/d）、潼湖镇污水处理厂（现状规模 1 万 m³/d，远期规模 3.5 万 m³/d）和沥林镇污水处理厂（现状规模 2 万 m³/d，远期规模 7.5 万 m³/d）已投入使用；另有两座污水处理厂在规划中，其中，规划中的 2#污水处理厂（现状规模 9 万 m³/d）位于陈江街道东升村，规划中的 1#污水处理厂位于潼湖镇永平村（现状规模 3 万 m³/d）（图 7-8）。目前污水处理厂设计出水水质为一级标准 A 标准，而潼湖生态智慧区最终水质标准要求为地表水 III 类水质标准。因此，需要对污水处理厂出水进行净化达到入湖水质要求后再进入潼湖。

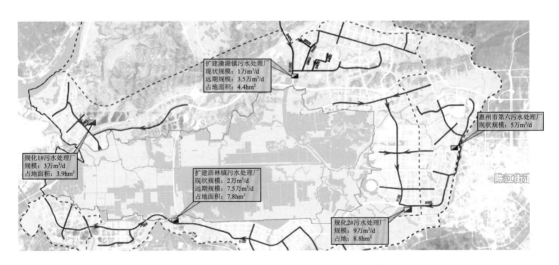

图 7-8　潼湖生态智慧区污水处理厂规划图

根据《人工湿地污水处理工程技术规范》（HJ 2005—2010），当工程接纳城镇污水处理厂出水时，人工湿地系统进水水质应满足表 7-11 中的规定。湿地净化区设计的自然湿地为表面流人工湿地，而污水处理厂出水水质（一级标准 A 标准）符合《人工湿地污水处理工程技术规范》中表面流人工湿地对水质的要求，因此适合采用表面流湿地对污水处理厂水质进行净化（表 7-11 和表 7-12）。

表 7-11 一级标准 A 标准水质与 Ⅲ 类水质主要指标差异　　（单位：mg/L）

项目	COD$_{Cr}$	BOD$_5$	TN	NH$_4^+$-N	TP
一级标准 A 标准	50	10	15	5	0.5
地表Ⅲ类水	20	4	1	1	0.2

表 7-12 《人工湿地污水处理工程技术规范》（HJ 2005—2010）水质要求（单位：mg/L）

人工湿地类型	COD$_{Cr}$	BOD$_5$	TN	NH$_4^+$-N	TP
表面流人工湿地	<125	<50	<100	<10	<3
水平流人工湿地	<200	<80	<60	<25	<5
垂直流人工湿地	<200	<80	<80	<25	<5

自然表面流湿地中各污染物去除率。已有研究表明，自然表面流湿地中各种污染物去除率和去除限值见表 7-13。潼湖退渔还湿净化湿地入水水质为一级标准 A 标准，净化后目标水质为地表水Ⅲ类水，主要污染物去除率和去除限值符合已建设湿地已知净化效率。

表 7-13 自然表面流湿地中各种污染物质的去除率和去除限值

项目	去除率/%	去除限值/(mg/L)
TSS	61～98	1
BOD	70～97	1
NH$_4^+$-N	45～85	0.1
TN	85～95	0.01
TP	40～85	0.1
Cu	63～96	
Cd	70～99	
Al	33～63	
Fe	58～80	
Mn	43～8	
Pb	65～83	

污水处理厂尾水所需净化湿地面积。为更好地达到尾水净化的目的，结合潼湖湿地实际情况，采用目前已有研究所认为的处理进化效果较好的表流湿地模式对污水处理厂尾水进行处理。目前，污水处理厂尾水通过周边河道直接排入潼湖，其尾水水质指标远高于地表水Ⅲ类水水质标准。在污水处理厂增加脱氮除磷工艺后，在湖区东西两侧规划设置湿地净化区，对污水处理厂尾水进行生物处理，降低其营养盐负荷。

不同污水处理厂尾水处理所需净化湿地面积参考荷兰自然表流湿地处理污染负荷效率（表 7-14）。

表 7-14　荷兰自然表流湿地处理污染负荷效率

项目	BOD$_5$	TSS	TN	TP	NH$_4^+$-N
进水浓度/(mg/L)	34.6	57.8	10.9	3.6	5.8
出水浓度/(mg/L)	9.8	18.3	4.6	1.8	2.7
净化效率/%	72	68	58	50	53
水力负荷率/(cm/d)	3.3	3.1	3.2	3.5	3.1

计算依据：假设潼湖湿地与文献中（Vymazal，2010）湿地对水体污染物净化能力相同，则

$$Q_1 \times (C_{1\text{入}} - C_{1\text{出}}) / A_1 = Q_2 (C_{2\text{入}} - C_{2\text{出}}) / A_2 \qquad (7\text{-}22)$$

式中，等式左边为潼湖湿地数据；等式右边为荷兰湿地相关数据；Q 为进入湿地的污水处理厂尾水流量；$C_{\text{入}}$ 为入水污染物浓度；$C_{\text{出}}$ 为出水污染物浓度；A 为湿地面积。

表 7-14 中显示，将一级标准 A 标准水质处理为地表水Ⅲ类水质，总氮指标需从 15mg/L 降为 1mg/L，较其他指标达标所需湿地面积更大，所以湿地面积计算代入氮相关数据，$Q_2/A_2 = 3.2$，继续代入出水和入水浓度后，得到 $A_1(\text{km}^2) = Q_1(万\ \text{m}^3/\text{d}) \times 0.69$。

各污水处理厂尾水处理湿地面积依据尾水各项指标达到地表水Ⅲ类水质标准所需的最大面积，经计算各污水处理厂尾水处理所需的净化湿地面积如表 7-15 所示。由于荷兰表流湿地出水污染物浓度高于潼湖湿地出水要求，因此在计算得出的净化湿地面积上略有增加。

表 7-15　规划期末（2025 年）潼湖流域污水处理厂尾水处理所需净化湿地面积

项目	惠州市第六污水处理厂	潼湖镇污水处理厂	沥林镇污水处理厂	2#污水处理厂	1#污水处理厂
现状规模/(万 m³/d)	5	1	2	9	3
远期规模/(万 m³/d)	—	3.5	7.5	—	—
所需净化湿地面积/km²	≥4	≥3	≥6	≥7.2	≥2.7

各污水处理厂尾水处理所需湿地按照就近原则选取，以减少管道建设工程量，具体位置如图 7-9 所示。污水处理厂尾水通过管道进入湿地净化区。

湿地水力停留时间计算。水体停留时间指污水在湿地内的平均驻留时间，湿地的水力停留时间可定义为湿地可用容积与平均流量的比值：

$$t = \frac{V}{Q_{\text{av}}} \qquad (7\text{-}23)$$

式中，t 为水力停留时间（d）；V 为湿地蓄水量（m³）；Q_{av} 为平均流量（m³/d）。

计算得知，潼湖净化湿地水力停留时间为 69d。

《人工湿地污水处理工程技术规范》（HJ 2005—1010）提供的表面流湿地水力停留时间不少于 4d，本设计中污水处理厂尾水在净化湿地中停留时间符合相关要求。

净化湿地工艺流程。污水处理厂尾水经过净化湿地主要通过蓄水观测台、曝气生物强化氧化池、自然表面流湿地和出水口，达到地表Ⅲ类水质标准后进入潼湖。工艺流程见图 7-10。

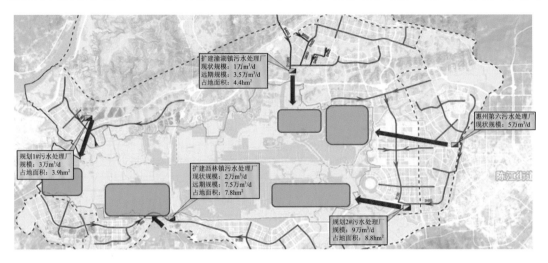

图 7-9　湿地净化区分布图

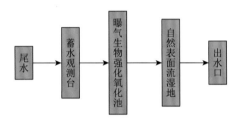

图 7-10　净化湿地工艺流程图

蓄水观测台：通过此区域从感官上观察进水水质，同时也方便水样采集和水质跟踪监测，及时了解自来水厂出水水质和流量等。

曝气生物强化氧化池：池底设置曝气系统，水面养殖漂浮植物和挺水植物，利用充氧环境达到降解 BOD、COD，沉淀絮凝物，增强硝化反应降低水体氨氮含量等效果，同时通过水生植物的强吸收作用进一步减少水体中的污染物。

出水口：为了保障净化湿地在净化水质中的作用，保证尾水在净化湿地中的停留时间和湿地净化效果，在净化湿地尾部设置面积较小的出水口，同时配备水质监测设施。

净化湿地建设后的监测和评估。

植被管理：采用机械或者人工的方法收割成熟的植被，是防止植物凋落物过度堆积、导致湿地向陆地演替的有效方法。此外，对于那些用于水质净化的人工湿地，收割挺水植物或打捞漂浮植物能有效移除营养物质，防止凋落物成为湿地的内源性污染源。但是，打捞或收割后的植物残体应该得到妥善解决，否则可能成为堆放地的污染源，以及导致物种的随意扩散。最常见的处理方式为资源化利用或焚烧，前者是一个更好的方法，因为它能使收割或打捞计划得以长期开展。

防止物种过度扩散：在湿地生态系统的监测中如果发现某种生物过度繁殖，影响湿地其他生物的生长和生物多样性，或者发现外来物种入侵行为，必须尽快采取机械或者人工的方法去除。

净化湿地监测：完成湿地的规划、建设和种植等诸项工作只是第一步，在很多情况下，如果建成后放任自流，让重建湿地完全自然发展，会引起很多不良后果，最后只能采取各种矫正措施，如重新种植幼苗、挖掘新沟渠、重新修筑堤坝、清除野草及其他非本地植被、调整水位和水流量等净化湿地。以上管理措施应纳入一个适应性管理方案中，该方案应能通过适当的监测计划来获得湿地信息，从而更好地管理和运行净化湿地。

参 考 文 献

黄国如，李开明，曾向辉，等. 2014. 流域非点源污染负荷核算[M]. 北京：科学出版社.

李响，陆君，钱敏蕾. 2014. 流域污染负荷解析与环境容量研究——以安徽太平湖流域为例[J]. 中国环境科学，34（8）：2063-2070.

刘爱萍，刘晓文，陈中颖，等. 2011. 珠江三角洲地区城镇生活污染源调查及其排污总量核算[J]. 中国环境科学，31（Z1）：53-57.

汤洁，张爱丽，李昭阳，等. 2012. 基于"3S"技术的大伙房水库汇水区农村生活污染负荷分析[J]. 湿地科学，10（3）：306-311.

王寿兵，钱晓雍，赵钢，等. 2013. 环淀山湖区域污染源解析[J]. 长江流域资源与环境，22（3）：331-336.

王雁，高俊峰，刘正文，等. 2016. 潼湖流域污染负荷与水环境容量[J]. 湿地科学，14（3）：354-360.

杨杰军，王琳，王成见，等. 2009. 中国北方河流环境容量核算方法研究[J]. 水利学报，40（2）：194-200.

杨喆，程灿，谭雪，等. 2015. 官厅水库及其上游流域水环境容量研究[J]. 干旱区资源与环境，29（1）：163-168.

余晖，逄勇，徐军，等. 2014. 太湖流域水污染及富营养化综合控制研究[M]. 北京：科学出版社.

Vymazal J. 2010. Constructed wetlands for wastewater treatment[J]. Water，2：530-549.